2판

주방관리론

THE PRINCIPLE OF KITCHEN MANAGEMENT FOR MY FIRST RESTAURANT

김태형 지음

교문사

2판 머리말

"Yes! Chef"

요즘 같은 세상에 군대도 아니고 저렇게 대답할 필요가 있을까?
잔잔한 미소 짓던 셰프가 갑자기 돌변하는 이유는 뭘까?
맛있는 요리를 만들기 위해서 가장 중요한 조건은 무엇일까?

이 질문에 대한 대답은 바로 '주방(kitchen)'에 있다. 초기 인류는 수렵, 어로, 사냥을 통해서 먹거리를 구했기 때문에 공간적인 주방은 필요가 없었다. 그 후 인류는 도구 사용, 불의 발견, 농경사회 진입 등의 과정을 통해서 정착생활을 하게 되었다. 주방은 인간의 삶을 유지하고 주거생활을 위한 필수적 공간이 되었으며, 동시에 고객을 맞이하고 음식을 제공하는 상업적 공간으로 주방이 되었다.

이 책에서 다루게 될 상업적 주방은 고객의 식욕을 만족시켜 이익을 얻기 위해 어떻게 주방을 효율적이고 과학적으로 관리하고 운영하는지 더 나가서 식당의 전반적인 운영에 대하여 알아보게 될 것이다. 이런 의미에서 "Yes chef?"는 바로 주방의 효율화라는 측면에서 생각해볼 필요가 있다. 식당을 방문한 고객은 다양한 요소에 의해 만족감을 얻을 수 있을 것이다. 하지만 가장 근본적인 만족감은 음식에 대한 만족일 것이다. 고객에게 맛있는 음식을 제공하기 위한 요건은 고객이 원하는 시간에 최적 온도의 음식을 제공하는 것이다. 물론 요리에 대한 질적 요소를 시간과 온도만으로 결정할 수는 없지만 주방의 운영과 관리된 통제 요소는 바로 시간과 온도가 될 것이다. 아무리 좋은 재료와 조리 기술을 가지고 있더라도 고객이 원하는 시간과 온도(차가운 음식은 차갑게, 뜨거운 음식은 뜨겁게)에 맞춰 음식을 제공하지 못한다면 고객의 만족도는 떨어질 것이기 때문이다.

결국 조리사는 고객에게 최상의 음식을 제공하는데 필수적인 타이밍과 온도를 맞추려는 노력을 기울이기 때문에 민감하게 반응할 수밖에 없다. 조리사는 이를 위해 조리 지식과 기술을 익히고 주방 운영과 관리와 주방의 모든 시설과 장비, 환경을 조리 시간과 온도에 집중되도록 최선을 다하는 것이 기본이다.

다만, 시대는 변화되었고 시간과 온도를 맞춘다는 명목 하에 '상명하복'의 일방적인 지시와 복종을 강요하는 것은 옳지 않다. 오늘날의 조직문화에 맞지 않다. 그렇다면 어떻게 해야 할까? 그 해답은 주방의 환경적 개선, 시설과 장비의 올바른 선택과 배치, 과학적이고 체계적인 시스템적 운영 그리고 인간 중심의 주방 문화를 주방에 적용하여야 한다.

이런 의미에서 이 책은 외식 경영, 조리를 전공하는 학생들이 주방과 관련된 역사, 조리, 위생, 경영, 마케팅 등 전문적인 지식을 편안하고 어렵지 않게 학습할 수 있도록 그림, 사진 등의 다양한 정보를 제공하고자 노력하였다. 또한 레스토랑 창업을 희망하는 분들도 외식 창업의 전반적인 부분을 폭넓게 공부할 수 있도록 메뉴 분석, 도면, 원가관리 등을 학습하고 스스로 사업계획서를 기획할 수 있도록 하였다. 그러나 외식산업이 사회, 경제, 문화 등의 여러 가지 분야와 관련성이 높은 분야이기 때문에 이 책에 모든 분야를 깊이 있고 전문적이고 집중적으로 담는 것은 한계가 있음을 인정하며 외식 경영과 창업을 이해하는 기본 입문서로 그 역할을 다 해주기를 기대한다.

마지막으로 본 책의 출간에 많은 도움을 주신 교문사와 다양한 자료와 정보를 주신 분들, 그리고 그 동안 저와 함께 이 책을 공부하면서 외식조리 분야에서 묵묵히 자기 역할을 하고 있는 학생들에게 감사의 말을 전합니다.

2020년 2월

김태형

머리말

인류의 삶은 먹거리의 역사와 같은 길을 걸어 왔다.

인류에게 먹거리를 찾는 역정은 기쁨과 고통이 함께 했으며 삶과 죽음의 갈림길이 되기도 했을 것이다. 그만큼 안정적인 먹거리에 대한 인류의 관심은 높았을 것이라 짐작할 수 있다. 그런 의미에서 주방이란 공간의 등장은 인류에게 있어서 자연적이고 필연적인 것이었다.

인류는 주방이란 공간을 통해서 먹거리 해결뿐만 아니라 생존과 공존의 시대를 맞이하게 되었다. 기본적인 삶을 유지하기 위한 공간에서 오늘날과 같이 최첨단화된 주방시스템의 시대가 다다를 때까지 인류의 역사는 주방의 역사와 같이 해왔다고 볼 수 있다. 주방을 이해한다는 것은 인류의 삶을 이해할 수 있는 좋은 기회가 될 것이다. 오늘날 외식산업에 있어서 주방은 폐쇄적인 공간이 아닌 홍보, 마케팅, 수익의 중심으로 고객과의 접점으로 가까이 다가서고 있다. 따라서 주방에 대한 이해는 과거보다 더 많은 의미를 주고 있다고 본다. 이제 고객들은 유명 조리사, 메뉴, 음식의 트렌드와 콘셉트에 따라 식당을 선택한다. 그 중심에 바로 주방이 있다는 의미이다.

이 책은 이런 의미에서 주방의 역사와 개념, 그리고 주방과 연관되어 있는 다양한 주제를 폭넓게 다루려고 노력하였다. 특히, 외식산업 관련 전공자나 실무자들이 반드시 알아야 할 내용을 중심으로 단순히 이해하는 수준을 넘어 실무에 직접 적용 가능하고, 창업 시에 도움을 줄 수 있도록 하였다. 그러나 저자의 전문적인 지식에 한계가 되는 부분은 전문가의 조언을 많이 받고자 하였음을 말하여 두며, 아낌없는 조언과 귀한 정보를 제공해 주신 많은 분들께 깊은 감사를 드린다.

마지막으로 이 책이 외식분야에 관심을 가지고 있는 많은 분들에게 좋은 길잡이가 되었으면 한다.

2010년 9월
저자 일동

차례

CHAPTER 9 레스토랑 컨설팅 연습　　261

CHAPTER 1

외식산업에 대한 이해

CHAPTER 1
외식산업에 대한 이해

01 외식산업이란?

최근 들어 다양한 매스컴과 유튜브, 블로그 등을 통해서 먹방과 쿡방이 유행하면서 유명 인사가 되려면 자신만의 좋아하는 음식과 맛집에 대한 정보가 하나쯤은 있어야 한다. 요리에 관심을 가지거나 맛있는 집을 찾아서 국내외를 가리지 않고 소개하는 프로그램이 인기가 있으며, 60~70년대 식당 뒤 주방에서 츄리닝과 장화를 신은 요리사가 아니라 유명 스타로 대중에 인기를 한 몸에 받는 스타셰프가 모든 매체에 등장하면서 자연스럽게 우리들의 삶 속에 스며든 산업이 바로 외식산업(Foodservice industry)이다.

외식산업(Foodservice Industry)이라는 용어는 표준국어대사전에 의하면 "밖에서 음식을 사 먹는 사람을 위한 서비스업을 통틀어 이르는 말."로 정의하고 있으며, 1977년 발행된 이숭녕의 국어 대사전에는 이미 외식을 "가정이 아닌 밖에 나가서 음식을 사서 먹음, 또 그 음식"이라 정의하였다. 그렇다면 가정 내에서가 아니라 밖에 나가서 음식을 사서 먹을 수 있도록 하는 산업이라고 정의할 경우, 요즘 성행하는 배달음식점이나 마트에서 구입해서 집에서 조리해 먹는 HMR(Home Meal Replacement)은 외식산업의 범주에 속하지 않는다는 말인가?라는 의문이 생길 수 있다.

따라서 외식산업의 범주를 외식적 내식(배달음식, 출장뷔페)은 외부로부터 생산되어서 가정 내에서 소비되는 형태의 Eating Market과 외부에서 소비되는 음식을 판매하는 Dining Market으로 상업적인 영역으로 정의할 수 있다.

일부 학자들은 구체적인 형태를 가진 음식과 음료뿐만 아니라 일정한 형체를 가지지 않은 직원의 서비스, 음악, 분위기, 고객에 대한 미소와 안내와 같은 환대 등 서비스적인 성격을 포함하여 외식서비스산업으로 정의하기도 한다. 오늘날은 요리에 대한 다양하고 전문적인 정보와 자료를 누구나 충분히 확보할 수 있기 때문에 음식의 수준은 평균 이상의 맛과 형태를 갖추고 판매하고 있으며, SNS를 통한 개인의 식생활(먹방, 음식사진, 분위기, 인테리어 등)을 다른 이들과 공유하는 것을 즐기는 생활방식으로 인하여 외식 산업에서 무형의 서비스가 외식산업의 중요한 경쟁력이 되고 있다.

02 외식산업의 특성

외식산업은 기존의 제조산업과는 구분되는 특성을 가지고 있다.

1) 노동집약적 특성

3차 산업혁명을 통한 사무전산화와 자동화로 인해, 레스토랑에서는 수기로 작성되는 계산서나 주문서, 제고조사 용지 등이 사라지고, 주방기기의 자동화로 인하여 보다 편리한 주방기기 사용이 가능해졌다. 물론 조리사의 기술적인 퇴보를 가져온 점도 있지만, 4차 산업혁명 시대를 맞이하며 레스토랑은 보다 더 디지털화 되는 경향을 보이고 있다. 예를 들어 외식산업의 주요 특성이 고객을 직접 응대하고 맞이하는 대표적인 환대산업이었으나, 디지털 장비의 발전과 더불어 최근 최저임금 상승에 따른 인건비 절감 차원에서 자동주문시스템을 설치하는 식당들이 점차 늘어나고 있다. 그러나 외식산업은 음식과 함께 고객에게 만족감을 높이는 서비스 제공이 주 상품으로, 고객과의 접촉이 중요한 산업이라는 점에서 노동집약적인 특성을 보이고 있다. 따라서 1인당 매출액이 타 산업에 비해서 낮은 편이다.

자동주문시스템(Kiosk)

 정부기관이나 주민센터, 지하철, 식당, 은행, 백화점 및 전시장 등 공공장소에 설치된 무인 정보단말기이다. 동적 교통 정보 및 대중교통정보, 경로 안내, 요금 카드 배포, 예약 업무, 각종 전화번호 및 주소 안내 정보제공, 행정절차나 상품정 보, 시설물의 이용방법 등을 제공한다. 또한 주민센터에서는 주민등록 등본과 초본 등 여러 서류를 발급 받을 수 있다. 터치스크린과 사운드, 그래픽, 통신카드 등 첨단 멀티미디어 기기를 활용하여 음성서비스, 동영상 구현 등 이용자에게 효율적인 정보를 제공한다.

2) 유통의 방식

일반적인 제조상품의 경우 공장에서 제조한 후 일정한 경로를 통해서 유통경로에 따라 고객에게 제공되는 방식으로 소비되어진다. 그러나 외식상품인 음식은 고객이 직접 매 장을 방문하여 구매하고 소비해야 하는 특성을 가지고 있다. 최근 들어, 배달업을 하는

플랫폼 비즈니스(Platform business)

사업자(공급자)가 네트워크를 구축하고 여기에 소비자의 시간과 공간의 제약을 받지 않고 참여할 수 있도록 하는 사업형태를 말한다. 스마트폰, 컴퓨터, 게임기 제조업체 들은 각종 소프트웨어 공급자들이 다양한 서비스를 제공할 수 있는 장을 마련해준다. 쇼핑몰도 일정한 지리적 공간에 다양한 상점들이 입점하게 유도함으로써 소비자들이 원스톱 쇼핑을 할 수 있도록 하는 플랫폼을 제공하고 있다(예: facebook, KakaoTalk, Uber나 Kakao택시, airbnb, 직방, 기타 배달 앱).

데 유리한 모바일 앱, 5G 시대, 플랫폼(Platform) 서비스 등 한국만의 특수한 배달문화가 형성되면서 외식산업에 새로운 유통 비즈니스가 생겨나고 있다.

3) 다품종 소량 주문판매 방식

고객의 선택의 폭을 더 넓혀주기 위해서 다양한 메뉴를 취급하는 것이 유리할 수 있다. 또한 고객이 직접 방문하여 개인이 고른 메뉴에 따라 조리를 해야 한다는 점에서 완제품을 판매하는 기존의 제조업과는 다른 한계점이 있다. 이를 위해 주방의 여건이나 조리사의 능력, 제고에 대한 관리 등이 고려되어야 한다. 이와 별개로 특정한 몇 가지 음식을 특화해서 판매하는 「○○○ 전문점」도 있다.

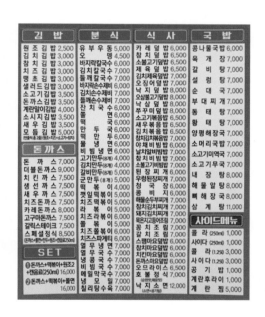

4) 시간적인 제약

'삼시 세끼' 우리는 일반적으로 하루에 아침, 점심, 저녁 식사를 정해진 시간에 세 번 식사를 한다. 따라서 외식산업에 중요한 매출이 증가하는 시간은 이 세 번의 식사시간에 발생하게 되며, 이 시간적인 한계를 어떻게 관리하느냐에 따라 외식업의 승패가 달려있다고 할 수 있다.

5) 낮은 식재료 원가율

외식산업은 다른 제조업에 비하여 기본 재료인 식재료의 원가가 낮은 편이다. 일반 제조업의 원가율이 60~70%인 것에 비하여 외식업에서는 식재료 원가를 평균 35% 이하로 보고 있다. 위에서 언급한 바와 같이 외식업은 인건비가 대략 30% 정도로 비교적 높은 비율을 차지하고 있다.

6) 입지(상권)에 대한 의존도가 높다.

외식업은 고객이 직접 방문하여 선택하고 소비하는 형태로 상품의 생산과 소비가 동시에 발생하게 된다. 따라서 식당의 위치가 어디에 위치하는가는 매우 중요한 문제가 된다. 따라서 입지에 따라 매출에 영향을 미치기 때문에 외식업에서 입지에 대한 비용(고정비와 권리금)이 업주에게 많은 부담감을 주게 된다.

7) 식재료 부패 용이성

일반적으로 제조된 상품들은 부패의 가능성이 낮기 때문에 비교적 보존기간이나 사용기간이 매우 길다. 그러나 식재료의 경우 부패의 가능성이 높고 신선도가 상품의 질과 직결되기 때문에 이에 대한 관리가 매우 중요하다. 식재료에 대한 관리는 적정한 구매와 정확한 재고조사가 이루어져야 한다.

CHAPTER 2

주방의 일반적 개요

CHAPTER 2
주방의 일반적 개요

01 주방의 개념

주방(廚房)이란 사전적인 의미로 "음식을 만들 수 있는 시설을 갖춘 공간이나 방 또는 음식이 준비되어진 일반적인 공간을 가리킨다(The room or area containing the cooking facilities, also demoting the general area where food prepared)."라고 정의할 수 있다. 즉, 주방이란 요리 상품을 만들기 위한 각종 조리기구나 식자재 등을 갖추어 놓고 조리사의 기능적·위생적인 작업수행으로 고객에게 판매할 음식을 생산하는 작업공간을 말한다. 그러나 호텔과 같이 다양한 분야의 레스토랑과 대규모의 연회시설을 갖춘 경우에는 판매를 목적으로 음식을 생산하는 주방의 기능 이외에도 기본이 되는 식자재나 소스 등을 준비하여 각 주방으로 제공하는 기능을 수행하기도 한다.

이처럼 주방은 고객에게 식용이 가능한 식재료를 이용하여 물리적(physical), 조리적(cookery) 또는 화학적(chemical) 방법을 이용할 수 있는 시설과 기구를 갖추고 요리라는 상품을 고객에게 서비스하는 장소로, 사람의 몸에 비유하면 심장과 같은 역할을 하는 장소라 말할 수 있다.

주방은 여러 가지 기계와 설비 그리고 장비를 갖춘 하드웨어(hard ware)와 메뉴, 조리기술, 경영 시스템, 인사관리 등의 소프트웨어(soft ware)가 결합된 장소로 주요 제조 상품은 다양한 요리 상품을 만들어 낸다.

주방의 필요성

1) 열의 효율성

초기의 불의 이용은 개방적인 형태(open-fire)이기 때문에 열의 효율성이 매우 낮았다. 외부적인 환경인 바람, 비와 눈 등에 노출되어 있었기 때문이다. 마치 우리가 바람 부는 날 밖에서 물을 끓일 때 몸으로 바람을 막아 화력을 높이는 것처럼 원하는 화력을 얻기 위해서는 외적 환경으로부터 화력을 보호하는 공간이 요구되었다.

출처 : Interior of a kitchen-fac-smile from a Woodcut in the "Calendarium
Romanum" of J. Staeffler, folio, Tubingen, 1518.

2) 공간의 효율성

음식을 저장하는 곳과 조리하는 곳 그리고 식사를 하는 공간이 따로 구분되어 있지 않기 때문에 각각의 업무를 수행하는데 효율성이 매우 낮고 위생적이지도 않았을 것이다.

3) 저장의 효율성

식재료를 저장하기 위한 공간은 재료별 종류나 특성에 따라 온도와 습도가 상이하기 때문에 별도의 공간이 요구되어진다. 특히 저장 공간은 주방과 근접한 거리에 있어야만 보관과 이동이 용이하기 때문에 주방 공간에서 중요한 부분을 차지하고 있다.

4) 안정된 공간

조리를 하는 작업은 고도의 집중과 기술이 요구되는 것으로 주방이라는 특수한 공간이 요구된다. 조리작업은 식재료를 자르고 으깨고 갈아야 하는 비교적 위험한 도구를 이용한 작업을 해야 하고, 불을 이용해서 재료를 익히고, 무겁고 금속으로 제작된 기구를 이용하기 때문에 자짓하면 부상을 입을 수 있다. 이에 잘 정리되고 안정된 배치와 구조를 가진 공간이 요구된다고 하겠다.

5) 고객을 위한 공간

근대에 이르기까지 대부분의 화력은 나무, 석탄을 주로 사용하였기 때문에 주방 공간은 검고 매콤한 연기로 가득했을 것으로 본다. 결코 쾌적하고 조용한 분위기에서 식사를 즐길 수 있는 공간이 아니었을 것이다. 따라서 대화를 나누며 여유 있게 식사를 즐길 수 있는 안정된 공간을 확보하기 위해서는 주방과 홀을 구분해야만 했다. 이와는 반대로 오늘날은 주방의

주방의 필요성
열의 효율성, 공간의 효율성, 저장의 효율성,
안정된 공간, 고객을 위한 공간
출처 : www.pbm.com

주 화력 연료로 가스나 전기를 사용하고 있으며, 닥트와 후드 시스템의 설치로 비교적 쾌적한 환경에서 일할 수 있게 되었다. 또한 대중들의 식문화에 대한 관심이 높아지면서 주방에서 어떻게 음식이 조리되는지를 알고 싶은 고객에게 주방을 개방하는 오픈된 형태의 주방이 인기를 끌고 있다.

02 주방의 변천 과정

1) 서양주방의 변천사

(1) 원시시대(原始時代)

인류는 주로 사냥과 채집 중심으로 먹을거리를 구했을 것으로 보인다. 특히, 주로 먹을거리를 찾아서 이동생활을 했기 때문에 정착하기 전까지는 주방이란 개념의 공간은 존재하지 않았을 것으로 보인다. 주로 강변 중심의 생활환경에서 사용하기 편리한 빗

그림 2-1 **가운데 화로가 위치하고 있는 형태의 움집**

출처 : www.newsis.com

살무늬 토기와 같은 용기에 채집한 먹을거리를 보관하였을 것이다.

이후 인류는 오랜 수렵과 어로 중심의 유랑생활을 청산하고 정착을 하게 된다. 정착생활은 일정한 공간을 중심으로 생활을 영위하는 형태로 자리를 잡게 되었으며, 그 중심에는 불이 있었을 것으로 추정된다. 구역이 구분되지 않는 하나의 단순한 공간으로 주방은 거주공간과 별도로 구분되어 있지 않고, 하나의 공간에 공존하는 행태였다. 김

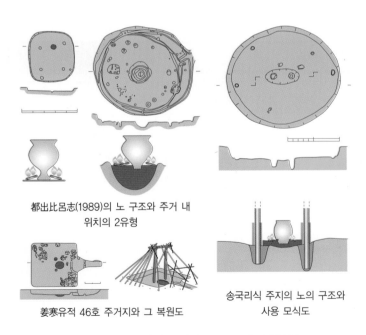

都出比呂志(1989)의 노 구조와 주거 내
위치의 2유형

姜寨유적 46호 주거지와 그 복원도

송국리식 주지의 노의 구조와
사용 모식도

그림 2-2 **송국리식 주거의 노 구조 및 사용복원도**

출처 : 이형원(2009a). pp. 13~14.

종일은 혼암리 12호 주거지의 유물, 출토, 양상을 언급하면서 주거지의 공간은 일차적으로 저장이나 조리 등을 위한 구역과 석기제작 및 보관을 위한 구역, 그리고 취침을 위한 구역으로 구획되었을 것으로 보았다. 이를 유럽선사시대 주거지의 공간구획을 참조하여 저장과 토기가 주로 발견되는 구역은 여성적인 공간으로 석기 등이 주로 발견되는 공간은 남성의 공간으로 인식되거나 상징화되었을 가능성이 높다고 추정하였다(김종일, 2008).

그 시대에 자연은 인간에게 있어서 극복해야 할 두려움의 대상이었다. 야생동물과 추위로부터 자신을 보호하고 안전을 확보하기 위한 불의 존재는 인류에게 단순한 도구 이상의 전지전능한 능력을 가지고 있는 신과 같은 의미를 지녔으며 또한 불을 통하여 인류는 어두운 밤을 극복할 수 있었을 것이다. 어둠을 밝혀 늘어난 시간만큼 생각하고 사고하는 능력을 가질 수 있게 되었다. 따라서 인류에게 있어 불이 존재하는 곳이 바로 신성한 곳이며 불을 지키는 임무를 매우 막중한 임무로 여겼을 것이다(예 : 만주족이나 유목민의 텐트를 보면 한 장소에 모든 가족이 숙식을 하는 형태).

불의 발견과 인류

- 미각의 변화 : 불에 구운 맛
- 생식에서 화식으로 : 구강구조변화(먹거리의 범위 확대: 씹기가 쉬워진 먹거리)
- 소화기관의 변화: 4시간 절약(씹는데), 10% 절약(소화), 작은 소화기관으로 생존가능
- 위생적인 삶, 여유로운 삶, 안전한 삶 영위
- 뇌성장의 원동력, 다양한 요리개발
- 새로운 물질의 발견: 석기→ 청동기→ 철기(농사와 전쟁, 지배계급 탄생)
- 생존의 가능성이 높아짐(전세계로 퍼짐) : 지구의 주인이 됨

호모 에렉투스(Homo Erectus, 160만 년 전)
'자유로운 손을 가진 직립원인'으로 불을 발견하여 추위와 포식자로부터 안전의 보장과 더불어 먹거리의 확장, 뇌용량의 증가를 통해 다른 대륙으로 이동이 가능하게 했다.

(2) 로마시대(AD 8~BC 5세기)

'모든 길은 로마로 통한다'라는 말이 있다. 당시 로마는 유럽은 물론 세계의 중심으로 동서양 문물의 교류가 가장 빈번한 곳이었다. 음식문화 측면에서도 다양하고 풍족함이 있는 시대였다. 이 시대에는 처음으로 싱크대, 물탱크 그리고 요리준비를 위한 일정한 공간이 마련된 주방이 존재하였다. 특히, 로마시대에 와서는 효율적으로 불을 관리하고 조리 시 편의를 위한 화덕이 개발되는 등 주방의 기능이 전문화·다양화되었다.

그림 2-3의 주방시설은 서머포리움(thermopolium; pural thermopolia)이라 불리는데 오늘날 패스트푸드(fast food)를 제공하는 식당의 원조라고 보면 된다. 이 식당은 개인 주방시설을 가지고 있지 않는 가난한 사람들이 주로 이용하였다 한다. 그래서 때때로 상류층에게 조롱을 당하기도 하였다.

(3) 중세시대(5~13세기)

중세는 신(神)을 중심으로 하는 시대로 모든 일은 신에 의해 이루어진다는 생각이 강하여 학문과 문화가 퇴보되는 암흑시대(the dark age)라고 불리며, 교황과 제후에 의한 봉건제도가 중심이 되는 사회이다. 생활고에 시달리는 농민이나 평민들과는 달리 제후들이 사는 대규모의 저택 내에는 빵, 가금류, 과일 등과 같이 다양한 식재료를 보관하는 대형 창고가 있었으나, 주방과 홀이 따로 구분되어 있지는 않았다. 주방은 음식을 만들어 내는 기능적인 업무와 더불어 창고, 부처(butcher), 조리를 하는 복합적인 역할을 하였다. 지금도 그렇듯이 산간지역에서는 겨울을 대비하는 가장 중요한 일이 땔감을 모으는 것이다. 땔감을 만들어 내고 돼지나 산짐승의 먹이가 되는 나무들이 있는 산은 제후들의 소유물이었으며, 그들의 통제 하에 있던 산은 빵을 만들기 위한 땔감을 제공해 주었

그림 2-3 **로마시대의 화덕과 로마박물관의 주방 전경**
출처 : www.pbm.com

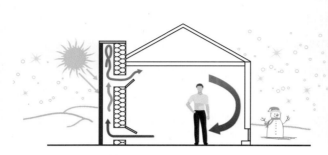

그림 2-5 **중세시대의 난방**
출처 : 네이버카페

다. 당시 빵을 먹는다는 것은 귀족들에게만 가능한 일로, 빵을 만들기 위해서는 200℃ 이상의 고온까지 열을 끌어올릴 수 있어야 하는데 이 중요한 땔감을 풍족하게 사용할 수 있거나 관련된 시설을 갖추는 것은 쉽지 않았을 것으로 본다. 또한 도정기술이 지금처럼 발달하지 않았으며 먹을거리가 풍족하지 않아서 굳이 도정까지 하면서 하얀 빵을 먹는 것은 사치스러운 일이었을 것이다. 이러한 점을 감안하면 하얀 빵은 부의 상징으로 여겨졌다.

이 시대의 건축물은 귀족들의 권위를 높이는 대규모의 저택이었기 때문에 많은 방을 가지고 있었으며 이 방들에 대한 난방을 하는 것은 결코 쉬운 일이 아니었을 것이다. 이를 해결하기 위한 방안과 화력을 높이는 방법으로 건축물의 구조적인 변화를 가져오는데 그것이 바로 '굴뚝'이다. 주방의 중앙 한 가운데 배치되었던 화덕이 건물의 벽면으로 들어가면서 벽을 타고 올라가는 굴뚝의 경로를 각 방의 벽면을 거쳐서 나가게 설계함으로서 난방 효과를 높였으며, 높은 굴뚝은 연소에 필요한 공기를 공급함으로서 화력을 높여주고 이 때 발생하는 그을음과 연기 등을 배출할 수 있게 함으로 주방의 공기를 깨끗하게 유지할 수 있게 해주었다.

(4) 르네상스시대(14~15세기)

신(神)의 지배 아래서 살던 제후에 의해 지배를 받던 농노들은 열악하고, 착취받는 삶에 크게 불만을 품어 도시로 모여듦에 따라 도시의 성장의 계기가 되었으며 교회의 타락은 이 시대의 정서를 인간 중심으로 돌아가자는 인본주의를 근간으로 한 르네상스시대를 열었다. 이 시대의 특징은 화려함으로 식음료문화에도 많은 영향을 주었다.

이 시기는 주방의 발전을 이룬 시기로 귀족사회에 펼쳐지는 다양하고 화려한 연회행사를 중심으로 식문화가 발전하였다. 따라서 주방시설이나 규모 또한 호화롭고 대규모화된 주방이 요구되었다.

(5) 절대왕정시대(16~18세기)

르네상스 이후 절대왕정시대를 맞이한 유럽지역은 부국(富國)을 꿈꾸는 상업 중심의 도시시민과 다양한 식민지를 차지하려는 강국(强國)을 이루기 위하여 노력하였다. 결국은 부를 축적한 부르주아의 시민들에 의한 혁명으로 끝을 맺은 절대왕정시대의 몰락과 더불어 이들이 누려왔던 화려한 식문화와 주방을 일반시민들도 누리게 된다. 따라서 프랑스 혁명을 계기로 레스토랑 문화가 꽃을 피우는 계기가 된다.

(6) 산업혁명(19~20세기)

산업혁명을 거친 뒤 주방문화는 농업 중심에서 공업 중심의 사회적 변화를 거치면서 비약적인 발전을 이루게 된다. 우선 주방이 홀과 구분되어 독립적인 공간으로 자리 잡

그림 2-6 **르네상스시대의 귀족사회**
출처 : The Art of Dinning a history of cooking & Eating. Sara Daston-williams. p. 64.

주방(廚房 · kitchen · cuisine)

주방은 음식 준비를 위해 따로 마련된 공간으로 기원전 약 5세기에 처음으로 주택에 등장하게 되었다. 그러나 고대의 주방은 종교의식을 수행하는 공간으로서의 역할이 강조되었다. 고기와 채소가 조리되는 화로는 집안을 숭배하는 제단으로 여겨졌으며, 멋진 거주지에 자리 잡은 로마의 주방은 물탱크, 계수대, 허브를 빻는 도마, 그리고 청동 삼각대 등과 같은 훌륭한 시설이 설비되어 있는 매우 특별한 공간이었다.

중세의 대저택(fontevrault)과 성(avignon, dijon)에서 주방은 가장 중요한 공간 중에 하나로 인식되었다. 중세의 주방은 항상 활발하게 일하는 사람들로 북적였으며, 하나 또는 여러 개의 굴뚝이 있었다. 또한 그곳에는 다양한 별관(빵창고, 과일창고, 축하자의 농원)들이 펼쳐져 있었으며, 일반적으로 고객들을 영접하고, 조리를 완성하고, 음식을 먹는 등의 복합적인 기능을 수행했다.

르네상스시대에 이르러 음식의 조리와 관련된 조합과 장식은 더욱 발전하였다. 루이 15세의 통치 하에서 음식의 조리는 새로운 부활을 맞이하였으며, 이에 따라 귀족의 저택에 딸린 주방도 새로운 전기를 맞이하였다. 1755년의 아베 코여(Abbe coyer)가 "나는 주방 안으로 들여보내졌고 주방장의 맛에 경탄하였다. 이 집에 대하여 호기심이 생겼는데, 주방은 우아하며, 견고하고, 청결하며, 편리한 모든 종류의 기구들이 전시되어진 현대적인 명작 건물인 코무스(comus)의 거대한 작업장은 놓칠 것이 하나도 없는 유일한 방이었다."라고 지칭했을 정도로 이 시대의 주방은 매우 호화스러웠다.

19세기, 기술적인 진보(주방 기구, 레인지와 조리기구)는 진정한 연구실(Laboratoire, 위대한 주방장들은 주방을 이렇게 불렀다)의 탄생을 가져왔다. 이 시기에 주방은 갖가지 서비스를 제공할 수 있도록 고안된 주택의 다른 공간들과 특별히 독립되어 있었으며, 때때로 지하실(영국 빅토리안시대)이나 긴 복도의 끝에 위치했다. 주방의 장비들은 저울, 다양한 칼과 배수시설, 향신료 박스, 소스 팬 세트 등 다양하고 풍부했다. 19세기의 주방은 K로 시작하는 세 가지[kinder(아이들), kirche(교회), and kuche(주방)] 중의 하나이자 독일 가정 주부들의 점령지였다.

20세기에 이르러 주방은 조명과 난방, 그리고 내부 장식에 있어 주목할 만한 발전과 냉장시설의 등장 및 보존기구의 괄목할 만한 성장을 이루어 냈다. 또한 많은 가정기구들을 사용할 수 있는 공간이 축소되었으며, 이는 정찬구역 및 주방의 휴식공간과 같은 복합적인 공간으로서의 주방이 등장하는 계기가 되었다. 하지만 그럼에도 불구하고, 전통적인 주방의 가지런히 배열된 옹기들과 절임용 단지들, 그리고 잼병들은 모든 사회 계층으로부터 그 가문이나 지역경제의 대표적 상징으로 인식되었다. 이는 라 파르패트(La parfaite Cuisinere bourgeoise et economique, 1853)에서 다음과 같이 언급하였다. "명령과 명확함은 주방에서 강한 영향력을 가짐에 틀림없다. 모든 것들은 제자리에 있어야 하며 광택이 잘 나고 청결하게 유지되어야 한다."

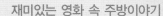

재미있는 영화 속 주방이야기

중세시대 유럽을 배경으로 한 영화 〈로빈 후드(10세기)〉, 〈브레이브 하트(13세기)〉, 〈장미의 이름(13세기)〉 등을 보면 한 가지 흥미로운 사실을 발견하게 된다.

그것은 바로 요즘은 흔히 볼 수 있는 텔레비전이나 영화 속 배경 장면으로 등장하는 평민들의 생활 환경에서 '부엌'을 쉽게 찾아볼 수 없다는 것이다. 물론 귀족이나 부르주아 이상의 저택에서는 부엌을 찾아볼 수 있기는 하지만 말이다.

오늘날 흔히 먹는 빵은 중세 초기에는 죽 형태였으나 점차 오늘날의 빵 형태로 변화된 것으로 서양 음식문화의 중요한 자리를 자지하게 되었다. 그러나 그 당시에 빵은 흔하게 먹을 수 없는 귀한 음식 중의 하나였다. 중세시대에 빵은 일부 귀족들만이 향유할 수 있는 특권 중 하나였으며, 특히 흰빵은 그중에서도 더욱 귀했다. 과연 그 이유는 무엇일까?

중세시대에는 곡식을 도정하는 기술의 한계로 인해 흰빵을 만들기 위해 밀을 하얗게 빻는 것이 쉽지 않았다. 또한 빵을 구울 수 있는 200℃ 이상의 온도를 낼 만한 화력을 얻기도 힘들었다. 200℃ 이상의 온도에 도달하기 위해서는 땔감으로 많은 불을 지펴야 하는데, 평민들에게는 이 많은 땔감을 구하기란 쉬운 일이 아니었기 때문이다. 그 당시 숲에 대한 소유권은 일부 귀족과 영주에게 일임되어 있어, 땔감이 되는 나무들 역시 그들의 소유였다. 따라서 영화 속의 주인공들은 제후들을 피해 숲으로 숨어든 로빈 후드처럼 부엌이란 공간을 갖추고 살아갈 만큼의 여유가 없었다.

〈로빈 후드〉와 〈브레이브 하트〉의 영화 포스터

았으며, 주방기구에 있어서도 다양한 신소재를 개발하여 스테인리스, 알루미늄 등의 조리기구가 등장했으며, 특히 주방기구의 내열성이 높아지면서 등장한 가스레인지와 오븐은 주방의 획기적인 변화를 가져왔다.

(7) 21세기

오늘날의 주방은 최첨단 기술이 적용되고 있다. 조리기구에 컴퓨터 시스템이 도입되었으며 높은 화력과 이를 통제할 수 있는 자동화 시스템, 대량생산과 품질을 장기간 관리할 수 있는 냉장, 냉동(급속냉동)시설 등의 발전을 가져왔다.

지금까지 주방의 기능은 홀과 구분되어 음식을 제조하는 부분에 국한되어 있었으나, 일반대중의 식문화에 대한 관심이 높아지면서 주방이 고객에게 공개되는 오픈주방(open kitchen)이 등장하였다. 이제 주방에도 인테리어적인 요소들이 가미되며 조리사의 역할도 조리하는 기능적인 부분에서 창조적이고 대중의 관심을 받는 엔터테이너(entertainer)적인 부분이 부각되면서 스타조리사(star chef)가 등장하게 되었다.

2) 우리나라 주방의 변천사

우리나라 주방 변천사의 시작은 쌀과 잡곡을 중심으로 한 농업의 발달과 채식 위주의 식생활에서 찾을 수 있다. 우리의 식생활은 '삼시(三時) 세끼'라는 말이 있듯이 아침, 점심, 저녁을 꼬박 지켜가며 먹는 밥이 중심이 되었다. 우리 전통의 부엌에서 쉽게 볼 수 있는 무쇠 재질로 만들어진 커다란 가마솥은 한국인의 초기 주방도구로서 중요한 역할을 담당하였으며, 한국인의 대표 조리기구라 할 수 있다. 가마솥은 화덕에 고정되어 있는 형태로 크고 매우 무거웠기 때문에 이동이 어려웠다. 이러한 이동의 제한이 우리만의 숭늉문화를 자연스럽게 만들어 내었고, 사용되는 주화력인 마른 장작이나 짚을 이용해서 아궁이에 불을 때는 방식을 사용하였다. 특히, 밥, 국과 같은 습열조리법을 사용하였기 때문에 서양과 같이 높은 온도가 필요치 않았다. 음식준비와 주택을 데우는 난방기능을 동시에 해결하는 효율성이 높은 온돌방식을 사용하였다. 따라서 우리 전통의 주방 공간은 땔감을 보관하기 위해 넓었으며 찬장과 가

그림 2-7 **전통적인 우리나라의 주방 모습**

마솥, 풍노(불을 지피기 위해 바람을 만들어 내는 기구) 등 비교적 간단한 시설만을 갖추고 있었다.

그 시절 땔감을 준비하기 위해 거의 모든 국민이 산과 들을 헤매야만 했고, 이로 인해 정부에서는 산림녹화사업을 대대적으로 벌어야 할 만큼 온 산하는 붉은 황토 흙을 드러내게 되었다. 그러던 중 1952년 도시를 중심으로 연탄이 보급되었는데, 주방에서 연탄은 혁명과도 같은 변화를 가져온다. 조리방식에 있어서 습열 중심에서 구이나 볶음 등의 건열조리법을 손 쉽게 할 수 있는 기회가 되었으며(그러나 우리의 주식은 아직 밥과 국, 찌개와 같은 습열방식임) 주방에서 땔감을 내보내고 연탄이 그 자리를 차지했으며 주방의 공간이 위생적이

그림 2-8 **연탄불 갈아주기(연탄불 구멍 맞추기)**
출처 : 서울 시청

고 공간여유가 생겼으며, 무엇보다도 조리를 위한 시간이 단축되고 다양한 조리법을 사용할 수 있게 되었다. 그러나 이러한 편리한 점들이 많음에도 불구하고 당시 신문에는 연탄가스로 죽어가는 사람들의 안타까운 기사를 종종 봐야만 했다. 그 후로 연탄과 함께 편리한 조리도구 석유곤로가 사용되었으며, 1980년 도시가스가 공급되기 시작되면서 오늘날과 같이 가스레인지가 주 화력으로 주방을 차지함으로써 연탄시대는 막을 내리게 된다.

전통적인 일반 가정의 주방은 바닥에 앉아서 닦고, 썰고, 조리하는 좌식(坐式) 중심에서 가스레인지, 싱크대와 같은 조리도구의 도입에 따라 입식(立式) 중심으로 전환되어 보다 편리하고 수월하게 조리를 할 수 있도록 발전되었다. 또한 식사의 형태도 온돌방에 상을 펴고 밥상을 차려서 식사를 하는 좌식(坐食)에서 테이블에 앉아서 식사를 하는 서구식 스타일로 전환되었다. 주방의 변천은 식생활의 서구화와 함께 변화되어왔다. 이러한 변화는 일반 가정식 주방뿐만 아니라 대량의 식사를 제공하거나 주방의 기구, 설비, 기능이 이익창출에 중요한 부분을 차지하는 전문조리를 필요로 하는 전문식당 주방에도 획기적인 변화를 가져왔으며 점차 첨단화되어 가고 있다.

가마솥 밥 짓기

밥솥이 걸린 아궁이에 불을 넣는 법은 어머니한테서 배웠다. 솔잎 마른 것 한줌 넣고 성냥을 당긴다. 토도독 토도독 불길이 피어오른다. 그 위에 작은 삭정이를 얹고 그 위에 큰 삭정이를 얹는다. 아직 물이 마르지 않은 생솔개비 타는 파드득 소리와 그 작고 반짝이는 무수한 불똥들이 솔향기와 함께 눈과 귀, 콧속을 온통 다 채운다. 솥전에서 맑은 물이 생기고 잠시 후에 끈적이는 밥물이 흐르면서 김이 오르면, 이제 불을 낮추어 뜸을 들여야 한다. 어머니는 솥뚜껑 꼭지를 행주로 감아쥔 손을 잽싸게 밀어서 열고 어떤 때는 가지, 어떤 때는 풋고추, 어떤 때는 된장 뚝배기, 아주 드물게는 달걀 몇 알 깨뜨려 담은 사발을 넣었다. 이렇게 밥상 공동체는 어머니가 계신 부엌에서부터 시작된다. 부엌과 아궁이가 없으면 밥상도 없다. 어머니가 없으면 공동체도 없다. 이래저래 불은 더불어 사는 삶의 상징이다.

출처 : 윤병구의 〈흙을 밟으며 살다〉

따라서 이 책에서는 조리 시 쓰이는 용구 및 도구나 설비, 공간적인 제약, 그리고 제한된 메뉴와 조리법에 운영되는 일반 가정식 주방보다는 주방의 규모나 다양한 메뉴를 감안하여 호텔이나 외식업체를 중심으로 주방의 변천사를 보고자 한다.

우선, 앞에서도 거론했듯이 주방구조, 형태, 시설 및 기자재의 변화는 우리나라의 서구화와 비례해서 변화되어 왔다고 볼 수 있다. 결국, 근대화된 주방의 시작은 개화

그림 2-9 **인천항과 대불호텔**
출처 : 인천역사자료관

기인 1888년대를 기점으로 호텔을 중심으로 발전되었으며 그 후, 양식이 대중에게 알려지면서 몇몇 레스토랑이 생겨나게 되었다. 호텔을 중심으로 한 주방의 변천사를 시대별로 알아보면 다음과 같다.

개화기, 일제강점기, 해방 직후(1945년), 1960년대, 86아시안게임과 88서울올림픽 이후, 그리고 IMF 이후 주방으로 구분하여 볼 수 있다.

(1) 개화기의 주방

개화기에 접어들면서 근대적인 숙박시설인 주막 또는 그 이후 인(inn), 여관과 같은 숙박시설은 주로 외국인을 대상으로 구조가 형성되었다.

(2) 일제강점기에서 1950년대까지

대불호텔은 1888년에 설립된 우리나라 최초의 호텔로 이곳에서 '커피(당시 커피는 양탕국이라고 불림)' 가 첫 선을 보였다. 최초의 커피 소개는 아펜젤러 목사의 당시 인천의 상황을 기록한 〈캘리포니아 크리스찬의 주장〉이라는 보고서(서울 정동교회 발간

표 2-1 **서양식 주방문화의 도입**

연 도	내 용
1840년	명성황후가 살던 낙선제(樂善齋) 대주전(大主殿) : 양식주방 설치
1883년	민영익이 초대 주미대사로 파견
1888년	대불호텔 건립(우리나라 최초의 서양식 호텔)
1890년	경안순환 : 명월관, 장춘관, 국일관, 식도원, 태서관 등 음식점, 양식당-청목당, YMCA식당(궁중요리사의 외식사업에 진출)
1894년	후반 영국인이 제물포앞바다/서양식 조반으로 빵과 버터를 제공
1902년	• 최초의 근대 서양식 호텔인 손탁호텔(sontag hotel) 등장-최초의 프랑스 음식 제공 • 화신 백화점 : 양식정(레스토랑)
1912년	서구식 철도호텔(station hotel)-신의주와 부산역
1914년	서구식 형태의 숙박시설인 조선호텔 등장-연회시설
1925년	서울역 그릴 : 케터링 업계(catering industry)의 시초로 많은 조리사를 배출하는 조리사 양성소 역할을 하였음-케터링 산업

'자유와 빛으로' 19쪽)에서 "이곳에는 미국인이나 영국인이 운영하는 호텔은 없고, 일본인의 것(대불호텔)만이 하나 있다."는 이야기를 들었다는 내용이 있다. 국사편찬위원회가 펴낸《한국사》제44권에는 커피의 도입과 관련된 내용이 기록되어 있다. 이곳은 지난 1978년 수명을 다해 철거되기 전까지 전국의 정치인과 재벌가들이 많이 찾던 곳으로 한국 정치, 경제인들의 '요새'로 불리기도 했다.

(3) 현대 호텔의 주방

- 1963년 : 최초의 리조트 호텔인 워커힐호텔(Walker Hill Hotel) 설립
- 1970년 : 관광호텔의 등급화제도 실시, 합리적 주방배치, 주방의 역할 세분화, 주방시설과 장비의 인간공학적 측면 고려
- 1980년대 : 86아시안게임, 88서울올림픽을 통한 국제적 수준의 호텔 주방, 아시안게임과 올림픽 개최로 각국의 음식문화를 받아들임으로써 외식시장의 성장과 발전의 계기가 됨
- 1990년대 : 대단위 연회를 위한 전처리 주방개념 도입과 함께 외식업의 급성장
- 2000년대 : 외식업체의 급격한 성장에 따른 다양한 개념의 주방 등장(food court)

〈동아일보〉속의 근대 100류 호텔 개장

'조선호텔 지배인으로 온 사퇴시예 씨는 말하되, 조선호텔로 말하면 여러 외국사람들을 많이 접대하기 때문에 그 디위가 국제적인즉 (…) 의복범절에 대하야는 일본사람들은 나막신을 신고 함부로 올라오는 일이 있스나 조선사람 중에는 모다 신사의 태도를 직히어서 감사한 일이라고 말하더라'

1930년대 조선호텔

출처 : 동아일보 1921년 5월 16일

(4) 근세 한국 외식산업의 변화

한국 외식산업의 변화는 한국의 역사적인 측면과 밀접한 관계가 있다. 19세기 말 세계는 제국주의로 무장한 국가들의 식민지 쟁탈전이 극에 달한 시기라고 할 수 있다. 선진자본주의 국가들은 원료공급, 상품시장 그리고 잉여자본의 투자지역을 확보하기 위하여 아시아, 아프리카지역으로 무력 진출을 감행하는 식민화에 열을 올리고 있었다. 이러한 배경에는 절대왕정의 붕괴와 신산업주의 팽배, 새로운 자본 세력의 등장에 따른 국내불안을 대외적인 팽창으로 해결하려는 정치적 요인과 사회적 진화론의 영향하에 미개한 지역을 개화하려는 문화적·종교적 요인, 그리고 축적된 잉여자본을 투자하여 해외자본시장의 개척을 위한 경제적 요인들이 있다. 이러한 세계 정서 속에서 조선이 걸어가야 할 길은 험난하였을 것이다. 근세의 한국 외식문화의 시작은 국내·외적으로 어수선한 상황에서 불행하게도 고종황제의 아관파천(1896~1897)을 통하여 서양의 음식문화를 처음 접하는 계기를 맞이한다. 그 후로 1902년 독일 여성 손탁(Sontag)이 자신의 이름을 딴 손탁호텔에서 프랑스 식당을 오픈하게 되었으며, 조선철

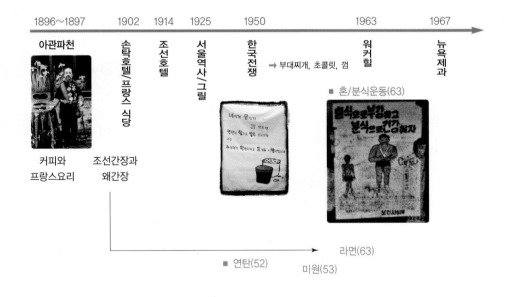

그림 2-10 **근대 한국 조리 역사의 변화**

도국에 의해 세워진 한국 최초의 근대식 호텔인 조선호텔이 1914년에 개관하였다. 이 당시 한국은 일제의 사회, 정치, 경제적인 지배권 하에 있었기 때문에 당시에는 오늘 날과 같은 외식문화는 생각도 못했으며, 일부 대관고작들만을 위한 식당들이 존재하 였을 뿐이다. 그중에서도 서울역사 내에 있는 그릴(grill)은 당대 최고의 식당으로, 많 은 서양요리 전문 요리사들을 배출해 낸 일종의 서양 요리사 배출기관과 같은 역할을 했다. 그리고 1945년 한국은 일제로부터 독립을 쟁취하게 되는데 대부분의 서양요리 조리사들이 일제강점기에 주방에서 강한 도제제도에 의한 조리기술과 지식 교육을 배 운 인물들에 의해서 외식문화의 한 주류가 형성되게 된다. 그 예로서 오늘날 서양조리 를 하면서도 몇몇 주방용어들은 아직도 일본어를 사용하는 것을 들 수 있다.

1945년 우리 민족은 해방을 맞이하게 된다. 그러나 우리의 해방은 불행히도 우리의 힘에 의해서가 아니라 서양국가 미국에 의해 패망된 일본이 우리 영토에서 사라진 뒤에 얻어진 것이었기에, 자연스럽게 우리의 정치, 경제, 사회는 미국의 영향을 받을 수밖에 없었다. 특히, 우리 민족의 불행한 역사인 한국전쟁을 계기로 미국은 우리에 대한 지배

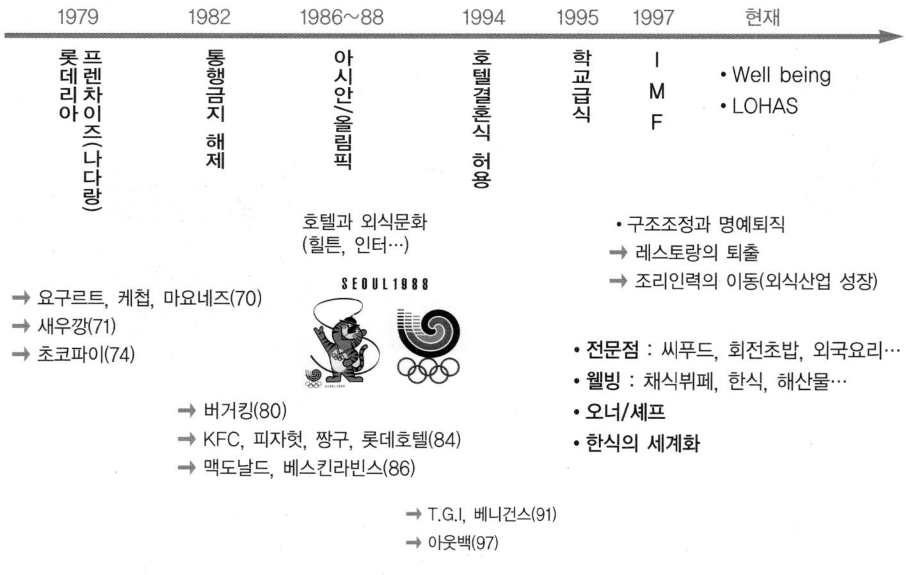

그림 2-11 **현대 외식산업의 발전과정**

부엌이 가진 의미

우리 전통의 부엌은 여성들만의 전용공간이었다. 유교적 윤리관에서 볼 때, 부엌은 남자들이 침범할 수 없는 상징적인 곳이었으나 그 곳에 대한 신성함이나 절대적인 여성의 전용공간이라기보다는 가정 내에서 결정권 없이 남편과 자식을 위해 희생하고 음식을 준비하는 여성들만의 공간으로 여겨지는 경향이 컸다. 그래서 우리 어른들은 "사내아이가 부엌에 들어가면 ○○가 떨어진다."고 나무라시곤 했으며, 남자가 요리를 하면 가문의 망신으로 여기거나 위신이 떨어진다고 생각한 것이 사실이다.

이제 시대가 변하여 유명한 요리사 중에는 남자들이 많다. 또한 조리대학에 들어가기 위해 많은 청소년들이 열정적으로 공부하는 모습, 텔레비전이나 영화를 통해 동경의 대상이 되는 조리사들의 모습, 그리고 앞치마를 두르고 가족을 위해서 맛있는 음식을 준비하는 가장의 모습이 이상적인 남편 감이고 아버지로 인식되는 세상을 볼 때 참으로 격세지감(隔世之感)이 느껴진다. 이젠 부엌이란 공간은 가족 간 사랑을 나누고 함께 모일 수 있는 따뜻한 공간으로 자리 잡고 있음을 알 수 있다.

를 더욱더 공고히 하게 되었으며, 그 뒤로 우리의 사회, 경제, 문화는 물론, 식생활까지 도 미국을 중심으로 한 서구적인 식생활이 자리를 차지하게 되었다.

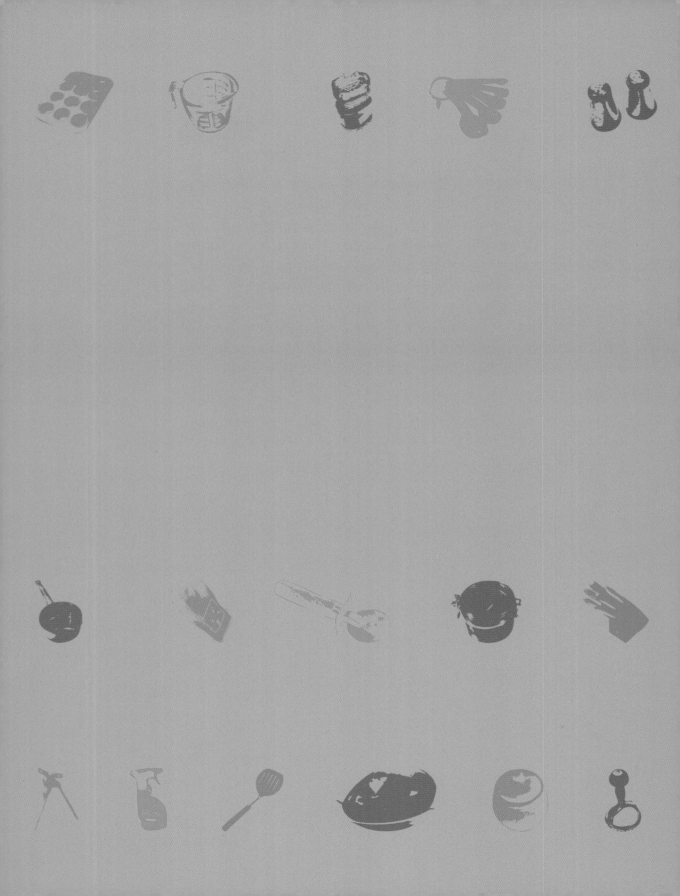

CHAPTER 3

식당의 구성 및 관리

CHAPTER 3
식당의 구성 및 관리

01 외식산업의 분류

1) 식품위생법에 의한 분류

식품위생법(법 제 21조 및 시행령 제 7조)상 영업종류는 합리적으로 조정되어 단순화 되었다. 국민의식 및 생활수준의 향상과 글로벌 수준의 외식문화, 다양화되고 트렌드 에 민감한 식생활 수준 변화에 따라 식품접객업 종류는 음식점영업과 주점영업으로 나누고 있다.

음식점영업에는 휴게음식점업, 일반 음식점업으로 주점영업에는 단란주점과 유흥 주점업이 있다.

(1) 휴게음식점업

음식류를 조리 · 판매하는 영업으로서 음주행위가 허용되지 아니하는 영업(주로 다과 류를 조리 · 판매하는 다방 및 빵 · 떡 · 과자 · 아이스 크림류를 제조 · 판매하는 과자 점 형태의 영업을 포함한다). 다만 편의점 · 슈퍼마켓 · 휴게소 기타 음식류를 판매하 는 장소에서 컵라면과 같이 1회용 다류, 기타 음식류에 뜨거운 물을 부어주는 경우를 제외한다.

(2) 일반 음식점영업

음식류를 조리·판매하는 영업으로서 식사와 함께 부수적으로 음주행위가 허용되는 영업을 말한다.

(3) 단란주점영업

주로 주류를 조리·판매하는 영업으로서 손님이 노래를 부르는 행위가 허용되는 영업.

(4) 유흥주점영업

주로 주류를 조리·판매하는 영업으로서 유흥종사자를 두거나 유흥시설을 설치할 수 있고 손님이 노래를 부르거나 춤을 추는 행위가 허용되는 영업.

2) 한국표준산업에 의한 분류

한국표준산업 분류방식에 따르면 음식점업, 식당업, 주점업, 다과점업으로 나누어진다.

음식점업은 접객시설을 갖추고 구내에서 직접 소비할 수 있도록 주문한 음식을 조리하여 제공하는 음식점을 운영하거나 접객시설 없이 고객이 주문한 음식을 직접 조리하여 배달·제공하는 산업활동을 말한다. 여기에는 회사, 학교 등의 기관과 계약에 의하여 음식을 조리·제공하는 구내식당을 운영하는 활동도 포함한다(한국표준산업 분류, http://kssc.kostat.go.kr).

음식점업은 일반 음식점업과 기타 음식점업으로 구분되며 다음의 경우는 제외된다.
- 자동판매기로 판매할 경우
- 숙박업에 결합되어 운영하는 식사제공 활동
- 철도운수업체에서 통합 운영하는 식당차의 운영
- 조리사만을 공급하는 경우
- 별도의 장소에서 다량의 집단급식용 식사를 조리하여 운송·공급하는 산업활동

(1) 일반 음식점업

각종의 정식을 제공하는 한식당, 일식당, 중식당, 서양식당 등의 음식점 및 기관구매 식당을 운영하거나 행사장 단위의 출장급식서비스를 제공하는 산업 활동을 말한다.

(2) 기타 음식점업

분식류, 피자, 스낵품 및 기타 조리식품 등 정식이외의 각종 식사류를 조리하여 소비자에게 제공하는 간이음식점을 운영하는 산업활동을 말한다.

3) 업종과 업태의 의미

(1) 업종의 분류

음식점 콘셉트에 따라서 분류할 수 있는데 어떤 종류의 사업을 할 것인가?(Type of Business)에 따라서 업종을 선택할 수 있다. 예를 들면 한식, 양식, 일식, 중식과 같이 음식의 종류에 따라서 업종을 전하게 된다.

① 업종은 4가지로 분류하고 신고사항이며 종간의 변경은 신고만으로 가능하다.
② 업종분류 : 일반음식점, 휴게음식점, 단란주점, 유흥주점
③ 담당부서 : 구청 환경위생과 또는 보건소

(2) 업태의 분류

업종의 세부적인 사항으로 가격, 서비스, 분위기, 입지 등을 고려하여 외식의 목적과 동기에 따라서 분류할 수 있다. 소비자가 어떻게 먹을 것인가?, 판매자 입장에서는 어떻게 판매할 것인가를 결정하면 된다. 예를 들면, 패스트푸드, 패밀리 레스토랑, 분식, 한정식, 중화요리, 횟집 등으로 분류할 수 있다.

▶▶ 업종 : 한식(김치 찌개)
▶ 업태 : 한정식, 분식점, 대학구내식당, 배달전문점

4) 업종과 업태 정하기

▶ 업종 : (_____) : 취급하는 메뉴의 종류

▶ 업태 : (_____) : 레스토랑 유형(판매방법, 가격, 분위기, 장소, 서비스 방법)

	구 분	Fast Food/ Food court	Family restaurant	Dining restaurant	Hotel
업태	• 서비스 형태 (셀프/테이블 서비스)				
	• 메뉴의 폭(넓다/중간/한정적)				
	• 객 단가 (5,000~100,000원)				
	• 분위기(고교동창, 상견례, 국제회의)				
	• 제공시간(3분~1시간 이상)				
업종	• 업종의 예시 (고정비용: 상/중/하 표시)	상/중/하	상/중/하	상/중/하	상/중/하
한식	만두, 도시락, 놀부보쌈, 장터국수, 삼원가든, 호텔 한식당				
양식	롯데리아, 맥도날드, 빕스, T.G.I.F, 5스타 레스토랑, 호텔양식당				
일식	라멘, 수제 돈까스, 기소야, 군산횟집, 호텔 일식당				

02 식당의 구성

식당은 공간적인 구성으로 크게 홀(hall)과 주방(kitchen)으로 구분할 수 있다.

1) 영업장

홀(hall)이라 함은 고객에게 음식, 음료, 서비스를 제공하기 위해 마련된 공간으로 테이블과 의자, 서비스를 제공하기 위한 가구 및 기타 인테리어 시설을 갖춘 공간으로 웨이팅 스태프(waiter & waitress)들과 같은 인력들에 의해 업무가 이루어진다. 주방

은 고객에게 제공될 음식과 음료를 준비하기 위한 조리기구 및 설비 등이 갖추어진 공간으로 조리사들이 주로 업무를 하는 장소이다.

홀과 주방을 세부적으로 구분하여 보면 홀은 고객의 응대와 환대에 대해 가격을 지불하는 프론트, 홀 종사원들이 테이블 웨어(table ware)나 포크, 나이프와 같은 도구(utensil), 유리컵(glasses), 접시(plates) 등을 보관, 관리할 수 있는 서비스 테이블(service table), 그리고 식당에 따라 바를 운영할 경우 고객이 앉을 수 있는 카운터와 바텐더에 의해 주류와 음료를 제공할 수 있는 공간이 요구되어진다. 그러나 무엇보다도 홀에서 중요한 공간은 고객이 앉아서 식사와 음료를 제공 받을 수 있는 공간으로 2인용 또는 4인용 테이블과 의자 또는 단체를 위한 룸(room)이다.

주방과 홀의 관계

주방과 홀은 어떤 관계인가? 주방과 홀의 관계는 레스토랑 운영자가 가장 다루기 힘든 미묘하고 어려운 문제이다. 주방과 홀은 모두 계급적인 체계를 가지고 있으며 업무의 특성상 상명하복의 조직구조를 가지고 있다. 이들의 호흡에 따라 좋은 음식점으로 명성을 알릴 수도 있고 문을 닫을 수도 있기 때문이다. 그 예로 영화 〈사랑의 레시피(No Reservations)〉, 〈라따뚜이(Rotatouille)〉, 드라마 〈파스타(pasta)〉 등을 볼 수 있으며, 비단 이러한 논픽션의 작품뿐만 아니라 주방이나 홀에서 근무한 경험을 가진 사람은 모두 잘 알 것이다.

그러나 중요한 것은 서로 대립되는 관계가 될 때는 모두가 어려워진다. 서로의 자존심과 욕심을 버리고 서로 협력한다면 공동의 목표를 쉽사리 달성할 수 있으며 무엇보다 즐거운 직장을 만들 수 있다는 것을 우리는 너무도 잘 알고 있다. 대립이 아닌 상생의 관계(win-win)로 발전하는 관계가 되어야 한다. 고객은 눈치가 100단이다. 그들은 너무도 민감하고 빨리 반응한다.

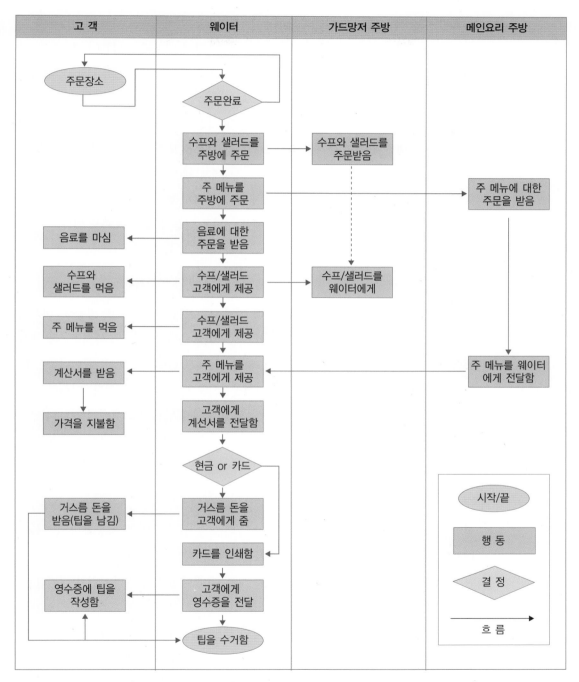

고 객	웨이터	가드망저 주방	메인요리 주방

주문장소

주문완료

수프와 샐러드를 주방에 주문 → 수프와 샐러드를 주문받음

주 메뉴를 주방에 주문 → 주 메뉴에 대한 주문을 받음

음료를 마심 ← 음료에 대한 주문을 받음

수프와 샐러드를 먹음 ← 수프/샐러드 고객에게 제공 → 수프/샐러드를 웨이터에게

주 메뉴를 먹음 ← 수프/샐러드 고객에게 제공

계산서를 받음 ← 주 메뉴를 고객에게 제공 ← 주 메뉴를 웨이터에게 전달함

가격을 지불함

고객에게 계선서를 전달함

현금 or 카드

거스름 돈을 받음(팁을 남김) ← 거스름 돈을 고객에게 줌

카드를 인쇄함

영수증에 팁을 작성함 ← 고객에게 영수증을 전달

팁을 수거함

시작/끝

행 동

결 정

흐 름

그림 3-1 **레스토랑 메뉴의 흐름**

홀과 주방 사이에 있는 팬트리(pantry)는 웨이터들이 서비스를 위해서 준비해야 할 모든 것들이 관리되는 곳이다. 예를 들면, 요리와 함께 제공될 양념류(소금, 후추, 치즈, 오일, 그 밖에 각종 소스류 등), 버너(burners), 카트(carts), 자기류(china), 접시와 유리컵류 등이 보관되고 관리된다.

최근에는 레스토랑의 역할이 음식과 음료를 제공하는 기본적인 역할 이외에 고객들이 음식에 대한 관심의 증가로 직접 요리하는 과정을 보기를 원한다거나, 주방을 공개함으로써 볼거리(entertain)적인 요소를 고객에게 제공하기도 한다. 또한 일반적으로 패쇄적이라는 인식을 가지고 있는 주방을 고객에게 보여 줌으로써 위생적으로 음식이 조리되는 과정을 확인시켜 요리에 대한 신뢰를 얻을 수 있는 효과도 있다.

2) 주방

주방(kitchen)은 공간적인 개념으로 볼 때 식재료를 보관하는 냉장고, 냉동고, 건식재료 창고와 같은 저장공간, 식재료를 세척하고 자르고 준비하는 공간, 화력을 이용해서 음식을 조리하는 공간, 만들어진 요리를 웨이터들에게 전달하는 공간, 웨이터들이 대기하는 공간, 식기류를 닦고 보관하는 세척공간으로 구분해 볼 수 있다. 이러한 공간들은 서로 유기적인 관계를 가지고 최종 목적인 요리를 만들어 고객에게 전달되는 데 가장 효과적인 동선을 이루도록 해야 한다.

3) 기타(화장실, 주차장, 직원 휴게실, 환경시설 등)

식당을 구성하는 공간은 크게 홀과 주방으로 나눌 수 있다. 그러나 자동차의 생활화와 더불어 식당영업에 있어서 주차장의 확보는 매우 중요한 부분으로 대두되고 있다. 또한 가족 단위 고객을 위한 어린이 놀이방 시설, 고객이 순서를 기다리면서 대기할 수 있는 공간과 같은 부수적인 공간의 필요성이 높아지고 있다. 이러한 부수적인 공간은 식당의 콘셉트를 고려해서 설치되어야 하며 모든 식당에 이러한 시설을 모두 설치할 필요는 없는데 굳이 불필요한 공간을 둘 필요는 없다.

주방의 공간 구성은 식당의 콘셉트, 요리의 경향, 조리법 등에 따라 매우 다양하다.

이러한 식당의 특성을 반영하여 적절하게 공간을 설정해야 하며, 식당의 규모와 업장별 서비스방법에 따라 적정인원을 산출하고 공간을 배치하도록 한다. 이러한 사항들을 고려하여 주방의 적정한 공간배치 계획에 따라 시설과 장비 및 기기의 배치가 인간공학적인 측면에서 설계되어야 한다.

웰빙(wellbeing)과 로하스(LOHAS : lifestyle of health and substantiality)시대에 살고 있는 사람들의 관심은 양적인 충족보다는 질적이고 위생적인 행복하고 건강한 삶에 대한 관심이 점차 높아지고 있다. 따라서 예전과 같이 화려하고 독특한 인테리어로 홀만 꾸며 놓고 주방시설이나 환경은 매우 낙후된 식당이 성공하는 사례는 점차 찾아보기가 어려워지고 있다. 이제는 홀(hall)뿐만 아니라 위생적이고 쾌적한 주방환경이 레스토랑 운영의 중요한 부분으로 강조되고 있다.

따라서 이 책은 식당의 전반적인 부분에 대해서 알아보고 특히, 주방의 시설, 설비 및 관리에 대하여 중점적으로 연구하는 데 중점을 두기로 한다.

03 레스토랑의 주요 구성

외식업은 고객에게 음식을 제공하는 것이 기본 업무이다. 이를 위해 조리사는 항상 좋은 품질의 식재료를 사용하도록 하며 조리하는 과정에서 이용되는 조리관련 장비와 기구 및 소도구는 물론이고 식당관련 설비와 장비들에 대한 위생 및 안전관리에 유의하여야 한다. 또한 고객에게 음식을 제공하는 과정에 관여하는 모든 직원들은 고객에게 좋은 서비스를 제공해서 만족감을 주도록 하여야 한다.

1) 사람(종사원)

외식업에 종사하는 사람들은 장소적인 구분에 의해 다음과 같이 분류할 수 있다.

- Front of House : 홀에서 고객을 직접 맞이하고 식음료를 직접 서비스하는 고객과의 접점(MOT: Moment of Truth)에서 일하는 직원으로 지배인(General manger), 점장(Captain), 소믈리에(Sommelier), 웨이팅 스테프(waiting staffs) 등이 이에 속한다.

- Back of House : 고객에게 제공할 음식을 조리하며 고객을 직접 접하지 않는 공간인 주방에서 업무를 수행하는 직원으로 총주방장(Executive chef), 주방장(Sous chef), 조리사(Cook) 등이 이에 해당한다. 그러나 최근 주방이 개방되면서 조리사 역시 고객에게 서비스를 직접 제공하는 경향이 많아지고 있다.

그 밖에도 레스토랑과 관련된 인력은 업체의 규모에 따라서 경영, 인사, 구매, 검수, 관리, 주차요원 등 인원이나 부서를 다양하게 구성할 수 있다.

2) 식재료

외식업에서 가장 중요한 물리적인 구성요소이다. 주요 상품인 식재료는 레스토랑 기본메뉴의 선택에 한식, 양식, 중식, 일식 등에 따라 식재료의 구성이나 구매 시장이 결정된다. 기본적으로 요리의 품질이나 수준은 좋은 식재료의 사용여부에 따라 결정되며, 메뉴의 가격을 결정하는 기본원가의 기초가 된다는 점에서 식재료의 구매 및 관리는 매우 중요하다고 할 수 있다.

3) 조리장비 및 기구

좋은 식재료와 종사원으로 구성된 식당이라도 이를 상품화시키기 위한 장비와 기구 그리고 잘 관리된 설비 시스템을 갖추지 못하다면, 고품질의 상품을 고객에게 제공하기 어렵다. 특히, 오늘날 주방 기기는 자동화되고 전문화되는 경향을 보이고 있어 인력이나 기술적으로 대체 할 수 있을 만큼 많은 역할을 하고 있다. 장비와 기기는 한번 선택하면 장기간 사용하기 때문에 올바른 선택과 지속적인 관리가 매우 중요하다.

외식업의 운영에 있어서 이상의 세 가지 구성요소 사람(종사원), 식재료, 장비와 기구를 어떻게 잘 운영·관리 하는가에 따라 외식업의 성공과 실패가 달려있다. 식재료의 구매에서 조리, 서비스 단계를 통해서 최종적으로 고객에게 제공되는 단계를 어떻

주메뉴   돈가스

구분	구매(검수)	→	주방(Pre-Store-Butch-Cold-Hot)			→	홀	기타(주차장, 화장실, 바, 대기장소 등)
1. 사람	구매자 검수자	• 2nd Cook Pre: Sauce Butcher: potion	• 3rd Cook Cold: salad	• 1st Cook Hot: Fry	• Chef Tasting, 확인	• Server Service		휴게실, 사무실
2. 식재료	돈등심 야채류 빵가루…	돼지잡뼈 Mire poix Pork loin	양상추 드레싱	오일 소스 야채…	가니쉬	물과 음료		화물 주차장
3. 장비와 기구	온도계 당도계 ( )	Stove Working table	Working table	Deep-fryer	Warmer light	Tray		주차장

게 구성하는가에 따라 레스토랑의 운영시스템과 주방의 구성과 장비와 기기 및 설비의 배치 그리고 인력의 구성과 직급, 직무, 배치 등이 정해진다. 결국 식재료의 흐름은 주방의 종류나 규모, 형태를 결정하는 기초가 된다. 이 모든 과정에서 가장 최우선적으로 반드시 결정해야 하는 것이 메뉴의 선택이다.

04 레스토랑 콘셉트(Concept for Restaurant)

외식업의 성공적인 창업을 위해서는 어떤 업종과 업태의 레스토랑을 결정하는 것이 매우 중요하다. 외식산업의 특성상 사회·경제·문화 등의 다양한 사회환경적인 영향을 받으며 불특정다수의 고객을 대상으로 하기 때문에 고객의 연령, 성별, 취향, 이용 목적 등 사적이지만 특정한 계층을 대상으로 판매를 정해야 한다. 또한 창업자의 예산이나 경영 능력 등의 영향도 크기 때문에 종합적인 검토가 반드시 요구된다.

다음은 레스토랑 콘셉트를 정할 때 고려하여야 할 항목들이다.

1) 메뉴

- 판매 상품 리스트
- 주방설계, 기기, 인력, 식재료 등을 정하는 기준이 됨
- 레스토랑 상품의 핵심

2) 메뉴의 수(數)

- 레스토랑의 규모, 업종과 업태를 결정
- 조리사의 메뉴개발 능력 및 메뉴관리 능력
- 식재료 구매
- 조리의 복잡성 및 조리기기

3) 고객이용목적

- 생리적 측면 : 학교주변, 회사근처 일반 식당가
- 사회적 측면 : 고객을 접대하기 위한 고급식당가나 호텔 등

4) 표적 시장

- 성별, 나이, 소득, 생활양식 등 고려
- 마케팅 전략의 대상 : 4P 전략, STP 전략

5) 입지

- 물리적 공간(위치), 접근시간 등
- 유동인구, 교통(역세권)
- 임대료, 권리금 결정

6) 분위기

- 트렌드, 주변환경
- 장식, 간판, 색, 음악, 향 등

7) 가격

- 원가, 매출, 경쟁사 가격 등

8) 상호

- 업종과 업태, 대표성, 이름, 단어, 로고, 디자인 등

9) 판매 방법

- Here and to go
- On-line or Deliver

10) 규모

- 예산, 종업원의 수, 임대료, 땅값
- 이상의 여러 가지 사항을 종합적으로 고려

05 일반적인 식당관리

주방관리–인사관리–메뉴관리–원가관리–장비 및 시설관리

1) 일반적 인사관리

외식산업의 특징 중 가장 중요한 요소가 바로 노동 집약적이라는데 있다. 외식업을 하기 위한 아무리 좋은 입지와 설비 그리고 좋은 메뉴 아이템을 가지고 있다고 하더라도 좋은 직원들의 친절한 서비스가 동반되지 않는다면 성공하는 것이 불가능하기 때문이다. 따라서 외식산업에서 인사는 매우 중요한 관리 영역이다.

인사관리의 개념

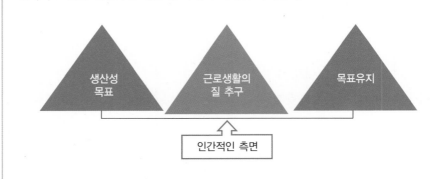

조직의 구성원들이 자발적으로 조직의 목적달성에 적극적으로 기여하게끔 함으로써 조직의 발전과 함께 개인의 안정과 발전도 달성케 하는, 조직에서의 사람을 다루는 철학과 그것을 실현하는 제도 및 기법의 체계를 의미한다.

기업이 사업을 하는 목적은 영리를 추구하는 것이며, 이를 달성하기 위하여 사람을 선발하고 기업이 원하는 인재가 되도록 교육, 훈련시켜서 기업이 판매하기를 원하는 특정한 상품을 제조, 판매함으로써 이익을 얻게 된다. 이와 같이 정해진 목적 즉, 생산성 목표를 지속적으로 달성하고 유지, 발전시키는 과정에는 반드시 사람의 노동이 요구되어진다. 물론 회사는 직원들에게 노동의 대가로 급여를 지급하지만 생계유지를 위한 억지로 하는 노동이 된다면 직원 자신은 불행할 것이며 회사에도 좋은 영향을 주지 못할 것이다. 이 경우 직원의 서비스에 민감한 외식업체를 이용하는 고객에게는 커다란 불만사항을 만들게 될 것이다. 따라서 회사는 근로자가 적정한 급여와 자기개발과 안정된 삶을 영위하기 위해서, 회사와 함께 상생 발전해야 한다는 인식을 갖도록 근로자가 자발적으로 일할 수 있는 근무환경을 조성하여야 한다.

이를 위해 외식기업은 인적자원 관리에 있어서 인간화의 원리를 적용하기 위해 다음 사항을 인사관리에 적용하도록 한다.

- 전인주의 원칙 : 안정적인 삶의 추구, 업무환경 개선, 인간의 다원적 욕구 충족 (동기 부여) 기회 부여
- 업적주의 원칙 : 공정한 능력 평가에 의한 보상과 보수
- 공정주의 원칙 : 공평, 공정, 형평성
- 참여주의 원칙 : 경영 의사결정에 참가(노사관리 측면)
- 정보공개주의 원칙 : 종사원의 참여의욕 고취(우리 사주 제도)

2) 주방의 인사관리

일반 회사와 주방의 인사조직의 형식 면에서는 직급이 정해지고 그에 따라 업무가 진행된다는 점에서 커다란 차이는 없다. 그러나 주방은 특별한 조직문화와 업무환경을 가지고 있기 때문에 비교적 엄격한 원칙과 규율이 정해져 있으며 전문적인 기술과 지식을 바탕으로 업무의 효율성을 높이고 단기간의 상품(요리)을 완성해서 고객에게 제공한다는 긴박성 등을 고려할 때 일반적인 조직과 달리 조리사만의 독특한 조직문화를 가지고 있다.

주방의 조직은 호텔이나 일반 레스토랑의 규모나 종류에 따라 상이하다 할 수 있으며, 호텔의 경우 체인호텔이냐, 로컬(local)호텔이냐에 따라 차이가 난다. 일반적인 주방의 조직구조이며 규모에 따라 확대 또는 축소될 수 있다.

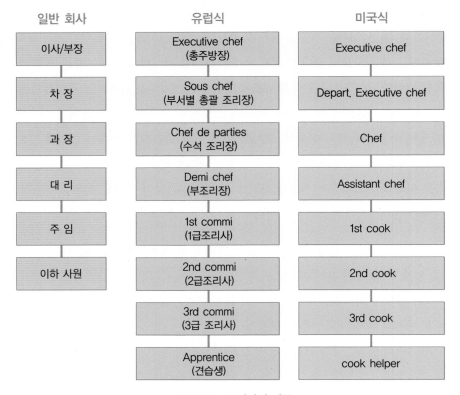

일반 회사	유럽식	미국식
이사/부장	Executive chef (총주방장)	Executive chef
차 장	Sous chef (부서별 총괄 조리장)	Depart. Executive chef
과 장	Chef de parties (수석 조리장)	Chef
대 리	Demi chef (부조리장)	Assistant chef
주 임	1st commi (1급조리사)	1st cook
이하 사원	2nd commi (2급조리사)	2nd cook
	3rd commi (3급 조리사)	3rd cook
	Apprentice (견습생)	cook helper

그림 3-2 **조리사의 직급**

그림 3-2는 실제 국내에서 사용되는 일반적인 인사조직의 직급체계로서 대기업 계열사인 호텔의 경우 일반 행정관리부서와 일반적인 인사조직에 따라 운영되는 데 따라서 조리사의 직위를 일반적인 관리조직의 조직체계를 적용하여 두 가지 직급을 함께 사용하기도 한다(과장=Chef). 소규모의 레스토랑일 때는 중간에 직급이 생략되어, 예를 들면 양식당에서는 chef-1st-3rd-cook helper의 간단한 조직으로 운영되기도 한다. 또한 한식에서는 찬모(饌母)라고 하여, 찬을 주로 담는 주방장이 있으나 한식당의 형태가 찬을 중심으로 하느냐, 특정메뉴만을 중심으로 하느냐에 따라 다르다. 그밖에 일식, 중식별로 고유의 직급을 부르는 용어가 따로 있다. 그러나 조리사의 인사조직은 일반적인 관리체계와 같은 체계를 중심으로 조직되어 있다.

3) 주방의 인사구조

주방의 인사구조는 사업체 규모의 크기나 운영형태에 따라 다를 수 있으나 크게 살펴보면, 국내 단독경영체제와 외국의 체인경영체제로 나누어 볼 수 있다.

표 3-1 **조리사의 직위별 직무**

직 위	직 무
총주방장 (executive chef)	조리사 조직의 대표수장으로서 전 조리사에 대한 인사관리, 메뉴개발, 식자재 구매, 원가관리, 교육 등 전반적인 운영 및 관리의 업무를 담당하고 책임을 지고 있다.
주방장 (sous chef)	총주방장이 부재 시 전반적인 업무를 대행하며, 요리개발, 조리교육 등 주방의 실질적인 운영에 대한 책임을 지고 있다.
영업장 주방장 (head chef/chef de partie)	단위별 주방의 총책임자로 업장의 메뉴, 원가관리, 인력관리, 위생과 안전, 조리기술지도 등의 책임을 지고 있다.
부주방장 (assistant head chef)	영업장 주방장을 보조하며 실제적인 업무를 중심으로 주방업무의 전반적인 운영에 책임을 진다.
각조장/주임(section chef/ 1eme commis chef de partie)	각 주방의 내부에 구분되어진 섹션(section) hot section, cold section, dessert section 등에 대한 실제적인 업무를 관리하고 조리업무를 수행한다.
1급 조리사(1st cook/ 2eme commis chef de partie)	섹션 주방장을 도와서 실제적인 조리업무를 수행하는 자리로 보조한다.
2급 조리사(2nd cook)	주방의 각종 업무를 배우면서 수행하는 자리로서 특히 조리를 위한 사전준비(mise en place)를 잘 준비하도록 한다.
3급조리사(3rd cook)	주방에서 하위직급에 있으며 교육생을 막 벗어난 상태로 기본적인 썰기, 삶기, 자르기, 청소, 기물 및 식재료 정리, 물건수령 등의 일을 처리한다.
조리보조(cook-helper) 또는 실습생(trainee)	조리법, 식재료, 기물, 기구에 대한 기초적인 지식을 쌓도록 노력해야 하며, 주방에 대한 이해를 하도록 훈련되어야 한다. 선배조리사들로부터 기본적인 예절과 칼 사용법, 기구 사용법, 청소 및 정리정돈 등을 배우고 익히도록 한다.

※ 주방의 직위나 직무는 업소의 규모나 방침, 운영자 경영철학 그리고 체인호텔과 국내호텔의 차이 등에 따라 변경될 수 있다.

(1) 전통적인 주방조직(The classic kitchen brigade)

1900년 초까지의 주방조직은 체계적인 시스템을 갖추고 있지 않았다. 그러나 에스코 피에가 주방조직에 군대와 같은 일관성 있고 체계적인 조직(Brigade System)을 갖추기 시작하면서 주방업무의 효율성이 높아지고 빨리 일을 처리할 수 있게 되었다.

(2) 현대적인 주방조직(The modern kitchen brigade)

현대적인 주방의 인사조직은 호텔과 일반 외식업체, 단체급식, 프랜차이즈업체 등 각 업태의 특성에 따라 업무의 효율성을 높이는 방향으로 편성되어 있다. 따라서 각 업체의 인사조직의 구성은 상이할 수 있다. 또한 인사조직상 같은 직급이라 하더라도 업장의 특성에 따라 직무상의 특성이 다를 수 있다. 즉, 소규모 주방일수록 주방장이 조리, 원가관리, 인사관리, 위생관리 등과 같은 폭넓은 업무를 수행하며, 대규모 호텔의 경

조리사가 되고 싶으세요?

얼마 전부터 영화나 드라마와 같은 대중매체에서 요리나 조리사에 대한 이야기가 중요한 소재로 등장하기 시작했다. 이제는 조리사라는 말보다는 셰프(chef)라는 말이 더 친숙하며, 청소년 사이에서는 드라마 속의 대사인 '예스, 셰프(yes, chef)'라는 말이 유행하기도 했다. 그래서인지 많은 청소년들이 셰프가 되기 위한 꿈을 꾸고 있다. 어떤 학생은 학업을 포기하고 요리학원을 다니거나, 외식업체에서 파트타이머(part timer)로 일하며 일찍부터 조리사의 길을 택했다고 자랑스럽게 말하기도 한다.

정말 대단한 학생들이다. 아마 그들이 꿈꾸는 요리사는 영화나 드라마에 나오는 가상의 멋진 셰프이며 세간에 주목을 받고 있는 스타 셰프(star chef)나 유명 호텔의 유명 조리사일 것이다.

그러나 우리가 잊지 말아야 할 것이 하나 있다. 청소년들이 꿈꾸는 조리사들은 오늘도 조리 이외에 외국어, 컴퓨터, 경영, 역사, 원가관리, 영양, 세계 식문화 등 다양한 분야에 대한 지식을 갖추기 위해 쉼 없이 노력하고 있다는 것을. 그들의 성공은 주방에서 열심히 일하는 성실함과 함께 관련된 지식을 쌓으려는 노력이 함께 했기 때문에 가능했음을 결코 잊어서는 안 될 것이다.

In all professions with a Doubt, but certainly in Cooking.
One is a Student all his life.
페르랑 푸엥(Fernand Point)

우는 같은 직급의 주방장이라도 특정부분에 대한 업무만 처리할 수 있다.

오늘날 조리사를 희망하는 인구가 많아짐에 따라 조리사로 입문하는 초기에 실습생, 인턴, 아르바이트, 계약직을 거쳐서 정규직으로 선발되는 치열한 경쟁을 하여야 하는 비정규직에 대한 문제를 생각해 보면 참으로 안타까운 현실이다.

① 국내 단독경영의 경우

이사-부장(팀장)-주방장-부주방장-1급 조리사-2급 조리사-조리 보조(인턴, 파트타이머, 실습생)

② 외국 체인경영의 경우

Executive Chef-Executive Sous Chef-Sous chef-Chef de partie-Demi Chef de partie-1st Cook-2nd Cook-3rd Cook-Cook Helper(apprentice)

4) 변화하는 조직문화

> "지금 이 순간, 여러분이 바로 새로운 세대입니다. 하지만 머지않아 여러분도 점차 기성세대가 될 것이고 이 세상에서 사라지게 될 것입니다. '너무 심한 말 아닌가'라고 느꼈다면 미안하지만 이것은 엄연한 사실입니다."
>
> 이글은 2005년 스티브 잡스가 스탠포드대학교 졸업식에서 했던 연설이다. 사라져가는 지난 세대와 다가올 새로운 세대의 등장, 그리고 그 두 세대 간의 갈등과 반목, 하지만 함께 해쳐나가야만 하는 공존의 길에 대한 필요성을 말하고자 했던 것은 아닐까.

에스코피에(Escoffier)에 의해 군대식 조직(brigade system)을 주방의 조직문화로 적용한 이후로 조리사 조직은 상명하복이 강한 도제중심의 조직화된 문화를 형성하고 있다. 이러한 조직문화는 레스토랑 비즈니스의 특징상 고객이 원하는 적절한 시간에, 적절한 온도의 음식을 제공할 수 있도록 체계화된 시스템을 갖추도록 하여 일사불란하게 조직적으로 업무를 수행할 수 있게 하였다. 물론 그 와중에는 너무 엄격하여 개인의 의견보다는 조직의 입장이 합리적인 대화와 권유 대신 강압에 의한 업무의 효율성이 강조되어 온 것도 사실이다. 하지만 이제 세대는 변화되었고 예전과 같은 수직적인 조직문화나 계급중심 체계는 무너졌으며 수평적 관계를 중시하는 세대들이 주방으로 들어오고 있다. 그렇다고 외식업에서 중요하게 여기는 적절한 시간과 온도의 음식을 고객에게 제공하는 것이 변한 것은 아니다. 이제는 합리적이고 과학적이며 대화와 설득을 통해서 상호 존중된 자세로 업무를 처리해야 하는 시대에 우리는 살고 있다는 이야기이다.

CHAPTER 4

메뉴관리와 디자인

CHAPTER 4
메뉴관리와 디자인

01 메뉴관리

1) 메뉴관리의 개념

"외식산업의 성패는 메뉴전략에 의해서 좌우된다."는 말에 대해 누구도 어떠한 이의를 제기하지는 않을 것이다. 그렇기 때문에 메뉴는 기획단계에서부터 확실한 콘셉트 설정이 매우 중요하다.

(1) 메뉴의 콘셉트

메뉴의 콘셉트는 점포의 업태선정에 따라 결정되며, 출점입지의 물건(부동산, 점포, 도로, 층수 등)을 충분히 고려하여 입지와 상권이 분석되어야 한다. 이를 바탕으로 점포의 방향을 결정하게 되고 이것을 업태 콘셉트라고 할 수 있다.

업종 및 업태를 결정하기 위해서는 경영자의 경영노하우, 고객층(타깃), 분위기, 서비스 수준, 메뉴의 소화능력(조리사의 능력) 등을 고려하여 신중히 결정되어야 하는데 이를 업태 콘셉트 또는 협의의 영업 콘셉트라 말한다.

이러한 업태 콘셉트 안에서 메뉴방향을 확정하는 것을 메뉴 콘셉트라고 한다. 메뉴전략이 잘 기획되었다 하더라도 메뉴 자체에 경쟁력이 없으면 아무런 의미가 없으며, 고객을 끌어들일 수도 없다. 따라서 메뉴개발에서 최우선시되는 것은 명확한 메뉴 콘셉트를 설정한 후 전체 업태 콘셉트와 연계성을 가진 이미지가 창출되도록 조화를 이루는 메뉴관리 시스템을 개발하는 것이다.

(2) 메뉴개발 시 일반적인 검토사항

- 출점입지의 상권특성에 적합한 메뉴의 개발
- 출점 시 주력메뉴와 리딩(leading)메뉴, 즉 스타메뉴 설정
- 원재료(식재료)에 대한 공급용이성, 공급가, 품질, 공급처, 가격변동 여부 검토
- 주방작업과 동선의 효율성 및 경제성 분석
- 메뉴의 전문성과 독창성

(3) 경영자 측면

- 경영목표와 목적 : 고객만족, 비용최소화, 이윤극대화
- 식자재 공급시장의 상황 : 적시적량 구매
- 예산
- 조리기기의 파악
- 종사원의 능력

(4) 고객의 측면

- 고객의 욕구와 필요
- 영양적인 배려

2) 메뉴의 의의

메뉴는 음식들의 이름과 간단한 설명을 적어 놓은 표이다. 국어사전에는 '음식의 종류와 값을 적은 표', '식단', '차림', '차림표'로 기록되어 있고, 두산세계백과 대사전에는 '한글로는 '차림표', '식단표'라고 표현하며, 식단 자체와 혼동하여 사용하는 경향이 있다'라고 설명되어 있다.

메뉴는 프랑스에서는 15세기, 영국에서는 16세기경, 연회의 요리수가 많아지자 자신이 좋아하는 요리가 나오기도 전에 이미 배가 부르게 되는 경우가 있었음으로, 그것

을 조절하기 위하여 '메뉴'를 사용한 결과 편리하다는 것이 알려지면서 보편화되었다고 한다. 처음에 정찬용은 한 장으로 되어 있었으나, 차차 소형으로 되어 각자의 자리에 놓이게 되었다.

식단은 파티의 성격·계절·시각, 손님의 연령·성별 등을 생각하여 작성되었지만, 정식인 디너(dinner)의 식단은 오르되브르·수프·생선요리·앙트레(고기요리)·로티(새 등의 로스트요리에 샐러드가 첨가됨)·소르베(셔벗)·과일·커피의 순서로 제공된다. 또한 각 요리에는 알맞은 술이 나온다. 이것을 풀코스(full course)라 하는데, 요리의 중심이 되는 것을 차례로 적고 술 이름을 적는 것이 상식이다. 메뉴는 손님의 자리마다 놓이게 되는데, 식사가 끝나면 손님이 가지고 가는 것이 상식으로 되어 있다.

우리나라의 호텔 식당이나 고급 식당에는 서양식으로 작성된 메뉴가 준비되어 있다. 또한 대중음식점에서는 정식이나 일품요리에 대한 메뉴를 벽에 적어 붙이거나, 간략한 접이식의 메뉴판을 제공하는데, 특별한 개성 없이 고객들이 요리를 주문하기에 편리하도록 하는 기능만 강조되어 있다. 대부분의 일반 음식점에서는 고객이 선택하는 메뉴를 계산서에 작성하여 종사원이 표기하도록 한다. 또한 칵테일 파티 등의 스탠딩 파티에서는 메뉴를 사용하지 않는다. 일반적으로 대부분의 음식점의 경우에는 영업을 위한 업태나 메뉴에 대한 콘셉트는 있으나 세부적으로 메뉴판에 대한 정확한 콘셉트나 기능에 대한 의미를 찾지 못하고 그냥 고객에게 판매할 상품을 알리는 기능에 머물고 있는 실정이다.

3) 메뉴의 역사

초창기의 커피 하우스나 레스토랑들은 메뉴를 사용하지 않았으며, 오직 웨이터나 웨이트리스의 기억에 의존했다. 그러나 판매되는 품목이 많아지고 단순히 기억에 의존하여 판매하는 것이 어렵게 됨으로써 문서로 기록한 메뉴가 생기기 시작했다.

메뉴의 어원적 의미는 라틴어의 미뉴터스(minutus), 영어의 미뉴트(minute)에서 유래되었는데, '상세하게 기록한 것'을 의미한다. 메뉴는 원래 주방에서 식재료를 조리하는 방법을 기술한 것이었다. 오늘날 메뉴의 시초는 1541년 프랑스 앙리 8세 때 브랑

위그 공작이 개최한 만찬회에서 제공하는 음식의 복잡함과 순서가 달라서 생기는 불편함을 없애기 위하여 요리명과 순서를 기입한 리스트를 작성하여 사용한 때부터이다. 19세기에 이르러 프랑스의 파리에 있는 팰리스 로열(palace royal)에서 메뉴의 명칭이 일반화되어 사용되었다고 한다.

4) 메뉴의 조건

(1) 메뉴는 고객과 커뮤니케이션을 위한 도구(tool)이다

메뉴는 업장의 얼굴이다. 메뉴에 따라서 업장의 이미지가 결정이 되기 때문이다. 메뉴는 업장과 고객 간의 커뮤니케이션 역할을 하고 있으며 이 커뮤니케이션의 역할에 따라 업장의 성패가 좌우된다고 할 수 있다. 따라서 메뉴는 커뮤니케이션을 필요로 하는 모든 사람들에게 만족을 줄 수 있어야 하고, 오류가 있어서는 안 된다고 하겠다. 메뉴 개발자는 고객에게 정확한 정보를 제공할 수 있도록 하여야 한다.

① 메뉴 커뮤니케이션은 지각(perception)이다

메뉴 커뮤니케이션은 바로 메뉴를 보고 그 의미를 받아들이는 사람과의 소통을 뜻한다. 소크라테스는 다음과 같이 지적했다고 한다. "사람은 다른 사람과 말을 할 때 듣는 사람의 경험에 맞추어 말해야만 한다." 듣는 사람의 언어로, 그리고 그가 사용하는 용어로 말할 때에만 대화를 할 수 있다. 사람들은 자신들의 경험에 근거한 용어가 아니면 이를 수용할 수 없을 것이다. 따라서 커뮤니케이션을 할 때 고려해야 할 점은 그 말

그림 4-1　캐주얼한 식당에서 사용되는 코팅(coating)된 메뉴판

그림 4-2 레스토랑의 외부에 설치된 메뉴판과 샘플메뉴

이 상대의 지각범위 안에 있는지를 판단하는 것이다. 따라서 메뉴 커뮤니케이션은 쉽고 통상적으로 사용되는 언어로 되어 있어야 한다.

② 메뉴 커뮤니케이션은 기대(expectation)이다

일반적으로 우리는 자신이 지각하기를 기대하는 것만을 지각하고자 한다. 인간은 자신이 접한 자극을 기대의 틀 안에 맞추려고 시도한다. 인식하기로 기대하지 않았던 것을 인식하는 것 또는 그 반대로 인식하기로 기대했던 것을 인식하지 않게 되는 것을 매우 꺼린다. 따라서 고객이 기대하고 있는 메뉴가 갖추어져 있어야 한다. 예를 들면, 고객은 메뉴에 쓰여 있는 '매콤한 맛의 치킨 필리프(pilaf)'를 각자의 취향에 따라 매운맛을 인식하고 기대할 것이다. 그러나 매운맛의 정도는 개인의 기준에 따라 다르기 때문에 매운맛을 아주 매운맛, 중간 매운맛, 매운맛, 순한맛 등으로 세분화하여 고객

의 기대에 접근하려는 노력이 필요하다.

③ 메뉴 커뮤니케이션과 고객은 항상 변화하며, 자신의 취향에 맞는 무엇인가를 요구한다

커뮤니케이션이 수신자의 야망, 가치관, 또는 그의 목적에 부합되면, 그것은 강력한 힘을 발휘한다. 설득을 노리는 커뮤니케이션은 상대에게 굴복을 요구한다. 그러므로 대체적으로 커뮤니케이션의 전달내용이 수신자의 가치관과 부합되지 않으면 커뮤니케이션은 이루어질 수 없다. 따라서 고객의 가치관과 맞는 메뉴여야만 고객과의 커뮤니케이션을 할 수 있는 도구가 될 수 있다. 그림 4-3의 메뉴판들은 그날의 음식이나 식재료 현황, 고객의 반응 등에 따라 손 쉽게 변경할 수 있어 고객의 의견에 빠르게 대응할 수 있다.

④ 메뉴 커뮤니케이션과 정보는 다른 것이며, 사실상 거의 대립관계에 있다

커뮤니케이션은 지각인 반면, 정보는 논리이다. 그리고 이들은 상호의존관계에 있다. 그러므로 정보는 완전히 공식적이고, 그 자체로는 아무런 의미가 없다. 정보는 인간적인 속성, 즉 정서, 가치관, 기대 그리고 지각과 같은 것으로부터 해방되면 될수록, 정보로서의 타당성과 신뢰성은 더욱 높아진다. 그러나 정보는 커뮤니케이션을 전제로 한다. 아무리 정확하고 양질의 정보를 담고 있는 메뉴라도 고객의 지각에 의한 의사소통 능력이 떨어진다면 정보로서의 가치를 발휘할 수 없을 것이다. 따라서 커뮤니케이션에 있어 가장 중요한 것은 정보가 아니라 지각이다.

그림 4-3 **칠판에 작성된 메뉴판**

(2) 메뉴개발자의 역할

메뉴개발은 새로운 메뉴를 외식시장에 내놓는 데서 끝나는 것이 아니라 이미 외식시장을 점거하고 있는 수많은 메뉴와의 경쟁에서 우위를 점할 수 있어야 하며 장기간 생존할 수 있는 메뉴로 만들어 내야 한다.

메뉴개발자는 충분한 시장조사와 분석, 고객의 취향, 경향, 유행 그리고 사회 · 경제적인 다양한 현상에 대한 폭넓은 정보들에 대한 분석이 요구되기 때문에 외식시장에서의 메뉴개발은 참으로 어려운 일이다. 이미 수많은 메뉴들이 시중에 나와 있고, 지금도 꾸준히 새로운 메뉴들이 출시되고 있다. 따라서 메뉴개발자는 꾸준한 연구와 현실감을 가지고 메뉴를 개발하여야 한다.

메뉴개발자는 메뉴를 개발하기에 앞서서는 첫째로 고객의 **소비심리를 파악**하고, 둘째로 **지역의 특성**을 고려하며, 셋째로 외식업체의 **타깃(target) 고객**을 설정해야 한다. 또한 기타 요인으로는 판매 **전략상 메뉴개발**, 또는 **메뉴의 단가를 결정**하면서 객단가를 고려하는 전략 등 많은 요인들을 고려해 새로운 메뉴개발에 임해야 한다.

최근 외식시장에서 아이템의 생명이 1년을 채 넘기지 못한다는 것은 창업시장에서 공공연한 사실로 받아들여질 정도로 기정사실화되고 있다. 인터넷의 생활화로 엄청난 양의 다양한 정보를 접하게 된 고객들이 새로운 아이템들에 대한 정보를 취득하고 새로운 맛을 찾아가기 때문이다.

이에 따라 고객수요에 비해 메뉴상품의 공급이 과잉되어 개발비가 환수되기도 전에 아이템의 수명이 끝나는 것이 현재의 외식시장이다. 기회의 영역이 되어야 할 외식업이 또 다른 절망을 안겨주는 개발이 되어 버리면 곤란하다.

"진입장벽이 낮은 새로운 아이템은 없을까", "영원한 베스트셀러 개발은 없을까"라는 고민에 대한 해법은 의외로 간단한 사실에서 찾아볼 수 있다. 공자의 말 중에 "옛것을 알고 새것을 알면 남의 스승이 될 수 있다(溫故而知新可以爲師矣)"는 구절이 있다. 역사를 배우고 옛것을 배움에 있어 옛것이나 새것 어느 한 쪽으로 치우치지 말아야 한다는 뜻이다. 즉, '온고지신'이라는 말은 '옛것을 익혀 새것을 안다'는 뜻으로 '전통을 익혀 새로운 문화를 만들어 낸다'고 이해하면 된다. 소비자에게 판매할 상품과 관련된 모든 정보를 취합하고 과거부터 현재까지 시장에서 유통되는 관련상품을 연구,

조사, 분석하고, 미래에 상품이 나가야 할 방향까지 지속적으로 관심을 갖고 새로운 메뉴를 개발하지 않으면 성공하기 어렵다는 의미이다.

- 과거와 현재, 미래를 두루 살펴야 한다.
- 메뉴운영자(조리사 · 업주)의 능력.
- 멀티전략을 통한 매출구조를 갖추어야 한다(메뉴 엔지니어링에 의한 분석).
- 핸드 메이드 방식을 도입해 고품격 이미지와 고마진 시스템을 갖추어야 한다(고급화 · 전문화 전략의 경우).
- 다각적인 메뉴개발 수단 적용(자체 개발 또는 외주 등).

메뉴개발자들이 메뉴개발을 시도할 때 가장 먼저 해야 할 일이 첫째, **메뉴의 성격을 파악**하는 것이다. 라이프 사이클, 소모성, 계절성, 명예성, 운영성, 인건비, 현금회전율 등이 메뉴의 성격에 해당된다. 그리고 해당 메뉴의 특징을 파악한다. 즉, 인기도, 지명도, 지속성, 위험성, 필요성, 애프터서비스 등이 미치는 영향을 파악해야만 한다.

둘째, 시장성도 무시할 수 없다. 현재 잘 팔리는 물건, 소비자들에게 인기를 끌고 있는 상품이 무엇인지 둘러봐야 한다. 시장성을 파악하기 위해서는 경기 동향, 시중의 소비 경향, 유행 흐름을 면밀히 분석하고, 기존 시장에 새로 참여할 만한 여지가 있는지 살펴봐야 한다. 이때 개발메뉴와 관련된 업종 현황도 파악해야 한다. 즉, 개발메뉴의 경쟁여건을 파악하고 진입 가능성을 보는 것이다.

마지막으로 전문성을 구비해야 한다. 현재 시장에서 인기 있고 잘 팔리는 메뉴라 할지라도 개발자 스스로 그 상품에 대한 지식이 부족하거나 적성에 맞지 않는 아이템이라면 성공하기 어렵다. 또한 선정한 아이템에 대한 전문성을 부여할 수 있는지도 검토해야 한다.

결국 어떤 메뉴를 고객에게 판매하려면 판매할 아이템에 관한 전문지식을 습득해야만 고객을 설득해 판매할 수 있다. 아이템의 유통, 판매, 소비과정 등을 꿰뚫고 있어야 한다는 것이다. 전문성이 부족하면 우후죽순처럼 생겨나는 경쟁업소에 대적할 수 없다.

따라서 메뉴개발은 결코 서둘러서도 안 되고 신중한 자세로 여러 정보와 자료들을 분석해 실제 상황, 즉 국내·외 시장조사 과정을 거쳐야 생명력이 길고 진입장벽을 낮출 수 있다.

02 메뉴개발

1) 메뉴개발의 원칙

(1) 고객층에 알맞은 메뉴개발

메뉴를 개발하고자 한다면 업체가 추구하고자 하는 중요 콘셉트와 일치하는 정확한 타깃(target) 고객을 정하고 그 고객층의 선호도나 조건에 알맞은 메뉴를 개발하여야 한다. 예를 들면, 신세대를 대상으로 영업을 하는 업체에서 30대나 40대가 좋아하는 음식을 개발해 판매하는 형태나, 40대 고객을 지향하는 외식업체에서 신세대들이 좋아하는 음식을 개발해 판매하는 것과 같이 메뉴 콘셉트와 타깃 고객이 불일치되는 것은 곤란하다.

(2) 메뉴 마케팅을 고려한 메뉴개발

메뉴개발자는 "메뉴는 레스토랑 경영 마케팅(marketing)의 핵심 수단이다"라는 생각으로 메뉴를 개발하여야 한다. 예를 들면, 업장의 콘셉트에 맞는 이벤트(event)를 할 수 있는 메뉴를 개발하는 것이 중요한데, 고객에게 음식의 조리과정을 공개해 고객으로 하여금 기다리는 시간의 지루함을 달래주도록 오픈 주방이나 테이블 사이드에서 제공되는 이벤트 메뉴를 적용해보는 메뉴개발은 필수적인 메뉴 개발 아이템 중 하나가 되었다.

오늘날 고객의 취향은 다양하면서도 전문적인 수준까지 높아지고 있다. 고객들은 양적인 만족보다는 질적인 만족을 더 중요시하는 경향이 점차 증가하고 있다. 단순히 폐쇄된 주방에서 조리해 고객에게 제공되는 메뉴보다는 고객 앞에서 조리하거나 고객이 직접 조리과정에 참여하는 이벤트 메뉴에 더 많은 관심을 가지고 있다. 이 경우 고객으로 하여금 새로운 맛을 경험하게 하고, 조리시간의 지루함을 없애며 주방 위생에 관한 신뢰감을 갖도록 하는 계기가 된다.

(3) 재고를 고려한 메뉴개발

주 메뉴와 부 메뉴에 같은 재료를 활용할 수 있는 메뉴가 다양하게 개발되면 식자재 재고를 줄일 수 있을 뿐만 아니라 코스트를 낮추어 경영에도 큰 영향을 줄 수 있다. 원재료 구매가 지속적으로 조달 가능한지, 또는 조달이 어려운 원재료가 있는지를 파악하는 것도 중요하다. 이렇게 할 경우 최소의 원재료를 재고로 할 수 있고 재고가 줄어든 만큼의 재원을 다른 곳에 활용할 수 있다는 이점이 있다.

(4) 기획메뉴 상품개발

어떤 메뉴를 주력메뉴로 판매할 것인가 결정을 하고 메뉴를 개발해야 한다. 기획메뉴는 여러 개발된 메뉴에서 판매를 촉진하기 위해 전략상 만든 메뉴이므로 두 가지 이상이 혼합된 메뉴를 상품으로 만드는 것이 유리하다. 또한 가격 측면에서는 저렴해야 하고 기획메뉴에 있어서 여러 종류의 기획메뉴가 개발되었다면 그중 판매에 가장 역점을 두어 주력메뉴로 개발된 상품은 메뉴북(menu book)의 오른쪽 가운데에 배치하는 것이 좋다.

(5) 건강메뉴개발

현대인은 다양한 질병과 영양과잉으로 비만에 상당한 관심을 갖고 있다. 게다가 요즘의 식자재는 화학약품을 사용하거나 유전자 변형(GMO : Genetically Modified Organism)을 한 것이 많다. 따라서 고객은 항상 의심을 가지고 메뉴를 주문하는 경우가 많다. 이 경우 저칼로리, 또는 다이어트메뉴를 한 가지 이상 개발하거나 천연의 재료를 사용한 메뉴개발에 역점을 두어 메뉴를 개발, 고객의 욕구에 부응한다면 좋은 반응을 얻을 수 있다. 물론 이러한 메뉴는 영양학적으로 입증이 가능해야 한다. 예를 들어, 미국산 쇠고기가 문제되었을 때 대부분의 고객들은 주문하기 전에 미국산인지, 호주산인지를 반드시 확인하였다. 그만큼 국민들의 먹을거리에 대한 관심과 수준이 매우 높다고 하겠다.

(6) 주방설비를 고려하는 메뉴개발

주방의 조리기구나 조리기계의 가격이 너무 높아 주방설비를 제대로 갖추지 않고 경영하는 업체들이 많다. 그러나 부실한 주방설비는 결국 음식의 맛과 품질을 떨어뜨리고 고객으로 하여금 새로운 메뉴에 대한 기대를 반감시키므로 주방설비를 최대한 활용할 수 있는 메뉴를 개발해야 한다.

(7) 메뉴북

현재의 상당수 음식점에서는 메뉴북(menu book)을 단지 고객이 음식을 시키는 한 부분으로만 생각해 다른 외식업체에서 사용하는 것을 모방하는 경우가 많다. 그러나 메뉴북은 개발된 메뉴에 부가가치를 높이는 중요한 요소인 만큼 시각적인 면을 최대한 고려해 도안하는 것이 메뉴의 부가가치를 높이는 중요한 요인이라 할 수 있다.

2) 메뉴개발의 목표

메뉴개발의 목표는 첫째로 이윤 창출(=영리의 추구), 즉 최대이윤의 획득이라는 단일목적의 추구에 있다는 기업목적일원설이 있다. 이것은 고전적인 자본주의경제를 배경으로 하여 형성된 견해이며, 이 주장의 기초에는 기업의 목적이 곧 기업가의 목적이며, 기업가의 지배는 실질적으로나 형식적으로나 유지되고 있다는 가정을 전제로 하고 있다.

그 후 이윤극대화의 기업목적일원설은 기업에서의 소유와 경영의 분리를 전제로 하여, 매출액극대화설, 장기이윤극대화설 등이 주장되어 왔다.

전자는 필요이윤의 확보라는 제약조건 아래에서 기업은 매출액의 극대화를 도모하게 된다는 가설로서, 기업 의사결정의 주체인 전문경영자의 경영동기(motivation)를 중시한 데서 비롯된 것이다. 후자는 단기적으로는 갖가지 기업목적이 존재하더라도, 그 모두가 장기이윤의 극대화를 위한 수단적 목적에 불과하므로, 기업은 결국 장기이윤극대화라는 단일목적을 추구하고 있는 것이라는 주장이다.

그러나 이와는 달리 기업은 이윤을 추구하는 수익성 목적, 발전을 추구하는 성장성 목적, 목적 간의 균형/중요도를 추구하는 탄력성 목적 등 경제적 목적 외에 기업의 사회적 책임이라는 '비경제적 목적'까지를 포함하는 복수의 다차원적 목표를 추구하는 존재라는 주장이 있다. 이를 기업목적다원설이라 하는데, 여기서는 이윤의 추구를 부정하는 것이 아니라, 이윤이란 것을 기업목적 달성에 대한 사회적 보상이라는 성격으로 파악하고 있다.

메뉴개발 목표란 참여의 과정을 통해 외식업의 목표를 명확하고 체계 있게 설정해 이용함으로써 관리의 효율화를 기하려는 관리방식이다. 최초 메뉴개발 목표는 외식업의 업적평가 절차로서 목표 및 실적 위주로 관리자를 평가하려는 시스템을 개발하려는 관점에서 시작되었다.

메뉴개발 목표 시스템의 기초는 경영자와 종사원들이 서로 합의해 목표를 설정하는 데 있다. 메뉴개발 목표의 구성요소는 크게 목표의 설정, 참여, 피드백의 세 가지가 있다.

목표란 주로 측정 가능한 비교적 단기적인 목표를 말한다. 그러나 이것은 조직의 일반적 목표와 무관할 수는 없다. 목표는 참여를 통한 목표설정을 강조한다. 목표설정에 참여한 사람은 목표를 보다 쉽게 수용하게 되고 이에 따라 메뉴에 대한 이해도와 생산성은 향상될 수 있다. 목표추구의 과정과 목표의 달성도는 측정, 평가, 피드백이 되어야 한다. 특히 이것은 목표에 비추어서 이루어져야 한다. 피드백이 명확하게 이루어질 때 집단의 문제해결 능력은 증진되고 개인의 직무수행 능력이 향상될 수 있다.

메뉴개발 목표의 과정은 **목표의 발견**, **목표의 설정**, **목표의 확인**, **목표의 실행 그리고 평가**의 다섯 단계로 나뉜다.

- **목표의 발견**은 조직의 현황을 분석할 뿐만 아니라 성취하고자 하는 장래의 희망을 검토하는 것이다.
- **목표의 설정**은 조직이 실제로 성취하고자 하는 미래의 상태를 확립하는 단계이다. 특정인, 또는 특정 조직단위의 활동영역과 구체적인 성취 수준을 밝히는 것이다.
- **설정된 목표는 확인과정**을 거쳐야 한다. 장래의 목표수행에 관련된 개인 및 조직단위의 목표가 정해진 시간 내에 달성될 수 있다고 하는 확신을 가질 수 있게 된다. 그리고 계획실행상의 결점이나 실패요인의 존재여부를 발견하기 위해 위험성, 가격, 변동사항 등을 검토한다.
- 설정된 목표를 달성하기 위한 구체적인 실행전략을 수립하는 목표의 **실행단계**는 구체적인 행동을 하게 된다.

■ **목표의 평가**는 목표가 계획대로 진행되었는가의 여부를 측정, 평가하고, 계획과의 차질이 발생할 경우에는 그것을 시정하고 통제하기 위한 보고서를 하는 단계이다. 평가과정은 중간평가와 최종평가로 분류할 수 있다.

메뉴개발 목표의 성공요건은 최고경영층이 메뉴목표의 실시를 지지하고 솔선수범해야 한다. 조직의 구조와 과정이 분권화 및 자율적 통제절차를 마련해야 한다. 메뉴개발 목표와 그 밖의 다른 관리활동들을 상호지적인 통합을 형성해야 한다. 개인, 조직단위 그리고 조직과 환경 사이에 의사소통과 피드백의 과정이 형성되어야 한다. 마지막으로 미래의 상황을 적정하게 예측할 수 있도록 조직 내외의 여건이 안정되어야 한다.

03 메뉴 디자인

1) 메뉴 디자인의 개념

메뉴 디자인(menu design)이라 함은 레스토랑에서 선정한 이상적인 아이템을 메뉴판에 옮기는 과정이라 할 수 있다. 메뉴의 근본적인 역할은 레스토랑에서 고객에게 제공되는 아이템을 알리는 단순한 역할뿐만 아니라 마케팅의 도구이며, 홍보를 위한 중요한 수단이 되기도 한다. 따라서 메뉴는 전체적인 레스토랑의 개념과 조화를 이루어야 하며 기능적인 역할에 충실하여야 한다.

2) 메뉴북 디자인

(1) 기초 디자인(basic design)

디자인은 메뉴형식을 시각적으로 보여 주는 가장 중요한 상이다.

음식점 주인이나 종업원들이 다른 음식업종 분야의 디자인을 면밀히 관찰해야 하는 것과 마찬가지로, 메뉴개발자는 메뉴의 외형상 다양한 요소에 대한 평가를 해야 한다. 유형, 배치, 용지, 색상, 그림, 그래픽 디자인 모두가 메뉴의 전반적 기능을 얼마나 잘 각 부분에 수행할 수 있는지를 분석, 평가해야 한다.

메뉴 커뮤니케이션을 위한 메뉴 디자인 모형

메뉴 디자이너(menu designer)

1. 레스토랑이 전달하고자 하는 메시지를 고려한다.
 • 레스토랑의 전체적인 콘셉트
 • 경험적인 사고
 • 마케팅 리서치의 결과
 • 과거의 성공적인 운영방법과 실질적인 머천다이징

2. 전달하고자 하는 메시지의 뜻을 단어나 부호로 표현한다.
 • 레스토랑의 목표
 • 레스토랑의 정책
 • 레스토랑의 철학

3. 전달하고자 하는 메시지를 인쇄된 메뉴를 통하여 전달한다.
 • 메뉴의 표지   • 메뉴의 카피(copy)
 • 활자   • 색상
 • 심미성(art work)   • 위치

고객

1. 메뉴개발자가 의도한 메시지를 인쇄된 메뉴를 통하여 접근한다.
 • 메시지의 해석
 • 개인적인 의향 형성

2. 전달받은 단어나 부호를 해석한다.
 • 단어나 부호를 해독
 • 기대를 나타냄
 • 지각된 가치 인식

3. 전달받은 메시지의 뜻을 이해하고 수용한다.
 • 행동한다.
 • 원하는 아이템을 주문한다.
 • 수익성 있는 아이템을 주문한다.
 • 단골 고객이 된다.

출처 : Jack E Miller(1992), p. 20.

표 4-1 **메뉴계획과 디자인 체크리스트**

메뉴계획	내 용
타깃 고객의 기호와 욕구	주 이용고객의 성향과 기호를 파악(상권, 지역특성, 인구분포, 교통, 관광 및 문화)
레스토랑의 전체적인 콘셉트	식당의 업종과 업태에 따라 콘셉트에 따른 메뉴 결정
아이템 수	메뉴 아이템의 수를 결정, 주 메뉴와 보조 메뉴로 구분하고 계절별, 스페셜 메뉴 등으로 세분화하여 준비
다양성(조리방식, 소스, 가니시)	각 메뉴별로 조리방식은 중복되지 않도록 하며 소스나 가니시를 결정
설정된 질의 표준	품질 수준은 표준화하여 일관성을 갖추도록 함
음식의 추세	외식시장의 음식의 경향을 파악
종업원의 기능과 수	결정된 메뉴를 종사원이 작업을 수행할 수 있는지와 적정 인원을 파악

(계속)

메뉴계획	내 용
서비스 방식	요리를 어떻게 제공할 것인가(테이블서비스 방식, 뷔페, 일품요리, 셀프서비스 등)
주방공간과 기기	메뉴별로 요구되는 기기와 배치공간을 확보
가격 분산 원가	메뉴별 가격 분산(저, 중, 고가)의 합리적 배치
아이템 분산 원칙	메뉴별로 아이템이 적절하게 분산되어 있는가(가격, 크기, 식재료별, 코스별)
매가	판매가격대가 합리적으로 구성되어 있는가
아이템의 차별화	다른 식당과 아이템이 차별화되어 있는가
수익성	메뉴별 목표 수익성을 달성 가능한가
경쟁력	메뉴에 대한 경쟁력을 갖추고 있는가
식자재의 공급시장	메뉴별로 식재료 공급이 원활한가(시장, 마트, 원산지)

메뉴 디자인	내 용
디자인의 전문성	식당의 콘셉트, 업종 및 업태에 알맞게 메뉴에 디자인이 잘 되어 있는가
레스토랑의 전체적인 콘셉트/메뉴의 외형/메뉴의 크기	레스토랑의 전체적인 콘셉트와 메뉴의 디자인, 구성, 크기, 모양, 글씨체, 색상 등이 잘 맞는가
레이아웃	레이아웃은 메뉴의 종류나 가짓수, 서비스 형태 등 고려
컬러/메뉴 용지와 관리	전체적인 콘셉트, 종이, 활자, 조명 등을 고려
활자체와 크기	활자체는 너무 복잡하지 않고 읽기 쉬워서 전달력이 있어야 하나, 메뉴의 활자는 미적인 감각도 고려하도록 한다. 크기도 너무 작거나 크지 않도록 전체적인 메뉴판의 크기, 구성 등을 고려
디자인의 독창성	레스토랑의 콘셉트와 메뉴를 잘 어울리도록 하며 개성 있고 독창성을 가질 수 있도록 함
메뉴 카피의 소구력	메뉴의 중요한 역할 중 하나는 마케팅. 메뉴 카피는 고객에게 미각을 자극하여 구매력을 높이도록 준비함
아이템의 차별화	동일한 업종과 업태라 하더라도 메뉴의 크기, 형태, 레이아웃, 디자인 등 독창적인 차별성을 가지도록 함
메뉴교체의 유연성	메뉴는 항상 신메뉴개발이나 수정으로 인하여 변경될 수 있기 때문에 내부 용지를 교환할 수 있도록 하거나 붙이고 뗄 수 있도록 하는 등의 아이디어를 개발하고 가능한 잦은 메뉴 교체를 피하도록 함
매가 표시 위치 전략	메뉴판에 아이템의 포지션을 잘 보이고 선호하는 위치를 중심으로 매가가 높거나 판매량에 따라 배치하는 등의 전략적인 배치를 하도록 함
아이템의 포지션 전략(위치, 순위)	
균형과 조화	메뉴의 크기, 형태, 디자인, 품질 등도 중요하지만 전체적인 레스토랑의 콘셉트에 맞게 균형과 조화를 이루어야 함

출처 : 나정기(1994), 메뉴 계획과 디자인의 평가에 관한 연구

메뉴의 기초 디자인은 사용할 실제형식에 의해 결정된다. 메뉴형식은 사이즈, 모양, 페이지와 패널 수의 조건에 따라 다양하다. 형식은 작은 사이즈인 4×6인치(카드 사이즈)부터 큰 사이즈인 13×18인치 또는 더 큰 사이즈까지 아주 다양하다. 패널이란 메뉴의 표지처럼 접지 않은 부분이란 말이다. 두 개의 패널로 된 것은 앞, 뒤 커버가 있는 책의 형식으로 된 것이고 세 개의 패널로 된 것은 면을 세 번 접어서 쓰는 것이다.

메뉴형식은 그 모양이 직사각형, 타원, 삼각형 등 다양하며, 패널의 장수도 여러 가지다.

메뉴의 실제적인 형식은 소비자가 얼마나 효율적으로 이용하느냐를 기본으로 채택된다. 메뉴판이 너무 크면 작은 테이블일 경우 소비자가 메뉴를 고를 때 혼잡할 것이며, 자칫 잘못하면 테이블 위에 놓인 촛대에서 불이 옮겨 붙을 수도 있다. 비슷한 상황으로, 메뉴의 종류가 너무 많을 경우 소비자들이 목록을 고를 때 혼란스러워할지 모른다. 여러 가지 형식은 특정한 메뉴의 요구사항에 따라 적합하게 디자인된다.

그림 4-4 **메뉴북 스타일**
출처 : http://www.flick.com, http://www.trimseal.com

① 한 장으로 된 메뉴(single panel)

한 장으로 된 메뉴형식은 한정된 메뉴나 특정한 부분을 나타낼 때 사용된다. 일반적 크기는 6×8인치나 9×12인치지만 디자인할 경우에 낱장으로 된 메뉴판의 더 큰 사이즈로 쓴다. 그림 4-5에서 보이는 메뉴는 격식이 없는 음식점에서 메뉴의 항목을 가득 차게 나열한 것이다. 이런 메뉴의 사이즈는 11×17인치이다.

② 고전풍의 표지형 메뉴(classic two-panel fold)

제공되는 여러 코스를 고전적 형식으로 나타낸 가장 널리 사용되는 메뉴이다. 이런 형식이 갖는 문제점은 여백이다. 너무

그림 4-5 **한 장으로 된 메뉴**
출처 : http://www.bilkent.edu.tr

많은 코스를 제공하게 되면, 배치가 혼란스러워지고 균형도 형편없게 되어버린다.

이런 형식은 메뉴선택이 한정되어 있거나 전체적인 구성의 디자인이 확정되어 있을 때 적합하다. 그림 4-6은 혼란스럽지 않게 적절히 애피타이저, 수프, 샐러드, 스페셜 디저트, 앙트레 그리고 와인을 제공하는 고전풍의 표지형 메뉴를 보여 준다.

③ 속이 여러 장인 표지가 있는 메뉴(two-panel multi page)

속이 여러 장인 표지가 있는 메뉴의 형식은 선택목록을 길게 늘어놓음으로써 메뉴에 여유공간을 갖게 한다. 모든 메뉴형식에서와 같이 패널의 장수는 소비자가 사용할 수 있는 것에 좌우된다(그림 4-7).

④ 한 장으로 접는 메뉴(single-panel fold)

한 장으로 접는 메뉴형식은 사이드의 약간의 여분을 접어서 한쪽이 기준이 된 것이다. 이 형식은 소량의 디저트나 다른 한정된 항목이 있는 음료 식단을 첨가할 때 아주 좋다(그림 4-8).

그림 4-6 고전풍의 표지형 메뉴

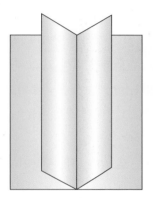
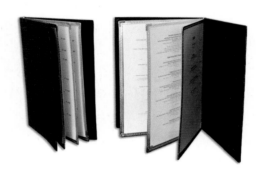

그림 4-7 속이 여러 장인 표지가 있는 메뉴

출처 : http://www.bigtray.com

그림 4-8 한 장으로 접는 메뉴

출처 : http://www.glorydaysgrill.com

⑤ 속이 두 장인 가로형의 메뉴(horizontal two-panel fold)

이 형식은 간단하게 고전풍의 메뉴형에서 가로형을 적용한 것이다. 가로 모양은 다양성을 제공하고 여러 배열로 확장시킬 수 있다. 이러한 형식에 장을 더할 때의 한 가지 문제점은 그 장을 확실하게 고정해야 되는 것이다. 확실히 붙이지 않으면 장들이 빠져나와 지저분해지고 따라서 고객에게 엉성하고 혼란스러운 소개가 되어버린다. 가로형의 메뉴는 한 장인 메뉴형을 빌리긴 했지만 보관, 취급 두 개의 결합으로 더욱 기능적인 디자인이 되었다.

⑥ 장이 많은 메뉴(multi-panel fold)

네 장으로 된 메뉴형식으로 이 네 장의 메뉴 사이즈는 7×15인치이다. 그리고 22인치의 넓은 폭으로 늘인 사이즈다. 메뉴 중에 앙트레 코스가 있는 것이 특징이며, 왼쪽에는 애피타이저, 수프의 항목뿐만 아니라 앙트레 샐러드 선택까지 적혀 있고 세 번째 장에는 대부분 차고, 뜨거운 음료와 샌드위치가 나와 있다. 이 메뉴는 손님이 읽고, 다루기 쉽게 하기 위해 만든 메뉴로 뜨는 쪽을 세 번째로 접는다. 이런 경우 메뉴의 뒤쪽은 디저트와 음료 선택을 할 수 있도록 한다.

　호텔메뉴의 뒷장에 호텔의 마케팅 문안이나 홍보 또는 로고(logo)를 덧붙인다. 여기에는 고객이 지불해야 할 세금에 대한 안내문구를 함께 제시함으로써 다양한 정보를 고객에게 제공할 수 있는 유리한 점이 있다. 이러한 형식의 메뉴판은 일반적으로 첫 번째 메뉴의 개요는 애피타이저, 수프, 샐러드 선택이며, 메뉴의 맨 아래의 마케팅 문구는 호텔의 음식준비나 메뉴계획이 작성될 수도 있다.

　두 번째 장은 주요 앙트레 선택이 두드러지며, 세 번째 장에는 가벼운 앙트레와 음료수가 들어간다. 이 메뉴의 실제형식은 날마다의 메뉴가 들어간 부분이 있는 항목을 위하여 디자인되어 왔다. 일상메뉴는 보통 컴퓨터로 작성하고 작업장에서 프린트는 호텔장비로 하는 데 돈과 상당한 시간을 절약하기 때문이다. 마지막 메뉴로 디저트 품목을 집어넣는다.

(2) 다양한 디자인(design variations)

메뉴는 음식점에서 제공하는 한식, 양식, 일식 등 국가나 지역의 특성, 식사, 음료, 차 등의 종류에 따라 다양한데 메뉴 디자인 역시 그것이 제공하는 메뉴만큼이나 다양하고 창조적으로 만들어질 수 있다. 특히, 오늘날과 같이 개성이 강하고 유행의 흐름이 빠르며 다양한 고객의 취향을 반영하기 위해서는 일반적인 메뉴 디자인보다는 제공되는 메뉴나 업장의 콘셉트, 오너(owner)의 생각에 따라 독특한 상징을 나타내는 창조적인 메뉴 디자인이 제작되어진다. 이렇게 만들어진 메뉴판은 그 업장의 특성이나 상징이 되며 마케팅적인 효과를 얻을 수 있다.

그러나 업장이나 메뉴의 콘셉트가 잘 반영되었다 할지라도 다음과 같은 사항을 반영하지 않는다면 좋은 메뉴 디자인이라 할 수 없을 것이다.

- 고객이 메뉴판을 사용하기에 편리하도록 만들어졌는가?(메뉴판의 크기, 무게, 형태)
- 메뉴판이 쉽게 해지거나 찢어지거나 않고 내구성이 좋은가?(메뉴판의 재질, 쉽게 때가 탐)
- 메뉴판의 기능을 잘하고 있는가?(글자 크기, 색 그리고 테이블의 크기와 메뉴판 크기의 조화)
- 메뉴판이 기능보다 디자인에만 중점을 두고 있지는 않은가?
- 메뉴판을 관리하기에 편리하도록 제작되었는가?

메뉴판을 만드는 데는 많은 비용이 들지만, 빈약한 디자인의 메뉴는 불필요한 별도 예산을 이용해서 다시 고안해서 다시 찍어 내야 된다.

(3) 레이아웃(lay-out)

메뉴에서 레이아웃은 메뉴 항목의 배치를 의미한다. 일반적으로 품목은 손님들이 메뉴를 선택하도록 하는 방식에 대한 관습적인 의식을 분석하여 배치하는 것이다.

메뉴판의 레이아웃이 고객의 선택에 있어서 중요한 부분이라는 점에서 레이아웃은 메뉴 마케팅과 밀접한 관계가 있다. 메뉴를 배치하는 레이아웃은 고객이 어떤 품목을 선택하느냐, 선택하는 시간과 집중도를 높이느냐를 결정하는 중요한 요인이다. 즉, 업

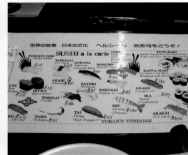

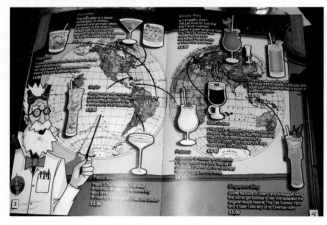

그림 4-9 이색적인 메뉴판 디자인
출처 : http://www.flick.com

주의 입장에서 고객들이 판매하고자 하는 품목에 집중할 수 있도록 메뉴를 배치함으로써 달성하고자 하는 마케팅적인 측면이 강조되고 있다.

레이아웃은 최고 수익을 올릴 수 있는 품목에 집중되도록 제작되어야 한다. 레이아웃은 메뉴 선택이 쉽고 명료하게 디자인되어야 한다. 일반적으로 영세한 레스토랑에

메뉴와 고객시선의 진실

오랜 기간 동안 외식산업에서 고객이 처음 메뉴판을 펼칠 때 고객의 시선이 이동하는 경로를 아래 표와 같이 메뉴판이 한 면일 때, 두면, 세면일 때에 따라 다르다고 알려져 왔다. 따라서 가장 판매하기를 희망하거나 강조하고 싶은 메뉴를 시선이 처음 머무는 곳에 배치할 경우 고객의 선택을 받을 가능성이 높은 것으로 여겨 그 지점을 "Sweet Sopot" 이라고 불러왔다.

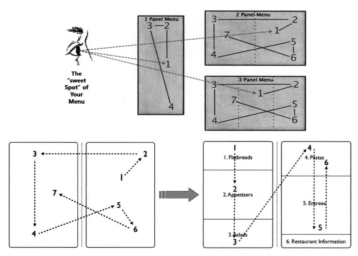

출처 : www.whitehutchinson.com

그러나 최근 샌프란시스코 대학의 시빌 양(Sybil Yang) 교수에 따르면 고객들은 메뉴판을 볼 때 마치 책을 읽듯이 왼쪽부터 오른쪽으로 위에서 아래 방향으로 읽어 내려가는 것으로 발표하였다. 이는 이미 고객이 메뉴판이라는 것을 인식하고 있으며 메뉴를 선택해 본 충분한 경험에 따라 코스별로 차분히 위에서 아래로 왼쪽부터 오른쪽으로 읽어 내려가면서 메뉴를 선택하는 것으로 보인다.

서는 새로운 메뉴에 대한 소개를 위해서 원래의 메뉴판에, 인쇄한 새로운 메뉴를 덧대서 붙이거나 지우고 다시 그 위에 작성하곤 한다. 이러한 메뉴판관리는 고객에게 수준 낮은 레스토랑으로 비춰질 뿐만 아니라 성의가 없어 보인다. 이러한 메뉴관리는 메뉴판의 기능과 역할에 대한 이해가 부족함에서 온다고 하겠다. 기존의 메뉴판 이외에 특별한 메뉴를 한정적으로 판매하고자 할 때는 작은 메뉴판을 따로 만들어 사용한다든지 메뉴판 내 속지를 새롭게 교체하도록 한다. 실제적으로 이러한 비용은 고객이 메뉴판에서 느끼는 불편함이나 음식점 전체에 대한 이미지관리라는 측면에서 볼 때, 그다지 커다란 비용이라고 볼 수 없다.

(4) 유형(type)

메뉴판을 제작할 때 사용되는 글씨체 그리고 문맥 등은 고객의 메뉴 선택에 큰 영향을 준다. 메뉴 작성 시 글씨체를 대조적으로 작성하여 상대적으로 강조를 시켜 주는 단순한 일만 가지고 해당 메뉴의 수익을 높일 수 있다. 즉, 대부분의 고객은 메뉴에 대한 사전 지식이 없이 메뉴판에 제공된 정보만으로 메뉴를 선택하게 된다. 이때 메뉴의 작성법이나 글씨체, 글씨의 크기, 두께, 형태 그리고 표현방법만으로도 구매 의욕을 자

그림 4-10 **다양한 글씨체로 작성된 메뉴명**

극시킬 수 있다는 점에서 매우 중요한 부분이라고 본다.

그림 4-10에 제시된 활자를 보면 크기나 형태 등이 다양하게 표현되어 있음을 알 수 있다. 아주 기본적인 글씨체들임에도 불구하고 각각의 글씨가 가지고 있는 분위기가 모두 다르다. 특히, 활자의 두께나 크기에 따라 눈에 띄거나 혹은 다른 글씨체에 묻혀서 보이지 않는 경우가 있음을 알 수 있다. 또는 어떤 글씨체는 모양은 매우 아름다우나 글씨를 알아보기가 어려운 경우도 있다. 메뉴의 글씨는 고객에게 메뉴 선택의 편의성을 제공해 주는 측면이 강하기 때문에 글씨체의 아름다움도 중요하지만 그보다 앞서 명확하고 정확하게 의사를 전달할 수 있는 기능이 우선되어야 한다.

그림 4-11 **전형적인 세트메뉴판**
출처 : http://blog.naver.com/pat2

그림 4-12의 메뉴판을 살펴보면, 같은 메뉴를 프랑스어, 영어, 한글로 기록하였음에도 글씨체에 따라 분위기가 매우 다름을 알 수 있다. 일반적으로 사용되는 신명조체에 10포인트로 작성된 메뉴를 기준으로 다른 글씨들과 비교할 때, 글씨의 크기, 기울임 그리고 굵기에 따라 강조되거나 또는 상대적으로 볼펜체C와 같은 글씨체는 읽기가 어려운 것을 알 수 있다. 그러나 어떤 글씨체가 음식점에 어울리는지를 일반적인 판단만을 기준으로 정하는 것은 옳지 않다. 글씨체는 음식점의 전체적인 분위기, 특성, 음식의 종류 등이 반영되어야 한다.

그러나 메뉴판의 가장 중요한 기능은 고객의 메뉴 선택이므로 정확성과 명확성은 매우 중요한 부분으로 메뉴를 작성함에 있어서 고객을 현혹한다거나 거짓으로 작성되어서는 안 될 것이다. 또한 메뉴판은 단순한 메뉴 선택의 기능뿐만 아니라 음식점의 업종, 업태 그리고 음식점만의 개성과 특성, 홍보와 마케팅 기능, 고객을 새로운 메뉴로 이끄는 중요한 기능을 가지고 있다.

메뉴판의 작성유형에는 표제, 메뉴 항목, 문안으로 구분해 볼 수가 있다(표 4-2).

Petite entrée foroide de crabe à la crème d'asperges et vinaigrette de truffle
Fresh crab salad with asparagus cream and truffle dressing
아스파라거스 크림과 송로버섯 소스의
게살 샐러드
(신명조, 10point)

Petite entrée foroide de crabe à la crème d'asperges et vinaigrette de truffle
Fresh crab salad with asparagus cream and truffle dressing
아스파라거스 크림과 송로버섯 소스의
게살 샐러드
(신명조, 12point)

Petite entrée foroide de crabe à la crème d'asperges et vinaigrette de truffle
Fresh crab salad with asparagus cream and truffle dressing
아스파라거스 크림과 송로버섯 소스의
게살 샐러드
(신명조, 기울임체, 10point)

Petite entrée foroide de crabe à la crème d'asperges et vinaigrette de truffle
Fresh crab salad with asparagus cream and truffle dressing
아스파라거스 크림과 송로버섯 소스의
게살 샐러드
(신명조, 굵은 글씨체, 10point)

Petite entrée foroide de crabe à la crème d'asperges et vinaigrette de truffle
Fresh crab salad with asparagus cream and truffle dressing
아스파라거스 크림과 송로버섯 소스의
게살 샐러드
(신명조, 볼펜체c, 10point)

그림 4-12 여러 가지 글씨체·크기로 본 메뉴명

표 4-2 메뉴판의 표제, 품목, 문구 작성유형과 예시

구 분	내 용	예
표 제	코스 이름이거나 애피타이저에 곁들이는 요리, 해산물, 음료수 같은 메뉴가 분류되어 있는 음식 부분	Appetize Entrée Desert Beverage
품 목	일류 갈비나 라이스 필라프와 같은 특별한 요리	설렁탕 Beef pilaf
문 구	마케팅 목적이나 묘사나 각의 메뉴품목의 특징 음식의 역사적인 유명한 정보나 특별한 사건 아니면 본인 부담의 편의나 제공되는 음식	Petoncles ravioli with thyme flowers and julienne zucchini 타임향의 가리비 라비올리 (메뉴 선택 시 허브 무료 제공)

(5) 판매 품목 결정(deciding what to sell)

메뉴 제작이나 디자인을 위한 문체를 결정할 때는 메뉴 품목에 전반적인 이해가 반드시 요구된다. 음식점이나 메뉴의 특성, 분위기 그리고 핵심적으로 판매하고자 하는 주메뉴에 해당하는 품목 등에 대한 결정이 요구된다.

메뉴개발자나 디자이너가 문체를 효과적으로 사용하는 방법을 결정하기 전에 주인은 가장 많이 판매되길 원하는 메뉴의 품목을 결정해야 한다.

일반적으로 메뉴의 품목 중 핵심메뉴에 해당하는 품목은 고객의 시선이 가장 잘 띄는 부분에 배치하도록 하며 글씨체를 독특하게 처리하거나 다른 메뉴보다 크거나 진한 글씨체를 사용하도록 한다. 또는 특정 메뉴명칭에 테두리 선을 처리하거나 스티커나 특별한 표시를 함으로써 강조될 수 있도록 한다. 그림 4-13을 보면 메뉴판 왼쪽에 굵은 글씨와 별표를 하고 밑줄을 그어서 강조하고 있으며, 오른쪽 면에서는 선으로 박스를 만들어 메뉴를 작성함으로써 고객에게 선택을 강조하고 있다.

(6) 활자체 선택(choosing the typeface)

전체적인 메뉴판을 디자인함에 있어서 메뉴의 활자체는 전체적인 메뉴판의 분위기에 영향을 줄 수 있는 중요한 부분이다. 활자체는 음식점의 분위기, 메뉴의 특성을 고려하여 서체를 선택하도록 한다. 다양한 활자체를 적용함으로써 메뉴를 강조하거나 개

그림 4-13 **특정메뉴를 강조한 메뉴판(점선)**

성적인 디자인 연출이 가능할 수 있으나 가장 중요하게 고려하여야 할 점은 메뉴판의 근본적인 목적이 고객이 쉽게 메뉴를 선택할 수 있도록 하는 데 있다는 점을 감안하여 읽기 쉬운 활자체를 선택하도록 한다. 활자체 선택 시 고려할 점으로는 글자의 배열, 강조를 위한 대비, 그리고 전체적인 디자인의 일관성이 있다.

(7) 글자 배열(spacing)

글자를 쓰는 형식에는 글씨체, 글자의 크기, 줄간격, 글자간격, 장평간격 등 각 형식에 따라 그 표현은 아주 다양하다. 단어와 각 문장 사이의 공백은 글자 간 공간을 말하는 것으로 단어가 어떻게 배열하였는가는 서체를 읽는 능력에 영향을 준다. 메뉴 디자이너는 메뉴 콘셉트에 따라 어떤 활자체는 느슨하게 또는 규칙적으로 자간이나 문자 간의 공간을 조정하곤 한다. 예를 들면, 글자의 간격이 메뉴판의 디자인에 있어서 중요한 부분이라는 점에서 단어간격은 적절하게 설정하여야 한다. 글자 간 간격이 너무 좁으면 읽어 나가기 어렵거나 갑갑한 느낌이 들 수 있으며, 간격이 너무 넓을 때는 전체적으로 산만하고 전체적인 의미 파악이 어렵게 된다. 또한 문장의 간격이나 줄의 연결이 문맥과 맞지 않아도 의미 파악이 어렵다. 또한 기울임체나 필기체의 경우 모양은 아름다우나 의미 파악의 어려운 경우가 많기 때문에 주의하여야 한다.

Petite entrée foroide de crabe à la crème d'asperges et vinaigrette de truffle

Fresh crab salad with asparagus cream and truffle dressing

아스파라거스 크림과 송로버섯 소스의 게살 샐러드

글씨체 : 신명조, 글자크기 : 12포인트, 줄간격 : 160%, 자간 : -20%

Petite entrée foroide de crabe à la crème d'asperges et vinaigrette de truffle

Fresh crab salad with asparagus cream and truffle dressing

아스파라거스 크림과 송로버섯 소스의 게살 샐러드

글씨체 : 신명조, 글자크기 : 12포인트, 줄 간격 : 180%, 자간 : 0%, 장평 : 140%

Petite entrée foroide de crabe à la crème d'asperges et vinaigrette de truffle

Fresh crab salad with asparagus cream and truffle dressing

아스파라거스 크림과 송로버섯 소스의 게살 샐러드

글씨체 : 볼펜체, 글자크기 : 12포인트, 줄간격 : 180%, 자간 : 0%

그림 4-14 **메뉴의 글씨 크기, 줄간격, 자간에 대한 비교**

(8) 대조(contrast)

메뉴 디자인에 있어서 메뉴의 배열에 주의를 기울이지 않으면 메뉴판의 크기에 비하여 메뉴수가 많이 배치되면 답답하고 어수선한 느낌과 함께 메뉴선택에 어려움을 겪게 된다. 또한 강조를 위하여 대비되는 색상을 사용할 경우 너무 화려하거나 복잡해지기 쉽다. 따라서 전체적인 조화를 이룰 수 있도록 상이한 색상, 서체 그리고 공백 또는 여백과의 조화를 고려하여 배치하도록 한다. 이것을 라이트닝(lightening)이라고 하는데 이것을 문장 주위에 사용하면 할수록 메뉴는 더욱더 두드러진다.

빨강(R)
연지(pR)
다홍(yR)
자주(RP)
주황(YR)
붉은보라(rP)
귤색(rY)
보라(P)
노랑(Y)
남보라(bP)
노랑연두(gY)
남색(PB)
연두(GY)
감청(pB)
풀색(yG)
파랑(B)
녹색(G)
바다색(gB)
초록(bG)
청록(BG)

교육부 제정
교육용 20색상환

그림 4-15 **색상환표**

여백에 반대되는 형의 보색을 사용하면 이 효과는 더 눈에 띈다. 그러나 이것을 과도하게 사용하면 문장이 끊어져 보이거나 본래의 목적이 상실되므로 디자이너는 이를 주의해야 한다.

(9) 디자인의 통일감(uniformity of design)

글씨체, 크기, 색상 등은 고객이 메뉴를 인식하는 데 도움을 주고자 하는 목적을 두고 만들어져야 한다. 메뉴의 고유 목적이 고객의 편의를 도모하는 데 있다는 점에서 전체적인 구도나 색상, 문체, 색의 대조 등이 메뉴 디자인을 함에 있어서 조화를 이루도록 하여야 한다. 보기에는 멋있고 좋으나 읽기에 까다로운 글씨체나 색상의 배열이 너무 복잡하거나, 사용되는 색이 너무 많은 경우는 단순하게 처리한 것보다 오히려 고객의 시야를 불편하게 할 뿐이다.

(10) 강조(emphasis)

메뉴판을 정할 때 고려되는 크기는 작은 사이즈보다는 큰 경우가 더 고객에게 돋보일 수 있으며 두께 역시 얇고 가벼운 것보다 두껍고 어느 정도 무게감이 느껴지는 것이 보다 격식을 갖춘 느낌이 있다. 또한 메뉴개발자는 강조하고자 하는 상호나 중심 메뉴, 판매촉진을 위한 부분에는 글씨의 크기나 색상, 장식과 같은 기법 등을 적용할 수 있으나 지나치게 많은 부분을 강조한다면 오히려 전체적인 메뉴의 조화를 해치는 결과를 가져올 수 있다. 특정메뉴의 강조를 위해서는 공간을 잘 활용하는 방법이 있는데, 일반적으로 오른쪽 상단에 시선이 먼저 간다거나 강조를 위해서 공간을 비워두고 특정 아이템만 배치하는 공간적인 프리미엄을 줌으로써 강조할 수 있다.

또한 메뉴의 선택을 유도할 수 있는 문구를 사용한다거나 감각적인 단어를 선택적으로 사용함으로써 그 아이템에 대한 구매 의욕을 높이도록 강조하는 기법도 적용할 수 있다.

- 허브 쇠고기 안심 스테이크 → 로즈마리 허브향의 쇠고기 안심 스테이크
- 민트소스와 양 갈비 스테이크 → 달콤한 민트소스를 곁들인 양 갈비 스테이크

(11) 용지(paper)

메뉴에 대한 전반적인 디자인 구상이 완성되면 적절한 용지를 선택하여야 한다. 선택되는 용지는 메뉴 특성을 나타내는데 다음과 같은 사항에 대하여 사전 점검을 하여야 한다.

- 메뉴 디자인에 따른 용지의 크기와 두께
- 색상과 삽화의 사용여부
- 용지의 내구성 및 재질
- 만들어 내는 과정의 비용
- 용지 표면의 질감 및 재질

용지의 광도는 글씨체의 색상을 읽거나 글씨체를 두드러지게 하는 데 영향을 끼친다. 즉, 용지의 재질이 가지고 있는 빛의 반사도는 메뉴 읽기를 어렵게 할 수 있기 때

문에 너무 밝거나 현란하게 만들어서 배경색상이나 서체, 배열 등을 고려하여 선택하도록 한다.

용지의 강도는 두께나 부피부분에 좌우된다. 그러나 용지의 재질이 딱딱한 것과 용지의 두께와 혼동해서는 안 된다.

(12) 색상(color)

고객의 관심을 유도할 수 있는 메뉴를 만들어 내기 위해서는 전체적인 부분이나 특히 강조하고자 하는 부분에 대한 색상의 선택은 매우 중요하다. 메뉴의 색상은 고객들에게 시각적 이미지로 다가오기 때문에 메뉴의 전반적인 이미지에도 영향을 줄 수 있다. 실제 메뉴의 다른 어떤 것보다 색상은 소비자에게 심리적으로 영향을 끼친다. 색상은 음식점의 이미지와 분위기를 만들어 내거나 반영하고, 소비자의 욕구를 자극시켜 주며 고객들이 차갑거나 따듯하게, 편안하거나 우울하게 또는 낭만적으로 등 다양한 느낌을 가지도록 만들어 준다.

색상이 구분되는 것으로 세 가지 특징이 있다. 색조, 농도, 명암도이다. 색조는 특정한 명암 정도나 색상의 배합을 나타낸다. 농도는 뿌옇게 됐는지 아니면 그것이 다른 많은 색상들과 섞였는지를 나타낸다. 명암은 색상의 빛을 나타낸다. 이러한 색상의 특성은 특정한 의미를 지니고 있다. 예를 들면, 일반적으로 고객들이 인식하고 있는 나라별 음식의 특징을 색상으로 표현하면 소시지와 햄 혹(ham hock) 그리고 짙은 채소를 상징하는 갈색과 초록색의 독일 음식, 붉은 토마토와 흰색의 모차렐라, 그리고 바질의 초록색으로 표현되는 이탈리아 음식, 초록색과 붉은색의 화려한 축제 색을 가진 멕시코 음식, 붉은색과 검은색의 중국 음식, 노란색과 금색의 프랑스 음식 등이 있다. 메뉴 디자이너는 이러한 국가별 또는 요리별로 상징적인 색상을 메뉴개발 시 반영하도록 한다. 분위기를 만드는 데 있어서 색상은 장식, 꾸밈, 배경 그림에 주로 사용된다.

(13) 삽화와 그래픽 디자인(illustration and graphic design)

일반적으로 메뉴 아이템의 배치와 기타 기본적인 디자인 요소를 결정한 후 세부적인 장식을 고객이 흥미를 느끼도록 강조하고자 하는 문안이나 요리 스타일에 맞춰서 메

그림 4-16 **삽화로 만든 메뉴판**

뉴를 만든다. 세부사항은 삽화나 그래픽 디자인으로 표현한다. 메뉴에서 디자인과 삽화의 사용을 적용하는 규칙은 다음과 같다.

- 음식점의 콘셉트나 내부 분위기를 디자인에 반영하도록 한다. 전체적인 구성, 디자인, 삽화, 장식을 만족스럽게 표현하기 위해서는 전체적인 조화가 중요하다.
- 메뉴 디자인이 정교하고 화려하게 만들어졌다면 나머지 요소는 단순하게 처리함으로써 산만하거나 복잡하지 않도록 하는 것 좋다. 메뉴 디자인은 메뉴를 고객에게 정확하게 알리고 선택하도록 하는 데 주의를 기울이도록 한다.
- 메뉴 기술은 복잡하게 해서는 안 된다. 너무 많은 삽화와 장식은 메뉴를 혼잡하게 해서 고객이 음식을 선택할 때 주의가 흐트러진다. 메뉴 항목에 너무 많은 기술을 하면 고객은 선택사항을 빠뜨리기 쉽고 따라서 판매에 실패하게 될 것이다.

(14) 겉표지(cover)

한 장의 표지가 모든 것을 나타낼 수 없지만 잘 구성된 메뉴 표지는 음식점의 요리, 스타일, 이미지를 전달할 수 있다. 음식점의 이미지는 내부 인테리어의 콘셉트나 분위기 그리고 고객에게 제공된 메뉴판의 표지를 통해서 설명할 수 있다. 일반적으로 음식점의 이미지는 판매방법과 제공되는 요리의 유형과 직접적으로 관련이 있다.

　메뉴 표지는 고객이 메뉴를 펴서 품목과 가격을 보기 전에 음식점의 이미지를 나타내기 위해 디자인된 것이다. 이미지 확립은 고객을 위해서 창조된 것이다. 고객은 메뉴를 보기 전에 음식점의 풍채를 어떤 가격의 배열을 예상할 수 있는 메뉴 표지에 의해 좌우한다. 음식점의 이미지 표현에 대해 부연한다면 메뉴 표지는 음식서비스의 분위기와 품격을 세우는 것을 돕는다.

(15) 광고 문안(copy)

음식서비스 구성은 메뉴 구성과 가격에 따라 결정된다. 메뉴개발자는 메뉴 문안에서 이러한 품목들에 대한 마케팅을 하는 데 초점을 맞춰야 한다. 메뉴 문안은 판매하고자 하는 각각의 음식 종류와 음식점에서 제공되어야 하는 서비스를 고객에게 알리는 문구들을 메뉴판에 서술한 것이다. 메뉴에 작성된 문구는 음식점의 생산품을 마케팅하는 데 가장 기본적인 방법이다. 메뉴 문구는 판매계획, 강조 그리고 서술적인 문안 3개의 부문으로 나누어진다.

그림 4-17 **메뉴판 뒷면의 레스토랑 소개글**

그림 4-17은 치즈케이크 팩토리(cheesecake factory)라는 미국에서 제법 알려진 식당으로 메뉴판 뒷면에 레스토랑의 역사와 새로운 메뉴에 대한 소개를 하고 있다.

(16) 판매계획 문안(merchandising copy)

판매계획 문안은 음식점에서 도모하는 메뉴에 몇 마디를 쓴 것이다. 이 문안은 음식점의 이름, 주소, 전화번호뿐만 아니라 신용카드 수령, VIP룸, 포장 요리, 편의시설 제공, 즐거운 특별이벤트를 포함한, 음식점이 제공할 수 있는 어떤 서비스까지도 제공한다. 또한 지방 특유의 역사적 사건, 지도, 음식점의 역사나 그와 관련된 특별한 요리, 손님을 즐겁게 하거나 흥미를 줄 수 있는 다양한 것들 같이 음식점에 관련된 특징 있는 여러 가지 정보를 준다. 판매계획과 관련된 문안들이 사용되어진다. 사적인 파티와 연회 같은 경우의 메뉴는 반드시 이 문구에 음식점의 이름, 위치, 전화번호를 기입한다. 이러한 메뉴는 음식점 밖으로 나갈 수 있고 이러한 행사를 담당하는 사람들에게 참고가 될 수 있다. 이름과 주소는 당신이 거래할 미래 사업을 위한 전략 중 한 가지이다. 판매계획 문안의 결정은 경영관리와 스타일, 위치, 음식점의 요리 배열 부분의 효율성과 외부적인 메뉴의 일반적인 형식만큼 중요하다.

(17) 강조 문구(accent copy)

강조 문구는 창조적인 이름과 표제, 그림, 사진을 통해서 독특한 메뉴나 코스의 흥미를 유발시키고는 한다. 예를 들면, 스페셜한 다양한 메뉴 중에서 옆면에 있는 코카콜라 문구를 적은 넣어 소화기 이미지를 통하여 매콤한 케이준 스타일의 잠발라야(hot cajun Jambalaya)를 강조해 주고 있다.

(18) 서술적인 문안(descriptive copy)

메뉴 품목을 지나치게 서술하면 오히려 판매효율을 떨어뜨린다. 따라서 메뉴개발자는 요리 품목이 설명 문구를 필요로 하는지 아닌지를 정확하게 집어낼 수 있는 능력을 개발해야만 한다. 설명적 문구를 쓰기 위한 기본적인 규칙은 다음과 같다.

① 간략하게 작성하라

아이템을 명료하게, 확실하게 설명해라. 가능한 중요한 단어만을 사용해서 하나씩만 설명해라. 그리고 고객이 메뉴를 빨리 읽을 수 있도록 짧은 문장을 유지해라.

② 문법에 맞게 써라

문법의 규칙이란 문장 첫 줄과 고유명사는 대문자로 써야 되는 것을 말한다. 그런데 메뉴개발자는 메뉴를 강조하기 위해서 종종 대문자를 고른다. 어느 쪽을 선택하든 전체 메뉴에 일관성이 있어야 한다. 예를 들어, 하나의 재료가 대명사로 되어 있다면, 모든 재료가 대문자로 되어 있어야 한다. 제시한 대로 구성되어진 메뉴는 읽기가 더 쉽고, 고객이 더 빨리 결정하도록 돕는다. 부연하면, 구성은 정확성과 면밀성의 느낌을 주도록 해준다. 설명적인 문안은 고객이 서비스, 음식, 음식의 분위기, 전체적 질의 느낌을 판단하는 요소 중 하나이다.

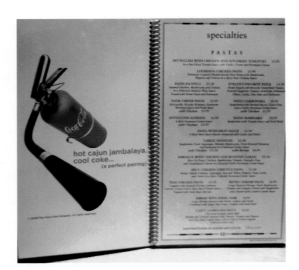

그림 4-18 메뉴에 대한 광고 문구와 이미지

③ 음식이 연상되는 단어를 써라

고객에게 표현하는(음식을 더 멋지고, 새롭게 하는) 묘사방법을 연구하는 다수의 메뉴 개발자는 장엄한, 황홀한, 심미적인 아니면 고정적인 단어를 사용해 왔다. 이러한 단어에는 요리의 재료나 요리방법 같은 것이 없으므로 피해야 한다.

④ 과장된 표현은 피해라

'산더미 같은', '촉촉이 젖은', '숨 막히는', '완벽한', '절정의', 그리고 '최상의' 와 같은 단어를 사용한 과장된 표현은 피한다. 이는 고객을 싫증나게 할 수 있다. 오늘날 식사의 상식들과 건강을 위한 소량을 섭취하는 경향의 전국적인 추세가 널리 보급되고 있다. 예를 들면, 산더미 같이 쌓인 독일 김치, 녹은 치즈에 촉촉이 젖은, 최고의 러시안 드레싱의 절정, 이러 것들을 고려해 보면 손님이 주문하기 전에 무척 안 좋은 느낌을 줄 것이다.

⑤ 고객을 혼란스럽게 하지 마라

소스와 재료의 과장된 설명은 오히려 메뉴판을 복잡하게 하여 간단한 메뉴항목이 바뀔 수 있다. 설명적인 문안은 요리 조리법이 아니고 오직 팔고자 하는 항목의 이러한 재료만을 포함한 것이다.

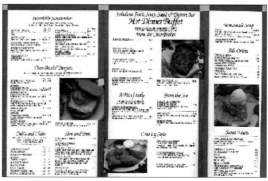

그림 4-19 **다양한 메뉴 디자인**

프린트 된 단어는 진실성이 있어야 한다. 메뉴는 법적으로 광고로 분류되어 있다. 메뉴 문안으로 쓰인 단어는 사용된 어떤 형식이든지(판매계획, 강조, 서술법) 가능한 한 음식점의 생산품을 최상으로 표현하여 판매를 증진시키고자 한다. 식재료의 품질과 조리법, 스타일로 소비자에게 깊은 인상을 심어주기 위하여 메뉴개발자는 종종 메뉴를 과장되게 작성하는 오류를 범하기 쉽다.

04 메뉴의 분류

메뉴는 레스토랑의 업종이나 업태, 지역, 주 고객층, 고객의 수준, 계절, 시간 등 여러 변수에 따라 매우 다양하게 표현되고 이러한 표현의 방법과 형태에 따라 구분하여 볼 수가 있다.

메뉴를 분류함에 있어서 가장 일반적으로 구분하는 것이 특정 코스의 아이템과 가격으로 고정된 메뉴(정식메뉴/table d'hote menu)를 기준으로 일정한 가격으로 고객이 원하는 단일품목으로 판매되는 일품메뉴(a la carte menu)로 구분할 수 있다. 또한 시기적으로 볼 때 일정기간 동안 메뉴가 고정되어 지속적으로 판매하는 형태의 고정 메뉴(static, fixed menu/standardized menu)가 있으며 계절이나 특정 시기별 식재료의 재배기간, 행사와 관련되어 주기적으로 제공되는 사이클(cycle)메뉴로 분류된다. 그 밖에 하루 일과별로 제공되는 메뉴와 한국, 미국, 중국, 일본, 이탈리아 등과 같이 각 국가별 음식의 특성에 따라 제공되기도 하며, 행사나 서비스의 형태에 따라 연회, 칵테일 파티, 바비큐 파티, 리셉션 등과 같은 형태의 특별 메뉴 등으로도 구분된다.

1) 메뉴 타입(menu type)에 의한 분류

(1) 정찬요리(table d'hote)

이 메뉴의 여관이나 여인숙에 묵은 고객이 주인의 테이블(table of host)에 초대 받아서 주인이 제공해 준 일정한 가격에 코스별로 제공된 것에서 유래를 찾을 수 있다. 현재는 레스토랑에서 제공되는 메뉴로 식당에서 정해진 메뉴를 제공하기도 하지만 고객의 요구에 맞춰서 준비되기도 한다.

현대 정찬메뉴는 3~5가지 코스로 압축되었다. 그러나 일부 전통 프렌치 레스토랑에서는 원래의 메뉴로 요리를 즐길 수 있다. 이 경우 3시간 내외의 시간적인 여유와 경제적인 요인을 고려해야 한다. 정식메뉴의 특성은 메뉴에 제공되는 식재료가 정해져 있기 때문에 식재료의 관리와 메뉴의 관리가 용이하기 때문에 메뉴에 대한 관리가 쉽고, 가격이 저렴하며 신속하게 제공되기 때문에 좌석의 회전율이 높다. 또한 고객의 입장에서 선택의 폭이 넓고 메뉴에 대한 특별한 지식이 요구되지 않기 때문에 편안하게 주문할 수 있는 장점이 있다. 그러나 시기별로 가격의 변화를 줄 수 없다는 단점이 있다.

표 4-3에서 보는 바와 같이 전채-수프-메인-디저트-차와 같이 시간의 경과에 따라 제공되는 시간전개형과 달리, 전통적으로 우리 한국음식은 푸짐하고 다양한 음식을 제공하는 것이 잘 대접하는 것이라는 음식문화적 특성과 대가족형 생활문화, 한 솥 준비해서 같이 떠먹는 찌개, 국의 식문화의 영향으로 인해 모든 음식을 한 번에 제공하는 공간 전개형(그림 4-20)으로 제공되는 특징을 가지고 있다.

그러나 최근 우리나라의 위상이 높아지고 한국음식문화에 대한 세계인의 관심이 점차 높아짐에 따라 한국음식을 세계화하려는 노력이 국가적 차원에서 실시되고 있다. 따라서 서양인들에게 익숙하지 않은 공간전개형에서 한식을 죽-전채-샐러드-메인-디저트-한과/떡과 전통차로 시간전개형으로 제공하는 업장이 늘어나고 있다.

(2) 일품요리 메뉴(a la carte)

일반적인 코스메뉴는 전채(appetizer), 수프(soup), 생선과 해산물(fish and seafood), 메인(main), 샐러드(salad), 후식(dessert)의 순으로 고객에게 제공된다. 일품메뉴의 경우에는 고객의 취향이나 욕구에 따라 본인이 원하는 요리만을 선택하여 제공받을 수 있도록 각 메뉴마다 일정한 가격을 정하여 놓은 메뉴이다.

주로 고급 레스토랑에서 많이 이용되는 메뉴로 고객의 선택 폭은 다양하나 가격이

표 4-3 정찬요리(table d'hote)의 영어, 프랑스어 표기와 순서

영어(English)	프랑스어(French)	예 시	현대정찬메뉴
Cold Appetizer	Hors- d'oeavre froid	Melon with port	Cold appetizer
Soup	Potage	Consommé brunoise	Soup
Hot Appetizer	Hourd Deure chaud	Morels on toast	Warm appetizer
Fish	Poisson	Fillet of sole joinville	
Main course	Grosse piéce/Relevé		
Hot Entree	Entree chaud	Saddle of lamb	
Cold Entree	Entree Frade	Smoked Lobster terrine	
Sherbet	Sorbet	Champagne sorbet (→ 현, sweet)	Main course with vegetable
Roast with Salad	Rôti, salade	Guinea hean stuffed with goose liver, salad	
Cold roast	Rôti froid	Game terrine	
Vegetable	Legume	Braised lettuce with pea	
Sweet Dish	Entremets	Charlotte russe	Sweets/cheese
Savory Dish	Savoury	Cheese fritter	
Dessert	Dessert	Jellied fruit	Dessert

그림 4-20 정식메뉴 상차림(한식)

높고, 식재료의 낭비와 관리의 어려움으로 메뉴관리가 어려우며, 메뉴를 준비하는 데 고난도의 기술을 요하는 경우가 많기 때문에 인건비가 높다. 또한 고객의 입장에서 메뉴에 대한 전문지식이나 경험이 있어야 한다는 점이 고려되어야 한다.

그림 4-21 **일품요리의 예**

(3) 콤비네이션 메뉴(combination menu)

이 메뉴는 정식메뉴와 일품메뉴의 장점만을 고려하여 만들어진 혼합한 형태의 메뉴이다. 즉, 정식메뉴의 장점이라 할 수 있는 고객의 편의성과 식재료와 메뉴관리의 용이성, 고객이 선택의 편리성을 고려하여 메뉴의 형식을 세트메뉴(set menu)형으로 정하고 비교적 가격이 높고 식재료관리가 어려우나 고객의 선호도가 높은 몇 가지 품목을 메뉴로 정하여 판매하는 방식이다.

2) 일일시간대별 메뉴(types of menus by time of day)

하루 일과를 기준으로 하여 시간대별로 이루어지는 식사에 따른 메뉴를 의미한다. 대부분 아침(breakfast), 점심(lunch), 저녁(dinner) 세 번 식사를 하게 된다. 최근 세계화와 정보통신 발전의 영향으로 9시부터 5시까지 일하지 않는 직업이 생기고 바쁜 사회환경으로 아침을 거르거나 늦은 저녁을 먹는 경우가 늘어나고 있는 실정이다.

- 브렉퍼스트(breakfast) : 아침식사로 서양에서는 달걀요리, 빵[머핀, 크루아상(croissant), 데니시(danish) 등], 과일, 팬케이크(pancake), 프렌치토스트(french toast) 등이 제공된다.
- 유럽식 브렉퍼스트(continental breakfast) : 빵과 우유, 커피
- 미국식 브렉퍼스트(american breakfast) : 달걀요리, 소시지와 햄, 베이컨, 감자요리, 빵과 커피, 주스, 우유, 과일, 시리얼 등

- 브런치(brunch) : 아침과 점심 사이에 먹는 메뉴로 특별하게 정해져 있지는 않으나 일반적으로 아침메뉴와 점심메뉴가 혼합된 형태로 비교적 가볍게 먹을 수 있는 음식들이 제공된다.
- 런치(lunch) : 점심식사
- 디너(dinner) : 저녁식사로 대부분의 국가에서 하루 중 마지막 제공되는 식사를 의미하며 점심보다는 보다 격식을 갖추어 제공된다.
- 서퍼(supper) : 잠자리에 들기 전에 제공되는 마지막 식사 또는 다과나 음료 등으로 일반적으로 디너(dinner)가 정식식사라고 하면 서퍼(supper)는 비공식적인 의미가 담겨져 있다.

3) 메뉴 구성 시 주의사항

(1) 음식의 크기와 무게(size and weight of foods)

앙트레로 육류가 제공될 때 한 덩어리의 무게, 크기는 관습적으로 고기가 요리되기 전에 사이즈의 무게로 결정된다고 생각되어졌으나 최근 몇몇의 패스트푸드점에서는 소비자 요구에 따라 조리된 후의 사이즈, 무게를 표기하게 되었다. 그러나 우리나라의 경우 대부분의 음식점에서 돼지갈비 200g이라 하면 조리하기 전 측정된 무게를 의미한다. 일부 업소에서는 이를 순수한 돼지갈비 무게라기보다는 양념과 국물과 함께 측정됨으로써 사소한 이익을 취하는 경우가 있는데, 이는 불법이며 도덕적으로 해서는 안 되는 일이다. 또한 고객에게 제공되는 부위가 삼겹살이라면 가능한 모든 고객에게 유사한 크기와 부위를 제공하는 것이 당연한데, 현재로서는 대부분의 육류부위에 대한 정확한 기준에 따라 제공되는지는 의문이 생긴다.

(2) 생산품의 유형과 신선도(type of product and degree of freshness)

메뉴에 담겨 있는 내용은 항상 진실성을 가지고 있어야 한다. 메뉴 품목에 신선하다고 되어 있으면 신선해야 되고, 냉동이 되어 있어도 안 된다. 가령 신선한 과일 샐러드가 애피타이저로 제공했을 때 과일 중 하나라도 썩었다면 그것은 허위광고가 된다. 마찬가지로 강조문구에서 'sirloin(소 허리 부분)' 이 적혀 있다면 고기는 절대 다른 부위로 대체되어서는 안 될 것이다.

(3) 음식의 지리적인 기원(geographical origin of food)

품목이 수입이든 자국 내의 것이든 간에 생산품의 판매에는 대단한 영향을 준다. 그러나 생산품의 지리적 기원에 대해 잘못 말하면 불법이다. 스위스에서 수입된 치즈가 미국의 위스콘신 주(Wisconsin)에서 수입되어 올 리가 없다. 이탈리아의 프로볼고네는 이탈리아로부터 온 것이어야 한다. 이처럼 모든 식재료는 원산지 표기를 정확히 하여야 한다.

메뉴에 요리의 지역적인 표현 형식은 주의 깊게 표현해야 한다. 예를 들면, 버지니아 햄(Virginia ham)은 Virginia(생산지)에서 나온 것이다. 그러나 버지니아 스타일 햄(Virginia-style ham)은 구워진 햄 형태로 조리하는 방법에 대한 설명으로 이해하여야 한다. 그러나 뉴 잉글랜드 크램 차우더(New English clam chowder, 조개수프)는, 마치 맨해튼 크램 차우더(Manhattan clam chowder, 조개수프)가 반드시 수프가 뉴욕의 맨해튼에서 만들어진 것이라는 의미가 아니라 요리를 조리하는 방법이나 재료에 따른 스타일을 의미하는 것으로 해석되어야 한다.

(4) 요리의 유형(style of preparation)

손님은 종종 요리가 만들어지는 방법을 고려하여 그들의 메뉴를 결정한다. 메뉴판에는 생선을 삶아서 제공한다고 되어 있는데, 제공된 음식이 튀겨져 나온다면, 다이어트를 의식하고 메뉴를 선택한 고객은 짜증이 날 것이다. 또는 마케팅을 위해서 홈메이드(home-made) 스타일이라고 표기함으로써 고객에게 웰빙(well-being) 음식이나 인스턴트 제품을 사용하지 않았다거나 대대로 내려오는 비법을 사용한 것처럼 포장을 하는 것은 매우 잘못된 것이다.

(5) 음식과 영양에 대한 단언(dietary and nutritional claims)

오늘날 많은 사람들이 본인이 구매한 식품에 대한 소금, 설탕, 카페인, 콜레스테롤 수준뿐만 아니라, 인공적인 첨가물에 대하여 깊은 관심을 가지고 있다. 메뉴개발자는 요리에 어떤 영양성분이 포함되어 있으며, 어떤 첨가물이 얼마나 포함되어 있는지를 파악하도록 하여야 한다. 만약 메뉴개발자가 이러한 영양적인 우수성을 메뉴 마케팅에 포함한다면 고객에게 제공된 요리는 영양과 식재료의 정확한 성분과 양에 대하여 민감한 고객에게는 매우 유익함을 제공하게 될 것이며 그러한 음식점을 선호하게 될 것이다.

(6) 손님의 기대(customer expectations)

고객은 메뉴판을 읽어 내려가는 순간 본인이 먹게 될 음식으로부터 느껴지는 시각, 미각, 후각을 비롯한 수많은 감각들이 되살아나면서 식욕이 돋게 될 것이다. 예를 들면, 추운 겨울 따끈한 설렁탕을 주문하는 순간 김이 모락모락 피어나는 뚝배기에 담긴 뽀얀 국물과 깍두기를 기대할 것이다. 그러나 식어버린 국물과 허연 깍두기가 제공된다면 고객의 반응은 어떨까? 또는 순 한우로 만든 스테이크라고 쓰인 메뉴를 읽은 고객은 마블링(marbling)이 잘 된 부드러운 육질의 스테이크를 기대할 것이다. 그런데 포크가 들어가지 않을 정도로 질긴 고기가 제공된다면 고객들이 그 식당들을 다시 찾아줄 거라는 기대는 하지 않는 것이 좋을 것이다.

물론 메뉴란 마케팅적인 요소가 중요한 부분을 차지하고 있다. 그러나 메뉴개발자가 중요하게 고려할 부분 중에 하나는 메뉴를 기획할 때는 작성된 메뉴를 제공할 만한 기술과 지식을 가진 조리사가 확보되었는지, 적절한 식재료를 제공받을 수 있는 유통망을 확보하고 있는지, 식당의 수준에 걸맞는 메뉴를 제공할 수 있는지를 확인할 필요가 있다. 고객의 기대는 자신이 지불한 액수에 비하여 항상 최대치로 맞춰져 있으며 이러한 기대를 충족할 수 없을 때는 만족하지 않음을 명심해야 한다.

(7) 메뉴 문구의 외국어 사용(using foreign languages in menu copy)

메뉴에 사용되는 글은 한글과 영어, 일어, 중국어 또는 프랑스어, 독일어와 같은 외국어가 동시에 사용될 수 있다. 특히, 서양식 요리를 제공하는 레스토랑의 경우는 정확하게 조리법이나 식재료명 등을 기록하여야 하며 문법적으로 틀림이 없어야 한다. 특히, 한식의 세계화의 영향에 따라 한국의 조리법, 식재료, 지역명칭, 고유명사화 된 요리명 등을 메뉴판에 표기하여야 할 경우가 많아지고 있다. 서양요리 명칭은 우리가 흔

영문 메뉴 작성방법

한국어	달콤한 빙체리 소스를 곁들인 **팬에 구운** <u>오리가슴살</u>과 양배추 피클, 단호박 퓨레				
〈작성방법〉	조리법	주요리 재료		소스	가니쉬, 가니쉬, …
영문작성	Pan Fri**ed**	Duck Breast	<u>with</u>	Bing cherry sauce,	Cabbage coleslaw **and** Pumpkin Puree
	~ 조리된		함께	주 재료를 위한 <u>소스</u>	

영문으로 메뉴를 작성할 때 가장 일반적으로 사용하는 방법은 일단, 메뉴의 주재료를 찾는 위 예시의 경우에는 오리가슴살이 가장 고가이고 주가 되는 식재료이다. 주재료가 결정되면 영문 작성 시 가장 앞에 나오는 문장은 주재료를 어떻게 조리를 했는지에 대한 조리법을 작성하는데 오리가슴살이 조리가 완료 되어졌기 때문에 완료형인 ~ed를 붙여서 작성해준다. Pan Fried, Sauted, Roasted, Boiled Duck breast 와 같이 작성하면 된다. 그 다음에는 주재료와 함께 제공되는 소스를 작성해주면 되는데 함께 제공되어 진다는 의미로 전치사 with ~~ Sauce를 적어준다. 그 뒤로는 함께 제공되는 가니쉬를 콤마(,)로 연결 하면서 작성해주고 마지막 가니쉬 앞에 and(&)를 넣어주고 마무리 하면 된다.

스프의 경우는 대부분의 스프가 끓여서(Boiled) 조리되기 때문에 Boiled를 생략하고 바로 주재료의 이름과 가니쉬만을 작성한다.

예: *(Boiled) Potato and Leek Soup, Bacon Strip, Chive and White truffle oil*

메뉴를 상세하게 묘사할 경우는 꼭 이상과 같은 원칙을 따르지 않아도 되는데 예를 들면 "화이트 아스파라거스와 사과를 올린 푸아그라와 콘소멘소스" 이 메뉴의 경우 주재료는 가장 비싸고 주재료에 속하는 푸아그라(Foie-gras)이지만 아스파라거스와 사과를 그 위에 올려서 만들어진 형태를 강조하기 위하여 다음과 같이 작성할 수 있다.

Sauteed Apple and Sesame Tuile on Seared **<u>Foi-gras</u>** *with Consomme*

디저트, 치즈, 샐러드의 경우는 특정한 디저트에 대한 고유한 이름이 정해져 있기 때문에 주가 되는 디저트의 이름을 적고 소스와 가니쉬를 나열하듯이 적어주면 된다.

*Carameliz**ed** Pineapple* **<u>Carpaccio with</u>** *Pina Colada Sorbet*

Salad Nicoise, Boiled Potato, String beas, Tomato, Eggs, Capers, Olives and Tuna chunks

히 알고 있는 스파게티(spaghetti), 카레(curry), 오믈렛(omelet), 스테이크(steak)와 같은 일반적인 명칭도 있으나 일반인에게는 다소 생소한 아스픽(aspic), 수플레(soufflé), 오르되브르(hors d'oeuvre), 파테(pate) 그리고 베어네이즈(bearnaise), 홀랜다이즈(hollandaise), 에스파뇰(espagnole), 벨루테(veloute) 등과 같은 이름을 사용해야 할 경우도 많다. 메뉴에서 판매를 위해 외국어를 사용하는 것은 좋은 마케팅 수단이다. 그러나 메뉴판에 작성된 문장은 전문적인 용어나 식재료명이기 때문에 일반인이 이해하기가 쉽지 않다. 그렇다고 일일이 설명을 달아 놓는 것은 어려운 일이다. 이 경우 서비스하는 직원이 반드시 그 의미를 숙지하도록 하여 언제든 고객의 질문에 답할 수 있도록 하여야 한다.

(8) 생산품, 고기의 등급과 유통기한(grades of meat, produce, and dairy products)

위에서 생산지에 대한 표기를 정확하게 하여야 함을 강조한 바 있다. 이와 마찬가지로 육류나 가금류 그리고 다른 식품에 대한 등급을 정확하게 표기하여야 하며 유통기한에 대한 관리도 철저히 지키도록 하여야 한다. 특히, 요즘처럼 한우에 대한 등급 표기에 민감한 때에 등급을 잘못 표기한다거나 속인다거나 하는 일은 없어야 할 것이다. 또한 전반적인 외식에 대한 관심이 높아지면서 일반인들의 위생에 대한 관심은 매우 높아지고 있다. 따라서 유통기한에 대한 관리는 위생과 직결되기 때문에 철저히 관리하도록 하여야 한다.

05 메뉴 작업계획표(menu working sheet)

메뉴의 계획과 디자인이 완성되면 다음 단계로 메뉴의 실현성을 알아보기 위하여 실제적으로 메뉴를 실행하기 위한 메뉴를 완성하는 과정인 다양한 조리법을 정하고 이에 필요한 장비를 작성해 보기로 한다. 또한 메뉴를 완성할 수 있는 조리인력의 기술적인 가능성과 필요인력 그리고 가격대를 정하여 보도록 다음 표 4-4와 같이 작업계획표를 작성하여 보도록 한다.

표 4-4 **작업계획표**

아이템 명	만드는 법	장 비	요구되는 기술 정도	인력수	가격대
(예) 삼계탕	삶기	스토브	중간 정도	2인	중간 정도
(예) Grilled Salmon	그릴	그릴	중간	1명	중-상
아이템의 명을 적으시오	Braise/Broil/ Poach/Saute/ Deep-fry, Etc.	Broiler/ Oven/ Fryer, Etc.	High Medium Low	구체적인 인원수	High Medium Low

일반적으로 서양의 코스 메뉴는 전채 → 수프 → 생선 → 육류 → 후식 순으로 제공되는데, 이러한 기본적인 코스는 전통적으로 내려오는 복잡하고 세분화된 장시간 식사를 해야 되는 전형적인 코스메뉴에서 현대화된 형태로 축약되어 기본적으로 제공되는 순서이다.

코스 메뉴의 경우 보통 3코스[전채(수프) → 메인(생선 또는 육류) → 후식] 또는 4코스[전채 → 수프(샐러드) → 메인(생선 또는 육류) → 후식]로 제공되는데 코스가 많을수록 고급스러운 레스토랑이거나 수준이 높은 고가(高價)의 코스로 인식되고 있다. 그러나 반드시 코스가 지켜져야 하거나 생략된다고 해서 잘못된 것은 아니다. 특히, 요즘 젊은 셰프들은 기존의 코스에서 벗어난 파격적인 형태로 본인의 콘셉트에 따라 생략하거나 중복하거나 메인코스를 소량으로 길게 늘여서 제공하기도 한다.

전통적인 연회요리의 코스의 예를 살펴보면 다음과 같다.

표 4-5 **디너코스(dinner course)의 예**

Classical French	American	Classical Italian	비 고
Amuse gueule(Op.)	Amuse gueule(Op.)	Aperitivo	주방장의 특별요리
Hors d'oeuvre	Appetizer	Antipasto	전채
Soupe	Soup	Suppe	수프
Poisson	Salad	Pasta	생선/샐러드/파스타
Sorbet	Sorbet(Op.)	Sorbetto	셔벗
Entree	Entree	Piatto	메인요리
Garniture	Accompaniment	Verdure e Patate	가니시/채소/감자
Salad	Dessert	Insalata	샐러드/디저트
Fruits et fromages	Mignardise	Cheese and Fruit	과일/치즈
Dessert	Hot Beverage	Frutti e Formaggio	디저트/음료/과일치즈
Cafe, The		Dolce	커피, 차/디저트
Mignardises		LiquoreCaffe espresso, ti	단과자, 커피, 차
Liqueurs	Cordial	Cappuccino	

* 쁘띠 푸르(petit fours) 또는 미냐르디즈(mignardise) 또는 프리앙디즈(friandise). 레스토랑에 따라서 다르게 표기 되는데, 기본적으로는 다 같은 뜻이다.
** 아뮤즈 괼(Amuse gueule) : 입을 즐겁게 해주는 음식

쉬어가기

간판 없는 레스토랑 아큐아

샌프란시스코의 미쉘린 2스타(Michelin Guide-Two Stars, 2009, 2008, 2007)로 유명한 레스토랑 아큐아(AQUA)는 무심코 지나칠 경우 그 앞을 지나면서도 레스토랑이 있다는 것을 알기 어렵다. 그 유명세와 달리 외부에 레스토랑을 알리는 간판이 설치되어 있지 않다. 커다란 유리창으로 비치는 은은한 불빛과 음식을 먹는 사람들의 모습을 보고서야 아 여기가 바로 '아큐아'구나라고 느낄 정도이다. 가장 인기 있는 메뉴이지만 그 가격 때문에 쉽게 선택할 수 없는 메뉴인 주방장 특선메뉴는 장작 2시간 이상에 거쳐서 제공된다. 제공되는 메뉴는 먹기 아까울 정도로 작은 크기로 셰프의 정성과 예술성이 돋보인다. 오늘날 각광받는 젊은 오너셰프(owner-chef)들은 동서양을 넘나드는 다양한 식재료와 조리법, 그리고 첨단의 과학적 조리기술(molecule cooking skill)을 적용하고 각 코스마다 개성미 넘치고 독특한 예술성을 요리에 담아낸다. 화려한 간판보다는 셰프의 이름으로 승부하는 간판 없는 레스토랑이 우리나라에도 멀지 않아 등장하길 바란다.

이탈리아의 식문화 알아보기

이탈리아의 5코스

1. 아침식사—콜라지오네(colazione) : 아침식사로는 대부분 진한 에스프레소 커피와 크루아상(croissant)과 브리오슈(brioche)를 함께 먹는다.
2. 스푼티노(spuntino) : 오전 11시경에 먹는 음식으로 빵과 간단한 음료를 마신다.
3. 점심식사—프란조(pranzo) : 오후 1시에서 4시까지는 시에스타(siesta, 낮잠)라 하여 대부분 업무를 중단하고 정찬으로 점심을 즐긴다. 요즘은 직장인의 경우 근처의 음식점에서 점심을 간단히 때우기도 한다.
4. 메렌다(merenda) : 다시 시작된 업무시간과 퇴근 전인 5시 무렵에 간단하게 피자나 구운 케이크를 먹는다.
5. 저녁식사—체나(cena) : 오후 7시에 끝나는 일과 후 8시에서 9시경까지 저녁식사를 하게 된다. 이탈리아인들은 우리와 마찬가지로 온 가족이 함께하는 저녁식사를 중요하게 여긴다.

이탈리아의 정찬 코스

1. 식전음식 & 식전주—아페르티비(apertivi) : 카나페와 간단한 와인과 음료
   * 스투치키니(stuzzichini) : 식사하기 전에 먹는 음식으로서 호박꽃을 튀겨먹거나 방울토마토를 먹기도 한다.
2. 전채 요리—안티 파스토(antipasto)
3. 첫 번째 접시—프리모 피아토(primo piatto) : 파스타, 리소토, 뇨키, 피자
4. 두 번째 접시—세콘도 피아토(secondo piatto) : 생선, 고기(송아지), 양고기, 야생고기
   * 콘토르니(contorni) : 메인요리에 곁들이는 채소요리로서 샐러드(insalada)나 더운 채소 가니시의 형태로 제공된다.
5. 포르마주(formaggi)
6. 후식—돌체(dolce)
7. 단과자—피콜라 파스티체리아(piccola pasticceria)
8. 차와 커피—카페(caffe)

- cordial(코디얼) : 코디얼주(酒), 리큐어(liquor);과일 주스에 물·설탕을 탄 음료

- amuse(아뮤즈) : 즐겁게 하다. -bouch는 입이라는 뜻으로, 아뮤즈 괼(amuse-gueule)에서 'gueule'은 입이란 뜻이다. 결국 코스요리가 나오기 전에 고객에게 특별히 준비한 음식 일반적으로 자그마한 한 입 크기로 준비되어지며, 주방장의 특별한 선물이라는 애칭을 붙이기도 한다.

- hors d'oeuvre(오르되브르) : 오르되브르는 'en dehors de menus'란 의미로 '메뉴의 외, 또는 메뉴의 밖'으로 해석되어야 하고, hors는 어떠한 경우라도 '…의 앞(전)'이라고 억지로 해석하여서는 안 되고 '…의 밖에, …외에, …을 제외하고'로 해석되어야 함이 마땅하고, oeuvre의 경우는 '주 요리', 또는 '작품'으로 해석됨이 옳다고 본다(나정기, p. 101). 따라서 hors d'oeuvre는 주 메뉴 이외에 나오는 요리를 뜻하나 대부분이 주 요리 전에 제공되는 것이 관례이다. 또한 찬 오르되브르와 더운 오르되브르로 나눠지며 이와 유사한 것으로는 러시아의 'zakouski'로 연회장에 입장하기 전에 즐겨 먹던 음식이다. 또한 영국에서는 'savories'라 하여 식사의 마지막 순서에 제공되는 'post hors d'oeuvre'는 술과 음료를 많이 마시도록 짜고 후추를 많이 뿌려서 제공되기도 했다.

- soupe(수프) : 수프는 되직한 수프(thick soup)인 크림(cream), 벨루테(veloute), 차우더(chowder), 비스크(bisque)와 맑은 수프(clear soup) 콩소메(consomme)와 브로스(broth)로 구분할 수 있으며 국가별로 특유의 고유한 수프가 존재한다. 수프는 대략 1컵(240~300mL) 정도 제공된다.

- poisson(푸아송) : 전통적으로 생선요리는 releve de poisson(엘르베 드 푸아송)이라고 불린다.

- sorbet(셔벗) : 셔벗은 보통 입맛을 다시 살려주는 목적으로 제공되기 때문에 리프레싱 디시(refreshing dish)로 서빙되며 음식의 코스에는 포함되지 않는다. 18세기 이전까지는 우유와 크림이 사용한 아이스크림이 존재하지 않았으므로 셔벗이 첫 번째 찬 후식으로 제공되었을 것이다.

- entree(앙트레) : 앙트레의 의미는 '입구, 현관, 들어감, 입장' 등을 의미하고 있으므로 프랑스에서는 제일 먼저 제공되는 음식을 뜻한다. 그러나 이런 의미와는 달리 앙트레는 전채요리, 포타주, 그리고 생선과 로스트 중간에 서빙되었다. 이런 이유에서인지는 모르겠으나 영어권에서는 앙트레가 주 요리(main dish)로 이해되고 있다.

표 4-6 외국인 고객을 위한 메뉴 표기의 예

한국어	영어	중국어	일본어
샐러드	'Salad' Salad greens	沙拉	サラダ
고구마 맛탕	'Goguma matang' Sautéed sweet potato with sweet corn syrup	拔絲紅薯	大學イモ
도미회	'Domie-whe' Fresh Sea brim Sashimi	石斑魚刺身	鯛造リ
보쌈과 홍탁	'Bosam and Hongtak' Braised pork belly and fermented skate	蔬菜包鰩魚 (發酵鰩魚)	ポッサムとホンタク (エイを發酵させたもの)
불고기	'Bulgogi' Grilled thinly sliced Beef chuck marinated in a mixture of soy sauce, sesame oil, black pepper, garlic, onions, ginger, wine and sugar. Korean beef	烤調味牛肉	ブルコギ
양념장어	'Yangnyum chang-oh' Grilled marinated eel.	自制醬汁鰻魚	鰻コチュジャン燒き
주꾸미 볶음	'Jukjume bokum' Spicy baby octopus and local vegetable stir fry.	辣炒蹼脚章魚	飯蛸ポックム
올갱이 수제비	'Olgangi sujebi' Korean freshwater snail and flour dumpling soup.	淡水螺肉面疙瘩	にな貝すいとん
진 지	Soup of the day served with rice	主食	お食事

표 4-7 **메뉴 작성 해보기**

예 시	*Steamed Lobster on Endive and Orange Vinaigrette with Black truffle* 흑딸기 버섯과 새콤한 오렌지 소스를 곁들인 바닷가재 찜
App.	
Soup	
Salad	
Entree	
Dessert	

재미있는 영화 속 주방이야기 2

최근 요리에 대한 사회적인 관심이 증폭되면서 TV나 영화, 신문, 잡지 등 다양한 대중매체에서 많은 이야기를 다루고 있다. 그 주제도 요리사, 맛집, 식재료, 다른 나라의 음식문화, 전통음식, 한식의 세계화, 영양 등 수많은 것들을 이야기하고 있다. 그중에서도 영화를 통한 일반대중과 만남은 깊은 감명을 주고 특히 청소년들에게는 장래의 꿈으로 자리 잡기도 한다. 물론 조리사 입장에서는 참 기분 좋은 일임이 분명하다. 그러나 화려하게 연출된 조리사의 이미지는 헤아릴 수 없이 많은 경험과 어려움을 겪고 난 뒤에 온다는 것을 미래의 조리사 지망생들이 잊지 않았으면 좋겠다.

추천하고픈 요리 관련 영화

- 바베트의 만찬(Babette's Feast, 1987)
- 프라이드 그린 토마토(Fried Green Tomatoes, 1991)
- 달콤 쌉싸름한 초콜릿(Like water for chocolate, 1992)
- 빅 나이트(Big Night, 1996)
- 맛을 보여드립니다(Woman on Top, 1999)
- 사랑의 레시피(No reservation, 2007)
- 줄리 앤 줄라이(Julie & Julia, 2009)
- 라따뚜이(Ratatouille, 2007)
- 주노명 베이커리(1999)
- 서양골동양과자점 앤티크(2008)

- 식객1/2(2007 · 2010)
- 음식남녀(Eat, Drink, Man, Woman, 1994)
- 불고기(The Yakiniku Movie: Bulgogi, 2006)
- 쉐프(Comme un chef, 2014)
- 심야식당(midnight Dinner, 2015)
- 아메리칸 쉐프(Chef, 2014)
- 더 쉐프(Burnt, 2015)
- 알랭 뒤카스(The Quest of Alain Ducasse, 2017)

〈라따뚜이〉, 〈식객〉, 〈사랑의 레시피〉의 영화 포스터

CHAPTER 4 메뉴관리와 디자인 **99**

06 메뉴 엔지니어링

1) 메뉴 엔지니어링 개념

식당 영업에 있어서 선호도와 수익성은 매우 중요한 부분이다. 만약 여러분의 주변에 어떤 식당이 대박을 내고 있다는 의미는 선호도와 수익성이 높은 한 개 이상의 메뉴를 보유하고 있음을 의미한다고 보면 된다. 그러나 안타깝게도 메뉴의 선호도와 수익성은 마치 살아 있는 생물처럼 시대의 흐름이나 트렌드, 세대 간의 차이로 인하여 변화되기 때문에 영원한 대박은 기대하기 어렵다.

메뉴 엔지니어링이란 용어는 1982년에 카사바나(Michael Kasavana)와 스미스(Donald Smith)에 의해 개발된 체계성을 갖춘 메뉴 분석 프로그램이다. 이 분석법은 현재 판매되고 있는 메뉴의 판매수량(menu mix), 원가, 판매가, 각 아이템이 매출에 대하여 공헌하는 이익(contribution margin)을 분석하여 봄으로써 각 판매 아이템들이 가지고 있는 선호도나 수익성을 판단을 통하여 메뉴를 분석하는 기법이다.

* 선호도(meun mix) : 각 아이템별로 팔린 수량
* 수익성(contribution margin) : 공헌이익 〈판매가격 – 원가〉

그림 4-22 **메뉴 엔지니어링**

표 4-8 메뉴 엔지니어링의 적용 해보기 1

a. 메뉴명	b. 판매량 (menu mix)	c. 매출률 (b÷m×100)	d. 원가	e. 판매가격	f. 개별공헌이익 (e−d)
돈가스	120	30%	4,000	12,000	8,000
스파게티	70	17.5%	3,000	8,500	5,500
피자	100	25%	5,000	15,000	10,000
스테이크	80	20%	6,000	22,000	16,000
바닷가재	30	7.5%	12,000	35,000	23,000
합계	400				
	m. 총판매량		J. 총원가	K. 총수입(판매가)	L. 총공헌이익

g. 개별총원가(d×b)	h. 개별총수입(e×b)	I. 개별총공헌이익(h−g)	수익성	선호도	최종분석
480,000	1,440,000	960,000	L	H	PH
210,000	595,000	385,000	L	H	PH
500,000	1,500,000	1,000,000	L	H	PH
480,000	1,760,000	1,280,000	H	H	S
360,000	1,050,000	690,000	H	L	PZ
2,030,000	6,345,000	4,315,000			
n. 총원가액	o. 총판매액	p. 총공헌이익 (o−n)			
q. 총원가율(31.99%)= $\frac{n}{o} \times 100$	r. 평균공헌마진(10,787)= $\frac{p}{m} \times 100$		선호도분석 $= \frac{100\%}{items} = 0.14(14\%)$		

* 수익성분석결과치 : 평균 공헌마진율(10,787원) 이상일 때는 수익성이 높은 것으로 High로 표시하고, 그 보다 낮을 때는 Low로 표시한다.

** 선호도 분석결과치 : 분석자가 정한 일반적인 평균치(70%)를 정하고 (1/아이템수) × 0.70 × 총아이템수로 선호도 수준치를 정하도록 한다.

위의 예를 보면, 선호도 분석에 의한 결과치는 1/5(items 수)×0.70×400＝56을 얻어서 이보다 높으면 High로 낮으면 Low로 표기한다. 또는 선호도 분석치인 1/5(items 수)×0.70＝0.14(14%)를 기준으로 선호도를 정하도록 한다.

표 4-9 **메뉴 분석 해보기 2**

메 뉴	원 가	가 격	원가율	공헌이익
된장찌개	1,500	7,000	21%	5,500
해물찜	7,000	17,000	41%	10,000
궁중정식	12,000	28,000	43%	16,000
비빔밥	2,100	6,500	32%	4,400

메 뉴	판매량	원 가	매출액	공헌이익
된장찌개	80	120,000	560,000	440,000
해물찜	40	280,000	680,000	400,000
궁중정식	70	840,000	1,960,000	1,120,000
비빔밥	30	63,000	195,000	132,000
계	220	1,303,000	3,395,000	2,092,000

* 평균판매량 : 총판매량(220) ÷ 4 items = 55개
** 평균 공헌이익 : 총공헌이익(2,092,000) ÷ 총판매량(M220) = 9,509원

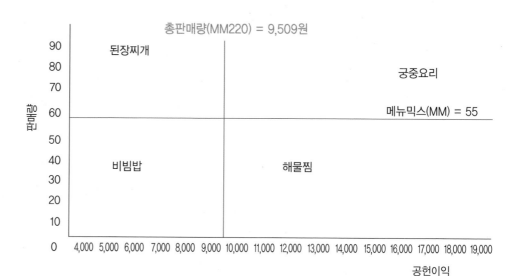

그림 4-23 **메뉴엔지니어링 분석표**

2) 분석에 따른 조치사항

(1) 스타(star)항목

메뉴 중 가장 인기(선호도)가 있으며 높은 수익성을 내는 메뉴이다.

- 현재의 수준을 그대로 유지하도록 엄격하게 관리하도록 한다.
- 스타메뉴로 가격변동에 대하여 고객이 민감하게 반응하지 않을 경우 가격 인상을 시도하도록 한다.
- 기존 메뉴의 품질을 유지하고 양, 메뉴 제공의 방법 등을 재검토하고 개선한다.
- 메뉴가 눈에 잘 띄도록 메뉴의 가시성을 높인다.
- 가격 탄력성의 관계를 유지한다.

(2) 꾸준함(plowhorse)항목

메뉴에 대한 선호도는 높으나 수익성이 상대적으로 낮다.

- 매가 인상을 시도해 본다.
- 선호도가 높은 아이템으로 메뉴상의 위치를 제고하여 고객의 시선이 덜 집중되는 부분에 배치시키도록 한다.
- 고객이 감지하지 못할 만큼 원가율을 낮춘다.
- 포션을 약간 줄인다. 단, 고객이 불만을 가질 정도여서는 안 된다.

(3) 수수께끼(puzzle)항목

일반적으로 가격대가 높은 아이템 군을 말하는데 선호도만 높여 준다면 'Star' 군으로 진입할 수 있는 아이템들이다. 즉, 수익성은 높으나 고객에게 인기가 없는 품목들이 이에 속한다.

- 메뉴 가격을 인하한다.
- 메뉴를 최상의 위치에 배치한다.
- 아이템의 메뉴명을 고객의 인기를 높이기 위해서 메뉴의 이름을 변경하여 본다.

- 판매촉진을 위한 전략을 수립하여 선호도를 높이도록 한다. 이 경우 추가적인 인력이나 기능이 요구될 경우는 메뉴에서 배제하는 것을 검토한다.
- 여러 가지 판매촉진을 할 수 있는 방안을 모색하여 적용하여 보는데 판매량이 계속적으로 극히 낮은 경우 메뉴를 삭제하도록 한다.
- 분석을 통하여 이 그룹에 속하는 메뉴를 최소화하도록 한다.

(4) 개(dogs) 항목

고객으로부터 외면 받고 경영자의 입장에서도 실익이 없는 메뉴이다. 메뉴를 삭제하고 대체 메뉴를 개발하여야 한다.

- 중요한 단골 고객의 경우 예약제로 하고 일반인에게는 공개하지 않는다.
- 유사 메뉴를 개발하여 매트릭스 상에서 위치를 'puzzles' 군으로 변경하도록 노력한다.

메뉴 엔지니어링

1982년에 카사바나(Michael Kasavana)와 스미스(Donald Smith)에 만들어진 메뉴 판매와 수요를 중심으로 만들어진 도구로 벌써 20여 년이 지난 시점에도 흔들림 없이 사용되고 있다. 그러나 메뉴 분석에 대한 도구가 판매수와 공헌 이익이라는 수치적인 실측치만을 고려하여 분석되고 있다. 오늘날 식당의 콘셉트는 상상을 초월할 만큼 변화되고 있으며 메뉴도 점차 다양화되어지고 있는 시점에서 이러한 일률적인 측정도구로 모든 메뉴를 끼워 맞춰서 메뉴를 분석하는 데는 한계가 있을 것으로 보인다. 즉, 비록 스타 메뉴라고 하더라도 사회적인 현상(조류독감, 유행, 세대의 변화 등)에 따라 판매수나 선호도가 떨어질 수도 있다. 또한 식당의 위치, 지역적 특성, 고객의 심리적 변화 등을 고려하지 않은 메뉴 분석은 그 한계가 있을 것으로 본다. 물론 이 책에서 이에 대한 대책을 극복할 수 있는 새로운 메뉴 엔지니어링을 제시할 수는 없었지만 앞으로 좀 더 포괄적인 변수들에 대한 분석을 통한 메뉴 엔지니어링에 대한 연구가 계속되어야 할 것으로 본다.

07 SWOT 분석법

SWOT 분석은 어쩌면 아주 오래전부터 사용되어 온 전략이라 하겠다. 손자(孫子)병법 모공편(謀攻篇)에 나오는 상대를 알고 나를 알면 백번 싸워도 위태롭지 않다는 지피지 기백전불태(知彼知己百戰不殆)는 말이 있듯이 기업의 내적인 환경을 철저히 분석하고 마케팅적인 전략을 세운다면 실패의 가능성을 최소화할 수 있다는 의미와 일치한다.

외식업에 있어서 오랜 기간 마케팅 전략 수립을 위한 중요한 기법으로 알려져 온 것이 SWOT(Strength : 강점, Weakness : 약점, Opportunity : 기회, Threat : 위협) 분석법이다. SWOT 분석의 기본적인 개념은 기업의 내부적인 환경의 강점과 약점을 분석하고 경쟁업체는 물론이고, 사회·경제적인 외적인 환경요인들을 분석함으로써 기업의 미래의 전략을 수립하는 마케팅 전략기법이다. 이때 사용되는 분석틀로 4요소인 SWOT의 내부환경의 강점(strength)은 소비자의 입장에서 볼 때 기업의 장점으로 인식되는 점이 무엇인가를 의미하며, 약점(weakness)은 대상이 되는 경쟁업체와의 비교 분석을 통해 볼 때 소비자에게 좋지 않은 점으로 비춰지는 부분이다. 또한 외적 환경 분석 입장에서 기회(opportunity)요인은 소비자의 이용가능성을 높이는 요인으로 작용할 수 있는 부분을 발견하여 전략을 수립할 수 있는 요인을 분석한 것이다. 마지막으로 위협요인인 T(threat)는 경쟁업체의 새로운 마케팅 전략 성공, IMF사태나 세계적 경제

표 4-10 **기업의 내·외부 환경분석**

구 분	강 점	약 점	기 회	위 협
내부환경	• 음식의 시장 경쟁력 • 홍보/영업 조직 역할 • 검증된 수익 모델	• 상품력 부족 • 초기 사업자본 부족 • 입지확보의 어려움 • 종사원의 수준		
외부환경			• 주 5일 근무제 • 기능성/건강식품에 대한 소비자 관심 고조 • 외식인구의 저변확대 • 여성의 사회참여 증가	• 세계적인 경제 불황 • 대형음식점 출현 • 소비자의 욕구 다양화 • 구제역, 조류독감

불황과 같은 사회·경제적인 요인 또는 구제역, 조류독감과 같은 위생적인 환경요인 등의 위협요인으로 인해 소비자의 심리적, 경제적 위축에 의한 요인에 대한 분석이다.

(1) SWOT 분석을 통한 마케팅 전략의 특성

SWOT 분석은 이러한 내·외적인 요인들을 분석하여 기업의 마케팅적인 대응 전략을 마련하는 기법으로, 마케팅 전략의 특성은 다음과 같다.

- SO 전략(강점-기회 전략) : 시장의 기회를 활용하기 위해 강점을 사용하는 전략을 선택한다(예 : 건강식의 유행으로 채소전문식당의 호황).
- ST 전략(강점-위협 전략) : 시장의 위협을 회피하기 위해 강점을 사용하는 전략을 선택한다(예 : 경제 불황으로 소비위축일 때 박리다매(薄利多賣)형 식당의 적극적인 홍보 전략).
- WO 전략(약점-기회 전략) : 약점을 극복함으로써 시장의 기회를 활용하는 전략을 선택한다(예 : 외곽지역의 입지적인 약점을 극복하고 주부들의 소규모 단체모임 전문 식당의 유행).
- WT 전략(약점-위협 전략) : 시장의 위협을 회피하고 약점을 최소화하는 전략을 선택한다(예 : 대형음식점의 출현에 대해 가족적이고 편안한 분위기를 연출한 소규모 식당).

표 4-11 **B업체의 SWOT 분석의 예**

구 분	강 점	약 점	기 회	위 협
내부환경	• 다양한 메뉴 • 차별화된 서비스 • 홍보와 영업조직 • 검증된 메뉴 • 안정적인 자본금	• 이직률 높은 직원관리 • 동질화된 서비스 부족 • 높은 임대료		
외부환경			• 내부 리모델링 • 인터넷 마케팅 확대 • 외식소비증가 • 본사의 마케팅 지원	• 경기불황에 따른 구매력 약화 • 경쟁업체 간의 출혈 경쟁 • 동종업소의 출현

(2) SWOT 분석의 한계

SWOT 분석은 기업의 내부환경과 외부환경을 강점과 약점, 기회와 위협요인으로 분석하여 놓았으나 각 요인들의 정량적인 측정이 어렵고 각 내부환경은 서로 연관성이 있다는 점에서 한 가지 요인을 주된 요인으로 분석결과를 내놓을 수 없다. 또한 외부환경이나 경쟁업체에 대한 분석에 있어서도 주관적인 판단이 전제가 될 수 있으며 특히 외부적인 환경은 내부에서 통제하는 것이 불가능하기 때문에 구체적이고 적극적인 대책을 마련하는 것이 어렵다. SWOT 분석의 주요인들은 독자적인 요인이 아니라 각 요인 간 영향력을 가지고 있으며 이로 인한 결과는 매우 복잡하게 얽혀 있는 경우가 많다. 따라서 단순히 내부와 외부적인 한 가지의 요인에 의한 분석과 결과로는 적절한 해결책이 나오기 어렵다. 따라서 각 요인별로 유기적인 관계를 종합적으로 분석하여 종합적인 전략을 마련하여야 한다. 그림 4-24는 SWOT 분석의 다각적인 관계를 나타내고 있으며 각 요인 간의 상관관계를 분석하여 종합적인 전략적 선택이 이루어져야 함을 보여 주고 있다.

내부적인 환경의 경우는 업체 자체적인 요인에 대한 문제점을 비교적 정확하게 파악하고 개선하려는 의지를 가진다면 충분히 개선될 수 있는 부분이다. 그러나 외부적 환경의 경우는 마이클 포터(Michael E. Porter)의 산업구조분석 전략에서 제시한 다섯

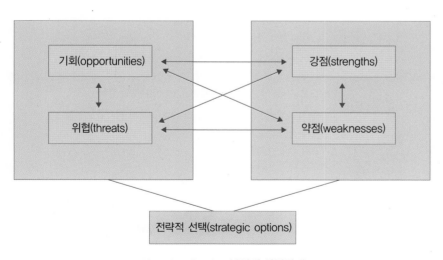

그림 4-24 **SWOT 분석의 상관관계도**
출처 : http://blog.naver.com/yovery/130055433031

표 4-12 **기업과 경쟁자 분석을 위한 기술**

요 인	조 건
신규 진입자 위협 (새로운 경쟁기업이 어떤 산업에 진출할 때 겪게 되는 용이함과 어려움)	• 규모의 경제 • 제품의 차별화 • 자본의 소요/필요 자본 규모 • 전환 비용/교환 원가 • 유통망에 대한 접근/유통 경로의 확보 • 규모와 무관한 비용상의 불리함(예 : 기존 기업들의 독점적인 기술, 제품에 대한 노하우, 원자재에 대한 유리한 접근, 유리한 입지 조건, 정부의 보조, 숙련된 노동력 등) • 정부 정책
구매자의 협상력 (상대적으로 높은 협상력을 가짐)	• 대규모 구매 • 비용 절감에 대한 높은 관심 • 표준품이나 일상품의 구매 • 전환 비용이 낮을 때 • 구매자의 이윤이 낮을 때 • 구매자가 제품을 생산하는 경우 • 제품의 품질에 대한 관심이 높은 경우 • 충분한 정보를 갖고 있을 때
공급자의 협상력	• 소수의 공급자가 독점하거나 제품을 판매하는 산업보다 더 집중되어 있을 경우 • 공급자 집단이 대체품과 경쟁할 필요가 없을 때 • 공급자의 판매량에서 상당한 부분이 구매자에게 의존되어 있지 않을 경우 • 공급자가 제공하는 제품이 구매자의 사업에 매우 중요한 경우 • 공급자가 제공하는 제품이 어떤 면에서 독특하거나 구매자들이 다른 대체품을 구하려면 비용이 많이 들고 번잡할 경우 • 공급자가 전방 통합의 위협을 가할 때
대체재의 위협	구매자가 한 종류의 제품이나 서비스로부터 다른 종류의 제품이나 서비스로 쉽게 대체할 수 있는 정도를 말함[예 : 기존의 레코드판으로부터 대체 기능으로 콤팩트 디스크(CD : compact disk)로의 전환]
기존 경쟁기업 간의 경쟁 강도(기존 경쟁기업 간의 경쟁 강도는 더 높아진다고 주장함)	• 경쟁하는 기업의 수가 매우 많거나 규모나 자원 면에서 비슷할 때 • 산업의 성장 속도가 느릴 때 • 기업의 고정 비용이 매우 클 때 • 기업의 재고 비용이 매우 클 때 • 제품의 판매에 시간 제약이 있을 때 • 제품이나 서비스가 일상품으로 인식되는 경우 • 생산 설비를 대규모로 추가해야 할 때 • 경쟁자가 다양한 전략 배경, 개성을 갖고 있을 때 • 이해관계가 클 때 • 철수 장벽이 높을 때

출처 : Michael E. Porter(1980), p. 4; Michael E. Porte(1980), p. 33.

가지 경쟁 세력(five forces)요인에 의해 산업의 수익률이 결정된다는 이론을 고려할 때 외부적인 환경은 기업의 수익창출에 매우 중요한 영향을 끼치고 있으며 신규진입 장벽이 다른 기업보다는 쉽고 비교적 소자본의 창업이 가능한 외식업의 경우 외부환경적인 영향력이 그만큼 크다 하겠다.

마이클 유진 포터의 다섯 가지 요인분석(five force analysis)

마이클 유진 포터(Michael Eugene Porter)는 경영학과 경제학을 주로 연구하는 미국의 학자이며, 모니터 그룹(monitor group)의 설립자이기도 하다. 현재 하버드 경영대학원의 Bishop William Lawrence University Professor로 재직 중이다. 기업 경영 전략과 국가 경쟁력 연구의 최고 권위자인 마이클 포터의 연구는 전 세계 유수의 정부기관과 기업, 비영리단체 그리고 학계에서 널리 인용되고 있다. 또한 하버드 경영대학원에서 거대 기업의 신규 CEO를 위한 프로그램을 담당하고 있다.

출처 : 위키백과

08 레스토랑의 마케팅 전략

1) 마케팅 정의

오늘날 우리는 마케팅에 휩싸여 살아간다고 할 수 있다. 우리의 삶 속에 존재하는 모든 상품들은 생산에서 소비까지 어쩌면 생산되어 상품화되기 전부터 고객에게 상품을 알려지기 위한 무한 경쟁의 광고·홍보시대에 살고 있다. 각 개인 역시 자신이 관련된 상품을 판매하거나 구입하며 상품뿐만 아니라 개인 역시 누군가에게 자신을 알리고 상대를 알고자 하는 다양한 노력을 기울여야만 한다.

마케팅 개념이 대두된 것은 1910년 이후로 생산과 소비를 연결하는 사회의 유통과 정상의 문제점들이 학계를 중심으로 인식되기 시작했고 1920년대는 세계적인 경제불황을 겪으며 과잉 생산된 상품을 어떻게 판매해야만 투자된 자본을 빨리 회수할 수 있을까에 대한 방안을 마련하고자하는 노력을 기울여 왔다.

미국의 마케팅협회에서 정의한 마케팅에 따르면 "생산자로부터 소비자 또는 사용자에게로 상품 및 서비스가 유통되도록 관리하는 모든 기업 활동의 수행"이라고 하였다. 제조업 초기에는 제품의 생산이 더 중요한 개념으로 생산만 하면 소비는 가능하다는 인식이 많았다. 그러나 생산능력의 향상과 기술적인 발전으로 수요와 공급의 불일치로 인해 시장 환경이 수요자를 중심으로 한 다양한 마케팅 기법들이 등장하였다. 오늘날의 마케팅의 개념은 단순히 판매하는 기능뿐만 아니라 시장분석, 고객요구조사, 제품기획과 판매 후 사후 관리를 포함한 제반 서비스까지 포함하는 포괄적인 전략이 포함되고 있다.

2) 외식마케팅

우리나라 외식업체 수는 연평균 약 1.6% 증가하여 2016년에 67만개 이상이다(KREI 한국농촌경제연구원, 2019). 또한 앞으로도 꾸준히 증가할 것으로 보인다. 최근 몇 년간 중·장년층의 퇴직과 청년 창업의 열풍으로 인구 당 외식업체 수는 인구 1만 명당 125개로 중국의 1.9배, 일본의 2.2배 수준이다. 인구 규모에 비해 너무 많은 국내 외식업체 수는 과도한 경쟁과 낮은 매출액 유발의 원인이 되고 있다.

우리 사회는 사회구조가 복잡해지고 소비자의 기호가 점차 다양화되고 세계화되어가면서 고객의 기호에 맞는 외식상품을 개발하는 것은 점차 어려워지고 있는 실정이다. 더구나 외식상품의 특성상 장기간 보관이 어렵고, 고객 개개인의 취향을 반영하여야 하며 새로운 트렌드에 민감하다는 점, 구제역, 조류독감, 미세먼지 등 질병과 환경적인 요인에 큰 타격을 받는다는 점에서 큰 어려움이 있다.

우리 사회는 4차 산업혁명의 여파로 인한 키오스크, 배달대행이용증대, AI를 이용한 시장분석 등과 같은 디지털화가 외식업체에도 빠르게 전파되고 있다. 맞벌이, 1인 가구의 증가와 고령화사회 진입 등 사회 인구 구조의 변화 등 변화의 폭이 넓어지고 다양화 되고 있다. 따라서 외식기업의 마케팅적인 시장 분석력과 대처 능력 역시 다양화, 전문화되는 고객들의 경향에 맞춰서 시장지향적으로 접근하는 자세가 요구되고 있다.

3) 외식마케팅 전략

외식시장에서 고객을 창조하는 활동으로써 마케팅은 시장을 끊임없이 연구하고 고객의 기호에 반응하는 상품의 지속적이고 신속한 개발과 성장을 할 수 있어야 한다. 그러기 위해서는 적절한 정보수집을 통한 시장조사와 평가를 통하여 시장을 세분화하고 목표로 하는 표적계층을 잘 이해하고 고객의 뇌리에 외식상품을 각인 시키도록 하는 핵심전략과 마케팅 믹스를 통한 고도의 전략 수립이 필요하다.

마케팅 전략의 목표는 매출액, 시장점유율, 순이익 등을 기준으로 정해지는데 외식기업의 주요 상품인 음식 즉, 메뉴의 시장점유율(선호도)과 수익성이 중요한 마케팅 전략의 핵심이라고 할 수 있다.

(1) 3C(Customer, Competitor, Company)

시장 환경을 조사하기 위해서는 3C에 대한 조사가 요구된다.

기업의 성공에 꼭 필요한 세 가지 핵심요소를 분석하는 전략으로 고객(Customer), 경쟁업체(Competitor), 자사(Company)로 나뉘어져 있다.

① 고객(Customer)

외식업의 특성상 생산과 동시에 소비가 일어나며 대부분의 고객은 업장을 직접 방문해서 소비를 한다. 물론 최근들어 배달 앱의 발전과 편리성으로 인하여 배달음식이 성행을 하고 있지만 아직까지는 고객과의 접점에 대한 관리를 어떻게 하느냐가 외식업의 성패를 좌우할 만큼 중요하다. 따라서 고객의 연령, 성별, 생활주기, 직업, 소득수준, 취향 등을 파악할 필요가 있다.

② 경쟁업체(Competitor)

외식업은 소자본으로 창업이 가능하며 '맛'에 대해서 스스로 전문가로 생각하는 사람이 많고 식당에 대한 다양한 정보와 이용이 언제든 우리 생활주변에서 가능하기 때문에 외식업체들 간 경쟁은 심화되고 있다. 따라서 경쟁업체에 대한 벤치마킹(Benchmarking)을 통해서 장단점을 파악하여 자사와의 차별점을 찾아내는 것이 중요하다.

③ 자사(Company)

우리 속담에 "남의 눈속에 티만 보지 말고, 자기 눈 속의 대들보를 보라"는 속담이 있
듯이 고객을 잘 이해하고 경쟁사의 장단점을 잘 파악했더라도 자기 기업에 대한 파악
을 잘 못한다면 아무리 좋은 전략을 세워도 성공하기 어려울 것이다. 스스로를 잘 안
다고 할 수 있지만 객관적인 분석과 판단이 필요하다. 따라서 자기 스스로 평가하는
것도 좋지만 객관적인 시선에서 자사를 돌아 볼 수 있도록 외부에 의뢰하는 것도 좋은
방법이다.

이상과 같은 3C에 대한 조사를 통해서 어떻게 마케팅 전략을 마련할 것인지에 대한
분석의 토대를 마련한 다음 구체적인 시장에 대한 효율적인 시장접근 전략으로 STP
전략[고객 세분화(segmentation), 표적시장(target market), 포지셔닝(positioning)]분
석을 통해 구체적으로 고객에게 접근한다.

(2) STP 마케팅전략

① 세분화(Segmentation)

외식기업이 판매하기 원하는 메뉴로 광범위한 시
장 전체를 대상으로 접근하는 것은 쉽지가 않다.
따라서 어떤 기준에 의해서 대상이 되는 소비자
를 정확하게 파악할 수 있도록 시장을 세분화하
여야 한다. 외식기업은 메뉴 콘셉트나 특성에 따
라 기준을 마련하는데 각 지역별 특성에 따라 소
비자의 관습, 생활습관, 주요 특산물 등에 차이가
생긴다는 점을 고려하여 지리적 세분화를 하거나

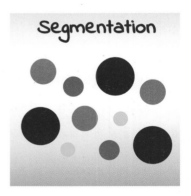

인구통계학적인 요인인 연령대, 성별, 직업, 소득수준 등의 변수를 고려하여야 한다.
오늘날은 소비자의 기호와 욕구가 매우 다양하고 음식에 대한 수많은 정보에 노출되
어 있어 전문가 수준의 지식과 정보를 공유하고 있기 때문에 고객의 심리적·행동학
적인 철저한 사전조사가 이루어진 마케팅 전략이 필요하다.

② 표적 시장 선정(Targeting)

시장 세분화를 통해서 시장에 접근할 수 있는 기
회를 파악하였다면 보다 구체적이고 세밀하게 고
객층을 정하고 그 특성을 파악하여 마케팅 계획을
세우도록 한다. 외식기업이 표적 고객의 만족을
얻어 시장에 경쟁우위를 점하기 위해서는 차별적
인 우위를 얻기 위한 핵심적 마케팅 능력이 요구
되는데, 이를 위해서 외식업체는 신메뉴에 대한
기술적인 우위를 점하는 것이 좋으나 그렇지 못할

경우는 대대적인 광고나 서비스, 분위기, 인테리어 등의 다른 마케팅적인 접근이 필요
하다. 또한 고객의 민감도가 비교적 높은 가격을 통한 접근으로 식재료 원가절감, 창
조적 유통 경로 발굴, 인건비 절감 등의 기본 원가를 통제함으로써 경쟁사 보다 가격
적인 우위를 점하는 방법이 있다.

③ 포지셔닝(Positioning)

외식시장은 이미 포화상태로 시장에서 고객에게
기업의 이미지를 각인 시키는 것은 쉬운 일이 아
니다. 예를 들면 새우과자하면 누구나 ○○깡을
떠올리거나 핸드폰하면 떠오르는 I, S사의 핸드폰
이 떠오를 것이다. 치열한 시장에서 경쟁사를 물
리치고 고객의 마음속에 "그 식당은 ○○○이 맛
있다."는 평가를 받을 수 있다면 성공적인 마케팅
을 하고 있다고 볼 수 있을 것이다. 이와 같이 고

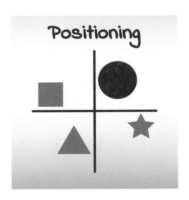

객에게 상품의 이미지나 장점을 완전하게 각인될 수 있도록 하는 것이 최종적인 마케
팅의 단계인 포지셔닝 단계하고 하겠다.

4) 마케팅 믹스(Marketing Mix) 4P

외식기업이 표적시장에서 마케팅 목표를 달성하기 위한 기능을 수행하기 위해서 네 가지 하위 기능을 미국의 McCarthy 교수는 4P로 정의하였다. 4P는 ① 상품(Product), ② 가격결정(Price), ③ 촉진(Promotion), ④ 장소(Place)로 구성되어 있다. 이는 외식기업이 시장접근을 위해서 통제 가능한 요인으로 마케팅 믹스(4P: Product, Price, Place, Promotion)를 어떻게 투입해서 시장을 장악하느냐가 매우 중요하다.

① 상품(Product)

외식기업에 있어서 상품은 무형과 유형적인 상품으로 구분할 수 있다. 유형적인 상품의 핵심은 식음료로 즉 메뉴를 의미한다. 무형적인 상품은 식당의 이미지, 분위기, 고객 서비스 등이 해당한다. 이들 상품의 경쟁력은 품질, 차별성, 가격에 대한 경쟁력이라 하겠다.

② 가격결정(Price)

가격이란 고객이 구입한 상품에 대한 효용가치로 외식업에서 가격은 메뉴에 대한 가격뿐만 아니라 서비스가 포함된 고객이 식당 전체로부터 얻을 수 있는 만족감에 대한 가치라고 할 수 있다. 예를 들면 똑같은 요리라도 누가 조리했는가, 식당의 위치, 분위기, 인테리어, 서비스 수준 등에 따라 고객이 느끼는 만족도는 다를 수 있고, 이에 대한 가치(가격) 또한 상이하다. 따라서 외식업에서 가격이 낮다고 해서 반드시 좋은 상품력을 가지고 있다고 할 수 없지만 고가의 메뉴가 그 가치를 인정받기 위해서는 메뉴 이외에 다른 요소들도 고려되어야 한다는 의미이다.

③ 촉진(Promotion)

외식업체가 고품질의 상품을 완성하고 합리적인 가격으로 판매하고 있더라도 고객 입장에서 정보를 제공받지 못한다면, 이 업체는 성공적인 판매를 위해서 오랜 시간이 걸리거나 아니면 폐업을 하게 될 것이다. 외식업의 과잉경쟁 체제하에서 촉진의 기능이 중요한 의미를 갖는 이유이다. 외식업의 촉진활동 수단은 고객과 직접 대면하여 직원들에 의해서 정보를 전달하는 인적판매(personal selling), 라디오, TV, 신문, 기타 간

행물, 옥외 간판 등을 이용한 홍보(publicity) 및 광고(advertising) 그리고 진열대, 쇼케이스, 가격할인, 무료시식행사, 이벤트 등 판매촉진(slaes promotion)으로 구분된다. 특히 SNS나 블로그와 같은 인터넷을 통한 홍보가 점차 증가하고 있다.

④ 입지(Place)

외식사업의 성패를 좌우하는 중요한 요인이 바로 입지이다. 입지는 어느 상권에 위치하냐에 따라 외식업체의 고정비 중 가장 큰 부분을 차지하는 임대료가 결정된다. 교통사정(역세권), 도로계획, 인구이동 및 고객층, 미래 발전의 정도 등 많은 세부적인 요인들의 영향을 받는다. 또한 입지는 특정 상권 내에 업체가 위치함에 따라 메뉴의 종류, 가격, 서비스 수준 등이 결정되기 때문에 식당의 콘셉트를 정하는 중요한 요인이 되기도 한다.

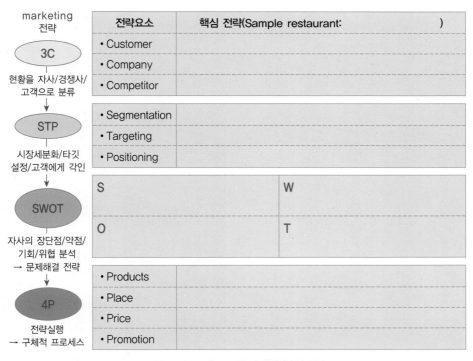

그림 4-25 **레스토랑 마케팅 분석 연습**

CHAPTER 5

주방실무 및 원가관리

CHAPTER 5
주방실무 및 원가관리

01 주방의 관리

주방의 주요 업무는 자연 상태의 식재료들을 들여와서 고객에게 제공할 수 있는 상태로, 즉 조리작용을 통해 요리를 만들어서 고객에게 제공하는 작업이 이루어지는 장소이다. 이 과정은 식재료의 흐름에 따라가 보면 쉽게 파악할 수 있다. 우선 구매된 식재료의 반입, 검수, 저장 그리고 재반출과정까지는 조리하기 전 단계이다. 다음은 식재료를 세척하고 다듬어지고 적절한 크기로 절단되어 다양한 방법으로 조리가 이루어진다. 이 과정은 조리의 특성이나 조리법에 따라 각기 다르게 세분화된 주방의 부서(hot, cold, butcher 등)에서 진행이 된다. 조리하는 과정은 각 부서에서 완성된 요리가 만들어지기도 하고 부서별로 협동적인 작업에 의해서 식재료가 이동되어 완성되는데 대부분 각 부서 단독으로 요리를 완성되기보다는 부서 간 유기적이고 긴밀한 작업을 통해서 완성되어진다.

따라서 부서 간의 공간 배치나 인력이나 식재료의 이동에 따른 합리적인 동선을 설정하는 것은 업무의 효율성 면에서 볼 때 매우 중요하다. 주방의 관리는 이상과 같이 식재료의 흐름에 따라 관련된 모든 부분에 관여된 인력, 시설, 설비 등에 대한 관리를 의미한다.

주방관리의 기본 형태는 식재료를 기준으로 할 때 식재료의 반입을 시작으로 구매된 식재료에 대한 품질, 유통기한 등에 대한 검수, 올바른 식재료의 저장, 업장의 콘셉트나 메뉴에 따른 조리, 각 과정별로 관련된 인원의 관리, 시기별로 변화되는 신메뉴 개발과 같은 메뉴관리 및 원가관리로 구성되어 있다. 주방관리의 기본과정에서 발생하는 모든 상황들은 식재료의 반입부터 고객에게 음식이 제공될 때까지를 뜻한다.

주방관리의 중심은 인력에 있다고 할 수 있으나 주방활동이 식재료를 어떻게 다루는가에 중점을 두고 있다는 점을 감안한다면 식재료에 대한 관리는 인력, 메뉴, 시설과 장비 등에 대한 모든 관리의 중점대상이 된다고 하겠다. 이러한 의미에서 볼 때, 주방공간 내에서 일어나는 작업활동은 식재료나 인력이 이동하는 동선의 흐름을 효과적으로 처리하는 데 주안점을 두어야 하며 이는 주방관리의 효율을 높이는 데 있다.

주방관리의 기본 목적은 다음과 같다.

- 효율적인 인사관리
- 식재료관리
- 관련시설과 장비관리
- 기능적 구성요소 : 인적＋물적 구성요소-조리사의 능력, 주방장비ㆍ기구의 성능

주방의 주요 업무란 식재료를 이용하여 고객이 선호하는 질 좋은 음식을 만들어서 판매하는 데 있다. 주방 업무의 가장 중요한 핵심사항은 식재료관리에 있는데, 원산지에서 식재료를 구매하면서부터 주방의 업무는 시작된다고 볼 수 있다. 식재료가 어떠한 경로를 통하여 어떻게 관리되느냐에 따라 주방이 얼마나 효율적으로 운영되고 있는지를 알 수 있다. 결국 식재료의 효율적인 흐름이 주방관리의 효율성과 일치한다고 하겠다. 식재료의 흐름에 따른 주방관리는 다음 세 가지 과정을 통하여 이루어진다.

02 주방관리를 위한 기본 과정

주방관리는 식재료의 흐름에 따라 구매-조리-서비스 관리로 구분할 수 있다.

1) 주방관리 흐름의 3단계

주방관리 흐름은 식재료가 구매, 조리, 서비스되는 과정에서 식재료의 검수, 저장, 인출, 조리, 처리하는 과정을 관리 확인하고 각 단계별로 조리사와 서비스 직원에 대한 인적관리 그리고 식재료의 저장과 조리 작업 등에 이용되는 장비나 기구, 설비 등에 대한 관리를 합리적이고 효율적으로 하는 것이 핵심 내용이다.

주방관리흐름의 3단계

(　　　)관리 ➡ (　　　)관리 ➡ (　　　)관리

(1) 식재료의 흐름 : 구매(반입) → 검수 →저장 → 조리 → 서비스 →고객

다음 식재료를 흐름에 따라 고려해야 할 사항을 작성해 보자.

식재료	구매 (Kg, ea, bu)	검수	냉장/냉동/건조	조리법 (건열, 습열...)	서비스
확인사항	어떤 단위로 구매하는 것이 유리할까요?	품질검사 기준을 어떻게 정할까요?	어디에 보관하는 것이 가장 좋을까요?	어떤 조리방법을 적용할까요?	고객에게 제공하는 방법과 시기는 언제가 좋을까요?
인원구성	구매담장자	검수담당자	조리인원 : 직급별로 구성		서비스 담당자
(　　명)			3rd(　)-2nd(　)-1st(　)-Chef(　)		
필수 장비			냉장고/ 냉동고		

(2) 각 부서별 인원의 구성

식재료의 흐름에 따라 각 업무별로 필요로 하는 인원을 구성하도록 한다.

(3) 장비 및 설비의 배치

식재료는 구매에서 고객에게 제공될 때까지 자연스럽게 업무의 진행이 흘러갈 수 있
도록 장비나 설비의 배치 동선을 잘 편성하도록 한다. 불필요한 이동이나 정체를 막음
으로써 종사원의 업무 피로도를 경감하고 신선한 재료를 적정한 온도에 정확한 타이
밍에 고객에게 제공할 수 있도록 한다.

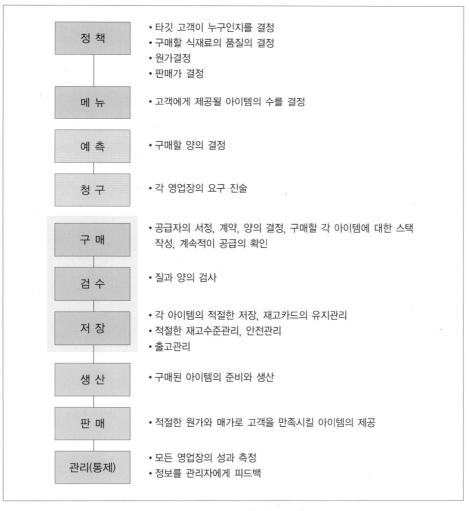

그림 5-1 **구매 기능의 중요성**
출처: Bemard Davids & Sally Stone, p. 108.

2) 식재료의 구매관리

식재료에 대한 구매관리란 천연(天然) 또는 가공된 상태의 식재료들을 고객에게 조리하여 판매하고자 하는 목적으로 납품업자로부터 적절한 과정을 통해서 매입하는 과정에 대한 관리를 의미한다.

식재료에 대한 구매는 고객에게 좋은 요리를 제공하기 위한 최초의 과정으로 좋은 식재료를 구매한다는 것은 매우 중요한 작업이라 하겠다. 따라서 식재료는 다양하고 정확한 정보에 입각한 철저한 시장조사를 통하여 적정한 시기에 최적의 상태로 입고되도록 노력을 기울여야 한다.

식재료에 대한 구매는 식당경영에 있어서 출발점이며 기본사항이기 때문에 구매 담당자는 식재료에 대한 전문지식을 기본으로 식품 감별법, 계절감각, 전체 물동량에 대한 유통구조에 대한 전문적인 지식을 가지고 있어야 함은 물론이고 도덕적인 성향을 갖추어야 한다. 또한 구매자는 회사 내부적인 식재료 흐름에 대한 관리를 하여야 하는데 식재료에 대한 입고, 검수, 저장, 조리, 서비스의 과정에 대한 전문지식과 사후 음식물에 대한 처리과정까지도 관심을 가지고 있어야 한다.

식재료를 위한 효율적인 구매 절차는 다음과 같다.

- 기초구매 정보 수집계획
- 시장조사 및 동향 파악계획
- 구매물품의 선정 및 조달방안계획

- 품질 : 상, 중, 하
- 장소 : 시장, 산지직송
- 가격 : 고가, 중가, 저가
- 적정량 : g, Kg, Box, Ton
- 적절한 시기 : 계절, 채취시기, 조건

그림 5-2 **식재료 구매 시 고려사항**

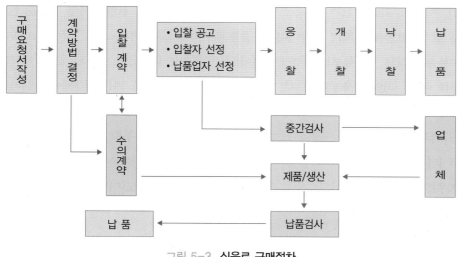

그림 5-3 **식음료 구매절차**

- 구매물품의 관리방안계획
- 예산계획
- 적정 재고량 조사

3) 구매집행과정

식재료에 대한 구매 업무는 주방 업무의 시작이라 할 수 있다. 구매관리가 잘 되고 있다는 의미는 좋은 품질의 재료를 합리적인 가격에 최적의 시점에 구매되고 있음을 의미하며, 다시 말해 고객에게 최상의 품질인 상품을 적절한 가격에게 제공하고 있으며 적절하게 원가관리가 되고 있음을 뜻한다 하겠다. 즉, 최소의 비용으로 최상의 이익을 만들어 내기 위한 시작은 바로 현명한 구매에서부터 시작되어야 한다는 의미로 구매에 대한 중요성을 알 수 있는 부분이다. 이를 위해서는 구매자의 역량이 매우 중요한데 구매자는 식재료에 대한 다양하고 전문적인 지식과 정보력이 필요하다. 다음은 구매자가 갖추어야 할 지식적·태도적 요건이다.

(1) 구매자의 지식적 요건

- 식재료의 주산지 및 계절적 변동요인
- 표준식료 구매명세서 내역
- 구매방법 및 발주절차
- 식료의 특성과 저장조건 및 시간
- 식료의 산출률 및 관련음식
- 긴급구매, 가치분석과 창조적 구매의 수행능력

식재료의 구매집행과정은 상품 판매를 목적으로 구매하기 위하여 필요로 되는 모든 과정으로 구매자가 납품예정자와 구매처를 탐색하고 계약을 위한 교섭에서 식재료가 입고되기까지의 과정을 거쳐 실제로 사용되는 주방까지의 일련의 과정을 의미한다.

식재료의 구매는 일반 용품을 구매하는 것과는 상당한 차이가 있다. 특히, 부패하기 쉽거나 유통기한이 정해진 식품의 경우는 구매계획부터 입고되기까지의 구매시점과 보관 및 관리에 대한 부분을 충분이 고려하여야 한다. 또한 어떤 식품(자연산 송이, 나물, 과일 등)은 일정한 시기 동안만 구매가 가능한 경우가 있다는 점을 고려하여 메뉴계획을 세워서 구매를 하여야 한다.

(2) 구매자의 태도적 요건

- 정직하고 성실한 인품
- 불법행위 배척(뇌물, 사기, 횡령)
- 무편견의 내외적 인간관계

구매 담당자는 식재료는 물품이 다양한 물품을 구매하는 직무를 수행한다는 점에서 많은 납품업자를 상대해야 하는 자리에 있다. 따라서 구매자의 판단에 따라서 납품업자가 결정될 가능성이 높기 때문에 전문적인 지식과 정보와 더불어 공정하고 도덕적으로 업무를 처리하는 태도적 요건이 매우 중요하다.

4) 식재료구매 시 고려사항

(1) 적정재고량의 파악

주방에서는 각 품목별로 필요한 만큼의 식재료에 대한 항상 적정재고량을 유지하여야 한다. 고객의 숫자는 예약을 통해서 확인할 수 있으나 대부분의 식당은 예약제로만 운영하기가 어렵기 때문에 구매 담당자는 정확한 재고량을 파악하고 있어야 한다.

- 재고량이 부족한 경우 : 준비된 음식을 제공하지 못하는 경우가 발생하여 서비스의 질이 저하될 수 있다.
- 재고량이 많을 경우 : 과대한 양의 재고를 가지고 있을 경우에는 창고관리를 위한 공간을 확보해야 하고, 이로 인해 불필요한 원가비용이 발생된다.

따라서 주방의 재고관리 담당자는 품목에 따라 매일, 주간, 월간, 연간별로 재고파악을 정확하고 신속하게 진행하도록 하여야 한다.

(2) 구매량의 결정

구매량의 정확한 예측은 정확한 재고관리와 사용량의 예측을 통하여 가능하다. 따라서 구매 담당자는 매일의 판매량과 재고에 대한 정확한 데이터를 가지고 있어야 한다.

(3) 품질기준 설정

주방에서 사용하기 위한 식재료 및 기타 물품에 대한 목록과 양이 결정되면 품목별로 어떤 품질의 재료를 구매할 것인지를 결정해서 이에 합당한 납품업자를 선정하도록 한다. 납품업자가 제시하는 물품의 품질은 공급업체를 선정하는 기준이 될 수 있기 때문에 정확한 기준을 제시하도록 하여야 한다. 그러나 항상 최고의 품질만을 고집하는 것이 어렵고 품질과 가격과의 관계를 잘 판단하여 결정하도록 한다.

(4) 납품업자 선정

납품업자를 선정할 때는 품질, 가격, 수량 등 적정한 기준에 의해서 선정하도록 한다. 그러나 상품의 품질과 더불어 납품업자 선정 시 고려되어야 할 부분은 지속적인 거래가 가능하며, 신뢰성과 진실성을 가지고 있는지를 반드시 확인하도록 한다.

(5) 구매가격결정

구매 담당자의 업무 목적은 가장 저렴한 가격으로 최고의 품질의 재료들을 구매하는 데 있다. 구매할 품목의 가격은 결국 상품의 판매가격에 근본적인 영향을 주며 결국 수익을 창출하는 데 가장 기본적인 요소가 될 것이다. 특히, 식재료와 같이 직접적인 원가관리의 직접적인 비용이 되기 때문에 더욱더 중요하다고 하겠다. 따라서 구매 담당자는 구매품목별 가격결정단계에서 사전 시장가격을 조사하고 비교하는 절차 등을 통하여 신중함을 기해야 한다.

(6) 결재조건과 납품시기 결정

구매 담당자와 납품업자는 상호 간의 계약을 통하여 납품조건, 시기, 가격, 수량 등에 대한 계약을 하게 된다. 모든 사항들은 반드시 기록을 하도록 하며 문제가 발생할 경우에 대한 사항 역시 포함되어 납품한 물품에 대한 확인 과정을 통하여 일치 여부를 확인하는 자료가 되도록 준비한다.

(7) 송장의 점검

송장(送狀, invoice)은 매매계약의 조건을 정당하게 이행했다는 뜻으로 납품업자가 구매 담당자에게 전달하는 서류로 일반적으로는 발송장이라고 한다. 송장은 계산서나 청구서의 기능도 지니기 때문에 납품업자가 보내는 송장은 발송한 물품의 내용·명세서이며 거래 계산을 밝힌 계산서 겸 대금청구서이기도 하다. 구매 담당자는 기록된 구매조건내용과 송장의 기록내용을 비교하여 물품의 내용과 가격결정에 따라 일치 여부를 확인하도록 한다.

(8) 검수작업

입고된 물품에 대한 확인 작업을 하는 단계이다. 식재료의 경우 신선도와 상태를 확인하는 것은 고객에게 제공되는 음식의 품질과 직접적인 관계가 있기 때문에 검수과정은 매우 중요한 부분이라 할 수 있다. 따라서 검수자는 구매명세서와 실제 물품을 세밀하고 정확하게 확인해야 하며 검수과정에서 확인된 사항들에 대한 적절한 조치를 신속하고 정확하게 처리하도록 하여야 한다.

그림 5-4 **호텔의 입고 및 검수공간**

- 검수 : 운반동선 확보, 충분한 공간 확보, 조명
- 검수 시 필요한 장비 및 집기류 : 저울, 계량기, 당도계, 계산기, 운반구, 칼, 자 (색, 맛, 향, 촉감에 의한 오감법) 등

(9) 저 장

워크인(walk-in), 냉장고, 냉동고, 테이블(table) 냉장고, 쇼케이스(showcase) 냉장고, 창고저장(dry storage), 선반 등 수납공간을 고려한다. 모든 식재료를 구매 후 즉시 사용하는 것은 바람직한 일이라 하겠다. 그러나 식재료의 시간적 제한(제철과일, 나물, 재배시기)이나 원가비용차원, 원거리나 물류비용절감 등의 문제를 해결을 위하여 대량구매나 선구매하는 경우가 많다. 이럴 경우 이에 대한 저장관리가 매우 중요하다 하겠다.

① 저장관리법

- 냉장 · 냉동법(refrigerator & frozen)
  - 저온저장(low temperature storage) : 0℃ 이상에서 동결되지 않도록 저장 → 단기간 저장
  - 냉동저장(frozen storage) : −1∼−20℃(급속냉동 −40℃ 이하) → 장기간 저장
- 창고저장(dry storage) : 10∼20℃ 사이에서 유지하며 최대습도는 50%를 유지하며 통풍이 잘 되도록 하며 해충이나 벌레를 퇴치할 시설 필요

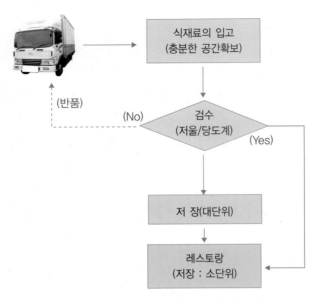

그림 5-5 **식재료 검수의 과정**

② 식품저장의 3요소

- 영양

- 온도 : 냉장, 냉동

- 수분 : 건조, 절임

③ 식품저장 시 고려해야 할 사항

- 품목별 재고현황카드(bin card)

- FIFO(first in first out)

- 효율적 위치 선정

- 품목별, 규격별, 용도별로 수요번호 지정 → 분류저장

- 정기적인 재고조사 실시

④ 식자재 창고의 3대 원칙

- 안정성(safety) : 신속하고 위생적으로 처리

- 위생(sanitation) : 청결한 관리 → 개인위생 및 주변 시설관리

- 지각(sense) : 배열, 진열, 특성별로 합리적으로 운영

(10) 재고관리

- 식재료 구매관리 : 최소구매량/효율적인 회전율
- 저장 및 보관관리 : 적정재고유지 → 식재료 손실 최소화
- 출고관리
  - 물품명세서의 신속한 처리 → 시간적 한계 정하기
  - 규격 및 무게에 대한 정확한 기록
  - 식재료 청구서 처리 → 제출된 순서에 입각
  - 형태별, 종류별로 별도 집계 관리

① 재고관리의 목적
- 고객에 대한 서비스 수준 향상
- 조리와 판매기능 확립
- 재고투자의 적정화
- 안전도 확보
- 적정량의 유지
- 품질관리의 향상

② 식재료의 구매 후 냉장 및 냉동고 보관 절차

고품질의 식재료를 구매하였다 하더라도 구매 후 관리가 제대로 이루어지지 않는다면 좋은 품질의 요리를 만들어 낼 수 없으며 결국 고객이 원하는 음식을 제공하는 것은 불가능할 것이다.

구매 후 식재료를 잘 관리하기 위해서는 우선 반입된 식재료를 신속하고 위생적으로 처리할 수 있는 공간이 필요한데 아무리 좋은 품질의 식재료라고 하더라도 반입과 검수를 위한 공간이 협소하거나 위생적인 시설이 갖춰진 공간이 아니라면 좋은 품질을 유지하기는 어려울 것이다. 따라서 식재료를 반입할 수 있는 충분한 공간과 검수 후 신속하게 보관·저장할 수 있도록 냉장/냉동 또는 건자재 창고를 주방과 반입장 사이에 두도록 한다.

초기에 반입된 식재료는 대부분 전처리가 되어 있지 않은 상태로, 특히 흙이나 이물질이 묻은 상태일 가능성이 있을 수 있다. 따라서 처음 받은 식재료를 저장하는 냉장/

냉동 및 저장고에 대한 청소 및 보관 위생관리는 철저하게 관리되어야 한다.

일반적으로 대형 냉장/냉동[워크인 냉장고(walk-in refrigerator) 형태] 및 건자재 창고에서 보관된 물품은 기본적인 전처리 후 주방 내에 있는 냉장/냉동[리치인 냉장고(reach-in refrigerator) 형태]으로 이동된다. 식재료에 대한 전처리 과정을 신속하고 위생적으로 이루어지도록 하며 메뉴나 하루의 판매량을 기준으로 가능하면 재고처리가 안 되는 양이나 수량으로 식재료를 주문하도록 한다.

마지막 과정은 준비된 식재료를 요리하는 과정에서 그때그때 사용할 수 있도록 테이블 냉장고로 이동하게 된다. 테이블 냉장고에 보관된 식재료들은 바로 조리를 하거나 접시에 담을 수 있는 상태로 완료된 식재료들이 보관되어진다. 그림 5-7과 같이 식재료의 크기, 용량에 따라 또는 조리하는 과정에 따라 옮겨지면서 주방냉장/냉동고는 소규모화된다. 이 과정에서 식재료 역시 점차 크기가 작아지고 분할되게 되는데 이에 따른 위생적인 관리와 유통기한 확인이 요구되며 체계적인 재고조사와 구매계획이 반드시 필요하다.

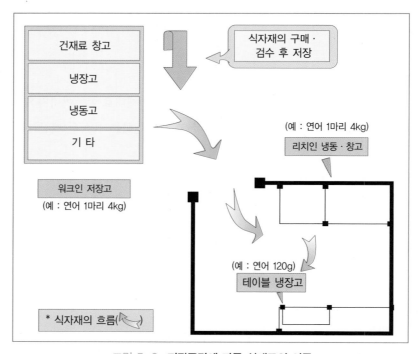

그림 5-6 **저장공간에 따른 식재료의 이동**

(11) 조리관리

구매과정을 거친 식재료들은 조리과정을 거치게 된다. 조리과정은 물리적 조작, 조리적 조작, 화학적 조작과정을 거쳐서 고객에게 제공하게 된다. 물리적 과정은 주로 전처리 과정에 속하는데 식재료를 닦고, 썻고, 자르는 등의 과정으로 싱크대, 워킹 테이블과 같은 시설을 갖춘 충분한 공간이 요구된다. 조리조작은 전처리 과정을 거친 식재료에 대한 본격적인 조리를 하는 과정으로 스토브, 오븐, 스팀기, 그릴 등의 각종 조리기구와 장비 그리고 이를 위한 다양한 설비가 필요하며 이는 식당의 콘셉트, 메뉴의 종류 등에 따라 준비되어진다. 화학적 조작은 발효, 숙성과 같은 단계가 필요한 경우로 김치, 장류, 침채류, 치즈 등을 제조하기 위한 공간과 설비가 요구된다. 이상과 같은 과정을 거친 식재료들은 비로소 고객에게 제공된다.

주방의 구조, 장비 및 설비, 그리고 조리사의 선발과 인원배치 등은 조리조작과정에 따라 결정될 수 있다. 예를 들면 사과파이를 만들어서 판매하고 싶다면 물리적 조작과정(사과를 썻고 자르기)을 하기 위해서 요구되는 시설과 장비로는 수도시설과 싱크대, 워킹 테이블, 칼, 도마 등이 필요하다. 조리적 조작(사과소소)을 위한 시설로는 가스시설과 후드, 끓이기(Boil) 위한 가스레인지와 냄비가 준비되어야하고, 파이반죽을 만들기(물리적 조작) 위한 반죽기와 파이를 굽는(Baking) 조리조작을 위한 오븐이 필요하

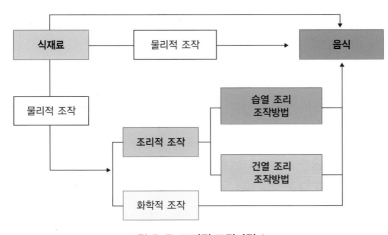

그림 5-7 **조리적 조작과정 1**

	씻기	씻기, 담그기
물리적 조작방법	혼합, 저어주기	혼합, 저어주기, 반죽하기, 거품 내기, 발라주기 자르기, 껍질 벗기기, 으깨기, (조개, 새우) 껍질까기, 깨주기
	자르기, 갈아주기	가루만들기
	으깨기, 걸러주기	압축하기, 짜기, 비 틀기, 걸러내기
	식혀주기, 얼리기	식혀주기, 얼리기
조리적 조작방법	습식	끓이다, 데치다, 찌다, 은근히 끓이다
	건식	볶아주다, 튀기다, 석쇠구이(Grill, Broil)
	빛/열 방출	전자레인지 사용
화학적 조작방법	분해하다	정제버터, 치즈
	발효	김치, 요거트, 빵
	응고	두부, 치즈, 젤라틴

그림 5-8 **조리조작 과정과 예시**

다. 물론 이 과정에서 시설이나 설비의 배치 그리고 적정한 인력을 위한 구성도 결정된다. 따라서 어떤 조리과정을 통해서 요리가 완성될 것인지를 알기 위해서는 조리적 조작과정을 잘 파악하는 것이 중요하다.

(12) 서비스관리

완성된 음식은 서비스관리에 의해서 고객에게 제공되는데, 이 과정에는 요리에 대한 이해와 지식을 가진 숙달된 웨이팅 스태프에 음식이 다루어져 고객에게 제공된다. 이 과정에서 웨이팅 스태프의 역할은 매우 중요하다.

레스토랑 비즈니스에서 가장 중요한 것은 음식이라는 상품이다. 요리라는 상품은 조리사에 의해서 완성되며 고객은 이를 소비하고 만족감에 상응하는 가치(돈)를 내놓을 것이다. 이 때 고객이 느끼는 만족감은 주방에서 준비한 음식의 맛, 향, 미적요소도 있으나 레스토랑의 인테리어, 음악, 향기, 분위기 등도 포함되며 그 중에서 가장 중요한 역할을 하는 것이 바로 서버(웨이팅 스텝: 웨이트리스, 웨이터)가 제공하는 서비스이다. 그래서 서버와 고객이 만나는 그 순간을 진실의 순간(MOT: Moment of Truth)이라 일컫는다. 아무리 유능한 조리사가 만든 요리를 제공하는 식당이라고 하더라도 고객을 직접 접하는 웨이팅 스텝의 서비스가 엉망이라면 고객의 만족감은 떨어질 것이며, 요리에 대한 평가도 제대로 받지 못할 것이다. 따라서 레스토랑의 운영에 있어서 서비스에 대한 관리는 매우 중요하다.

서비스 주요 활동으로는 다음 세 가지가 중요하다.

첫째, 준비과정(Mise en place)으로 고객을 맞이할 준비를 하는 것으로 고객 테이블의 정리정돈, 소금과 후추 채우기, 실버 웨어(silver ware: 포크와 나이프와 같은 식기류)와 접시 정리, 그밖에 고객이 사용한 소도구 및 소품을 정리하는 것이 포함된다.

둘째, 고객 서비스로 핵심적인 활동으로 고객이 안정된 상태에서 음식을 소비할 수 있도록 분위기를 조성하고 고객의 의향을 미리 파악하거나 요구하는 바를 신속하지만 편안하게 응대하도록 한다. 이는 고객이 레스토랑의 만족감을 표현하는 중요한 척도 중에 하나가 될 것이다. 오늘날 외식업의 수준은 보편화되어 특정 메뉴의 품질은 어느 정도 수준을 유지하고 있기 때문에 서비스의 수준이 그 식당의 수준을 평가한다고 할 수 있다. 레스토랑의 서비스는 웨이팅 스텝에 의해서만 제공되는 것이 아니라 조리사들도 서비스를 제공(오픈주방, 원테이블 식당)하는 경향이 많기 때문에 서비스 마인드나 지식을 잘 알아두어야 한다.

셋째는 판촉업무이다. 고객과의 접점에서 업무를 수행하고 고객의 취향, 기분, 상태를 잘 파악할 수 있기 때문에 고객에게 적절한 요리나 음료를 추천하는 등의 판촉활동을 통해서 레스토랑의 매출에 기여할 수 있다. 따라서 서비스를 제공하는 사람은 메뉴를 정확하게 파악할 뿐만 아니라 조리법, 식재료의 종류나 특성, 생산지, 음식의 적정한 온도와 구성, 음료에 대한 지식과 추천을 통해서 고객이 최상의 상태에서 요리와 음료를 시식할 수 있도록 함으로써 만족감을 최상으로 높일 수 있으며 추후 단골고객으로 만들 수 있다.

표 5-1 **서비스 스텝 직급과 주요업무**

직급	주요업무
총지배인(Maître d'hôtel)	전체부서의 서비스를 총괄하는 지배인
지배인(Head waiter)	특정 업장을 책임지는 지배인
캡틴(Captain)	대략 15~25명 고객의 테이블을 담당하는 책임 웨이팅 스텝
웨이팅 스텝(Front waiter)	대략 1~2년의 경력을 가진 훈련된 웨이팅 스텝으로 캡틴을 보조한다.
견습생(Apprentice)	훈련 중인 초급 웨이팅 스텝

※ 기타 특별한 직무

연회장 매니저(Banquet manger)	연회장을 책임지는 지배인
식음료 매니저(Food and Beverage Manger)	식음료를 구매하고 판매를 책임지는 지배인
와인 전문가(Wine steward or sommelier)	와인들을 추천, 판매하는 전문가
호스트(Host ro hostess)	고객을 맞이하고 자리를 안내하는 직원
바텐더(Bartender)	바에서 이루어지는 음료를 제조 판매하는 직원
Busboy	접시를 치우거나 접시 닦이 따위를 하며 웨이터를 돕기 위해 고용된 직원

출처 : Progressional Table Service, Sylvia meyer, Edy schmid, Christel Spuhler, Van Nostrand Reinhold, 1999.

03 주방의 시스템적 관리

주방은 일정한 공간을 유지하면서 그 공간 속에서 기물과 장비 및 조리인원들로 구성되어 있기 때문에 주방에서 이루어지는 일련의 생산과정을 체계적이고 조직적 틀 속에서 관리하는 것이 주방의 시스템적 관리이다. 또한 주방의 일정한 공간에서 고객에게 제공할 상품을 가장 경제적인 방법으로 생산하여 최대한의 이윤을 창출하는 데 요구되는 제한된 인적 자원과 물적 자원을 관리하는 과정이다.

1) 주방의 시스템적 사전관리의 내용

- 계획 초기에 설정된 주방의 크기와 위치결정
- 주방의 시설과 장비의 선정과 배치

- 저장고의 종류 및 크기와 위치결정
- 인원구성(주방조리사)
- 주방의 외적 환경 결정 등

2) 주방의 시스템적 실행관리의 내용

- 주방에 배치되어 있는 장비와 시설물관리
- 구매되는 식재료관리 및 검수, 저장, 출고관리
- 업장별 인원관리(주방조리사)
- 주방의 내적 환경관리 등

3) 주방관리기능의 세분화

- 고객이 기대하는 시간 내에 서비스를 제공할 수 있도록 주방시설 및 장비를 점검하는 기능
- 식재료의 불필요한 낭비를 막기 위한 정확한 수요예측이 요구되는 기능
- 주방위생, 시설위생, 개인위생관념 철저 : 반복적인 교육 프로그램 개발과 활용기능
- 주방의 업장별 크기와 용도에 따른 적재적소 배치의 기능

표 5-2 **주방의 분류**

구 분	지원 주방(support kitchen)	영업주방(business kitchen)
특 성	모든 요리의 기본과정을 통해 준비하여 각 업장으로 지원하는 주방	지원주방의 도움을 받아 각 업장별로 요리를 완성하여 제공하는 주방
종 류	• 메인주방(main kitchen) • 부처(butcher) • 제과제빵(pastry & bakery) • 아트룸(art room) ⇒	• 양식 • 한식 • 일식 • 커피숍 • 연회 • 뷔페 • 룸서비스

- 중앙공급식 주방과 분산식 주방의 관리기능을 설정, 각 기능별 업무분담 세분화
- 고객에게 제공되는 요리를 특성별로 구체화하여 생산할 수 있도록 지원(support kitchen)과 영업(business kitchen)주방의 관리기능을 최대한 활용

4) 주방의 조직

현대사회에 살고 있는 우리들은 과거와는 비교도 될 수 없을 정도로 다양한 조직 속에서 소속되거나 유기적인 관계를 유지하며 살아가고 있다.

주방 조직은 음식을 만들고 또는 고객에게 직접 서비스를 제공해야 하는 조직의 목적을 가지고 구성되어 있지만, 주방 조직은 인적 구성, 시설배치 및 운영 면에서 여타 다른 조직과는 매우 다른 성격을 지니고 있다.

주방 조직은 음식상품을 창출하는 중앙센터로서 주방 조직이 추구하는 목표는 유연성(flexibility), 조정성(modularity), 단순성(simplicity), 종사원 이동의 효율성(efficiencity), 위생, 관리의 용이성(easily), 공간 활용의 효율성 등을 고려해야 한다.

표 5-3 **주방의 조직 결정요인**

소프트웨어 결정요인	• 생산 • 업소의 형태 • 메뉴개발	• 구매 • 규모	• 인력관리 • 고객서비스 방법과 유형
하드웨어 결정요인	• 규모별 조직	• 부서별 조직	• 기능별 조직

04 주방의 위생과 안전

1) 주방 안전의 목적과 필요성

최근 들어 먹을거리 안전에 대한 범국민적인 관심이 고조되고 있다. 특히, 생활 수준의 향상과 외식인구의 증가 등으로 식품에 대한 질적인 평가에 있어서 위생과 안전에 대한 기대치가 매우 높다. 실제로 외식기업체에서는 조리시설이나 식재료 및 식품 그

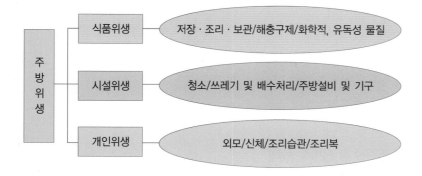

그림 5-9 **주방의 위생관리**

리고 종사원의 개인위생에 대한 철저한 관리를 위하여 많은 노력을 기울이고 있다. 특히 조리사는 주방의 모든 과정은 물론이고 고객에게 안전하고 쾌적한 식공간을 제공하기 위하여 식품·시설·개인에 대한 위생을 철저히 하여야 한다.

조리사는 주방에서 사용하고 있는 모든 장비와 기물 및 기기 등의 사용 및 안전을 위한 주의사항에 대하여 철저하게 숙지하여야 하며 사용 전후에 위생과 관리사항에 대해서도 철저한 교육이 따라야 한다. 특히, 주방에 사용되는 대부분의 장비나 기기 등은 식품과 직접적인 관계를 가지고 사용되기 때문에 위생관리의 소홀은 식중독과 같은 오염원의 직접적인 영향을 줄 수 있다.

또한 식당관계 종사원들은 정기적인 건강진단을 실시하며 개인위생 및 기타 위생관리에 대한 정기적인 교육을 통하여 안전하고 품질 좋은 음식을 제공하도록 하는 자세가 필요하다.

(1) 식재료

- 식재료 취급 시 위생관리 철저-이물질, 전염물질, 유해물질
- 음식상품의 질적 향상-고품질 유지, 유효기간
- 철저한 구매관리-제철품목구입, 재고조사
- 원가관리(원가절감의 원칙에 적용)

(2) 시설관리

- 안전사고 방지–시설물에 대한 이용법 및 관리 교육
- 장비 및 기물관리를 통한 경제적 수명 연장
- 작업 능률 향상–효과적인 인력관리
- 상품의 품질 유지

(3) 종사원(조리사 및 서비스 직원)

- 정신적 · 육체적인 건강유지 및 관리–정기적인 건강진단
- 쾌적한 주방환경–휴식공간, 충분한 작업공간, 적절한 환기
- 개인 안전관리–정기적인 안전교육 실시, 안전수칙

(4) 안전사고와 재해요인

- 주방시설 및 장비에 대한 지식 및 관리 소홀
- 시설사용 부주의 및 안전지식 결여
- 전기 및 가스 사용 부주의
- 정신적 · 육체적 스트레스
- 부적절한 시설 및 기구배치
- 조리기술 미숙

2) 위생관리 대상

주방의 업무는 식당업의 특성상 고객의 주문에 의하여 음식이 제공되기 때문에 시간적인 제약이 따르고 대부분의 식재료는 구매나 보관관리, 그리고 식재료의 특성에 따라 쉽게 변질되기 때문에 위생적인 관리가 매우 중요하다. 또한 주방의 업무가 한 사람에 의하여 완료되지 않으며, 한 가지의 조리법이나 기구에 의하여 완성되기보다는 순차적으로 여러 과정을 거치기 때문에 식재료의 흐름에 관련된 모든 조리사의 개인위생과 기구 및 기구에 대한 관리가 필수적이다. 또한 식당의 모든 공간에 대한 종합적인 위생관리가 요구된다.

비상사태 발생 시 행동지침(emergency procedures)

1. 침착성을 유지한다.
2. 사고발생장소 및 주변상황을 파악한다.
3. 주변사람에 알린다.
4. 현재 진행 중인 상황을 비상 시 관련부서(안전부, 관리실 등)로 신고하거나 소화전 발신기를 눌러 작동시킨다.
   - 사고의 종류(화재/폭발물/테러 등)
   - 사고발생장소
5. 조치 가능한 사항을 즉시 처리한다(그러나 절대 위험한 행동은 하지 않는다).
   - 화재 시 : 소화기 및 소화전을 사용하여 초기 진화한다.
   - 폭발물 발견 시 : 현장보존 및 보안유지
   * 주방 근무자는 즉시 주 가스밸브(main gas valve) 폐쇄시키고 가연물질을 제거한다.
6. 인명 피해 우려 시 신속하고 질서 있게 낮은 자세로 가까운 피난 계단을 이용하여 외부로 탈출한다.
7. 대피 시 엘리베이터 이용은 절대 금한다.
8. 안전한 장소로 대피 후 지휘계통을 통해 상황을 보고한다.
9. 건물 내부로의 진입은 상황 종료 시까지 통제권자의 지시 없이 절대 진입을 해서는 안 된다.

주방위생의 관리대상별 기준은 다음과 같다.

- 개인위생 : 정기적인 건강검진과 위생 및 안전교육 실시
- 시설 및 장비, 기구 : 정기적인 안전교육과 올바른 사용법, 위생적인 관리교육 실시
- 식재료 : 위생적인 보관 및 관리법과 올바른 조리법 교육 실시

3) 주방직원의 안전관리

주방 업무의 특성상 위험요소가 많은 칼과 불 그리고 무겁고 위험한 장비들을 사용하

표 5-4 **주방위생 및 안전관리 체크 항목**

구 분	체크 항목	비 고
개인위생	• 청결한 손과 두발, 위생적인 복장, 위생모 • 위생적인 개인 습관 • 전염병 소지가 없는 사람(정기적인 건강검진)	
식품류	• 식품에 대한 유통기한 확인 • 각 식품류에 대한 특성 및 관리에 대한 교육 • 식품에 대한 선입선출 여부 확인 • 정기적인 재고조사 실시	
장비 및 기기(기물) (냉장고, 오븐, 각종 기계류)	• 관리규정 준수 : 온도, 위치, 청소 및 정기적인 정비 • 사용 전후 관리규정 : 세척방법, 보관방법 • 안전관리 : 사용법 숙지, 정기적인 안전교육	
조리기구 및 소도구 (팬, 칼, 주걱 등)	• 세척 및 보관에 대한 위생적인 관리 • 정기적인 위생적인 소독처리 실시	
설비 (후드, 전기, 환기 등)	• 후드 : 정기적인 청소관리(기름때 제거), 작동 점검 • 전기 : 누전 등 안전관리 • 환기 : 환기시설에 대한 청소 및 작동여부 관리	
상 · 하수도	• 하수구와 그리스 트립(grease trip)의 정기적인 청소 • 수도 : 냉 · 온수 관리, 청소	
쓰레기	• 철저한 분리수거 관리 • 쓰레기 처리 부근의 위생적인 관리 • 음식물 쓰레기에 대한 위생적이고 안전한 처리관리	
바닥과 천장, 벽	• 바닥 : 수시청소와 물기제거, 미끄럼 등 안전관리 • 천장 : 정기적인 청소, 해충방제(거미줄), 전기선과 조명기구 관리 • 벽 : 정기적인 청소관리(액자, 기타 부착물관리)	
화장실 및 휴게실	• 여러 사람들이 사용하는 공동적인 공간의 청소 및 관리 철저, 특히 비누, 화장지, 건조대, 쓰레기통 등에 대한 위생적인 관리가 수시로 이루어져야 한다.	
소방안전시설	• 소화기의 개수, 위치 파악 및 사용법 숙지 • 소화기 작동 여부 확인 • 화재 시 행동요령 및 대피 교육실시	

여야 하는 환경에 조리사들은 노출되어 있다. 따라서 안전에 대한 교육과 관리가 충분히 이루어져야 하며, 만일의 사고에 대한 사후 대비도 철저하게 이루어져야 한다.

- 조리사는 불과 기름으로부터 안전한 조리복과 미끄럼 방지와 무거운 물건으로 안전을 지켜줄 수 있는 조리화를 착용하도록 한다.
- 조리사는 칼에 대한 관리에 주의하도록 항상 보이는 곳에 칼을 두며 올바른 자세로 칼을 사용하도록 한다.
- 조리사는 주방 내에 있는 모든 조리기구나 장비에 대한 안전한 사용지침을 반드시 숙지하도록 하여야 한다.
- 조리사는 항상 화상의 위험에 노출되어 있다. 따라서 기름을 이용한 조리를 할 때, 사용한 기름을 운반하거나 보관할 때 특히 안전에 유의하도록 한다.
- 다양한 장비와 설비가 전기 장치를 통하여 작동하게 된다. 따라서 조리사는 물기 있는 손으로 전기제품을 사용해서는 안 되며, 청소 시 전원 스위치나 콘센트 등에 대한 관리를 철저히 하도록 한다.
- 주방의 특성상 장기간 전열장비나 기구 등을 사용하게 된다. 필요 이상으로 온도가 올라간다든지 이상한 소음이 발생할 때는 신속히 보고하도록 한다.

- 주방에서 일어나는 사고 중 많은 부분이 손을 베거나 화상, 그리고 무거운 물건을 운반하는 과정에 사고라 할 수 있다. 따라서 이러한 사고 발생 시 신속하고 안전하게 처치할 수 있도록 비상 구급함, 비상 연락망, 근접한 병원 위치 확보, 보험처리 관리 등의 조치가 필요하며 정기적인 교육을 통하여 안전사고를 예방할 수 있도록 한다.
- 주방 업무는 여러 조리사들에 의해서 이루어진다. 따라서 안전 업무를 위해서 서로 간 업무나 안전에 대한 의사소통을 하도록 노력하며 정해진 지침을 반드시 숙지하고 지키도록 한다.

그림 5-10 **미국 R호텔의 안전 포스터**

05 원가관리

주방 설치의 궁극적인 목적은 영업을 통한 매출의 증대에 있다. 매출 증대는 구매한 식재료에 조리조작을 거쳐서 고객에게 적절한 서비스를 통하여 제공함으로써 이루어지게 된다. 이러한 전 과정에서 일어나는 가격 변화에 대한 관리를 하는 것을 식재료와 관련된 모든 경제적 가치의 변화와 관리를 하는 것을 원가관리라고 한다.

1) 원가관리 시스템

식당에서 원가관리는 구매계획에서부터 고객에게 상품이 전달될 때까지 전 과정에 대한 관리라고 하겠다. 이를 효율적으로 관리하기 위해서는 일련의 시스템적인 접근이 필요한데 이를 원가관리 시스템이라 한다.

기초적인 원가관리 시스템은 계획, 비교, 수정의 단계를 거치게 된다. 예를 들면, 어떠한 식재료를 구매하기 위한 원가계획은 이전에 적용된 원가, 거래처 간의 원가 등을 고려하여 계획을 세우고 상호 비교하여 현재 적용된 원가계획이 적정한 경우 실행을 하게 되고 만약 원가가 너무 높거나 부적절한 경우에는 수정하여 재계획을 세우게 된다. 각 과정별 단계에서 개선을 위한 사항들은 지속적으로 점검하여야 한다.

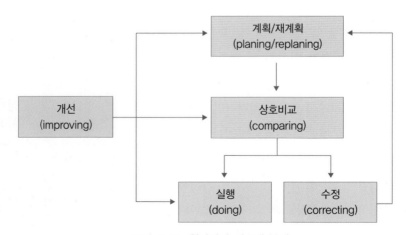

그림 5-11 **원가관리 시스템 분석**

원가관리 시스템은 영업을 위한 전 과정에서 계속적으로 이루어져서 효율적인 원가관리가 이루어지도록 하여야 한다.

2) 원가관리 방법

식당에서 이루어지는 원가관리는 일반적인 원가관리의 방법과 흡사하다. 다만 식재료는 쉽게 상하기 때문에 관리가 어렵고 계절적인 요소와 시장의 변화가 심하고 조리하는 과정을 거친다는 점 등의 특성을 가지고 있다.

일반적인 원가관리 방법을 살펴보면 그림 5-12와 같다. 직접적으로 사용되는 재료비와 인건비 및 경비를 포함해서 직접원가(기초원가)가 되며 여기에 제조를 위한 간접비를 넣으면 제조원가가 된다. 제조원가에 일반적인 관리비, 판매를 위한 간접비 및 직접비를 포함해서 총원가가 산출되며 여기에 이익을 포함하면 판매를 위한 가격이 된다.

주방에서 만들어지는 모든 음식에 대한 원가관리 방법은 일반적인 원가관리 방법과 같은 과정을 통하여 구하게 되는데, 특히 식당이라는 특성상 식재료를 이용한 판매수익과 원가를 각 메뉴에 따른 재료에 따라 계산하고 부문별로 원가분석을 하여 관리된다.

음식에 대한 원가관리는 단위별 생산원가를 기준으로 계산된다. 실질적으로 각각의 음식에 사용된 세부적인 재료들을 정확하게 원가에 포함시키기란 어렵다. 그러나

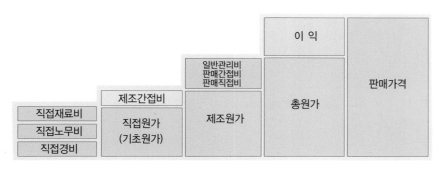

그림 5-12 **판매가격의 구성요소**

원가관리를 위한 가장 기초적인 자료이기 때문에 표준화하여 적용함으로써 효과적인 원가관리를 할 수 있다.

3) 표준 원가관리 방법

- 표준 구매명세서(standard cost control) : 구매하고자 하는 식재료에 대한 규격, 수량, 단위, 가격을 표기한다.

표 5-5 **표준 양목표의 예**

재료명	무게/수량/부피	단 위	구매가격(원)	산출률(%)	실제사용가격	단위당 총원가
쇠고기, 안심	100	g	10,000	%		

- 표준 양목표[standard recipes/산출량(%)] : 구매한 재료 중에서 불필요한 부분 (껍질, 씨 등)을 제거한 실제적으로 조리를 위해 사용되는 부분에 대한 비율을 표준 구매명세서상의 가격에 적용한다.

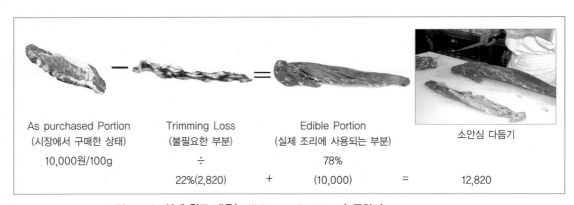

As purchased Portion
(시장에서 구매한 상태)
10,000원/100g

Trimming Loss
(불필요한 부분)
÷
22%(2,820)
+

Edible Portion
(실제 조리에 사용되는 부분)
78%
(10,000)
=

소안심 다듬기

12,820

그림 5-13 **실제 원료 내용(edible portion cost) 구하기**

표 5-6 실제원료 가격 구하기

재료명	무게/수량/부피	단 위	구매가격(원)	산출률(%)	실제사용가격	단위당 총원가
쇠고기, 안심	100	g	10,000	78%	12,820	

■ 레시피 총원가(total recipe cost) : 주 재료에 사용하고자 하는 기타 식재료를 더해 준다.

표 5-7 레시피 총원가 구하기

재료명	무게/수량/부피	단 위	구매가격(원)	산출률(%)	실제사용가격	단위당 총원가
쇠고기, 안심	100	g	10,000/100g	78%	12,820	12,820
양파, 당근	200	g	10,000/1kg	100%	10,000	2,000
						14,820

■ 1인당 표준 원가(standard portion cost) : 레시피가 4인분을 기준으로 작성되어 준비된 식재료의 경우 1인당 식재료를 원가계산의 기준으로 정하여 계산하기 위하여 1인당 표준원가를 구한다.

14,820(식재료 총원가) ÷ 4(레시피 작성 시 인분수) = 3,705(1인분 표준원가)

■ 표준 판매가격(satandard portion price) : 1인당 표준원가에 인건비, 직/간접비용 등과 이윤을 더해서 1인분당 판매가격을 결정하도록 한다.

3,705(1인당 표준원가/35%) + 인건비, 직/간접비용, 이윤(65%) = 10,585원(100%)

4) 가격결정

- 원가비율에 의한 가격결정(food cost percentage pricing)

> 1인분당 원가 ÷ 식재료 원가율 ⇒ 판매가격

예 돈가스 식재료비(2,800원) ÷ 27% = 10,370원

* 나머지 73%는 어떤 항목들에 대한 부분인가?

- 인건비 포함에 의한 원가와 판매가격(prime cost)

> 1인분당 원가 + 인건비 ÷ 식재료 원가율 ⇒ 판매가격

예 돈가스 식재료비(2,800원) + 400(인건비/개당) ÷ 27% = 11,851원

원가표(costing sheet)

식재료 원가표(food cost form)
- 가용부분의 양(원가) : 과일과 채소의 육류나 생선류의 가용부분의 원가(kg)
- 구입량(원가) : 원 상태나 부분적으로 다듬어진 상태의 과일, 채소, 육류 및 생선류
- 산출비율 : EPQ ÷ APQ × 100 : 먹을 수 있는 부분에 대한 비율
- 폐기된 부분 : APQ − EPQ
- 단위당 가용부위(원가) : = $\dfrac{\text{단위당 구매원가}}{\text{산출률}}$

표 5-8 Food Cost Sheet 작성 예시

Item(아이템) : Black Beans Soup				Food Cost % : 30%			
Serving Wt./Qt./Vol.(제공량) : 1컵				Selling price : 2,946원			
Portion Size(준비량) : 8인분				Cost per portion : 1,003원			
Ingredients :	Wt./Quant./Vol.			AP cost	Yield %	New Fab. Cost	Total Cost
	Each	Each	Each				
Black beans	500g			5,000/kg	100%	5,000	2,500
Chicken stock			2.5lt	500/lt	100%	500	1,250
Sachet		1		300/ea	100%	300	300
Bacon, diced	60g			17,000/kg	100%	17,000	1,020
Onion	120g			2,000/kg	85%	2,352	282
Garlic(1ea. = 1g)		2		7,000/kg	89%	7,865	16
Cumin seed, ground	2g			54/g	100%	54	108
Coriander, ground	2g			50/g	100%	50	100
Jalapeno pepper	90g			4,800/kg	80%	6,000	540
Oregano (5mL = 1g)			5mL	200/g	100%	200	200
Sherry vinegar(1T = 15mL)			2Tbsp	20/mL	100%	20	300
Salt			2g	4/g	100%	4	8
Lime wedges		0.8		1,200/ea	60%	2,000	250
Fresh cilantro, chopped	1g			200/g	100%	200	200
						Total Cost	7,074

Method :

1. 검은콩과 스톡 또는 물을 섞어 향초주머니(sachet)를 넣어서 뭉근하게 끓여 준다.

2. 양파와 마늘, 고추(Japapeno pepper)를 따로 오일에 볶아서 넣어 준다.

3. 큐민, 코리엔더, 오레가노를 넣어 준다.

4. 뚜껑을 덮어서 약 2~3시간 정도 뭉근하게 끓여 준다. 검은콩이 완전히 익으면 콩과 액체를 따로 분리해 둔다.

5. 준비된 콩의 절반 정도를 갈아준 다음 나머지 콩을 섞어서 다시 끓여주면서 간을 해준다.

6. 수프 볼에 수프를 담고 반달 모양으로 자른 라임과 고수 다진 것을 가니시로 올려 준다.

Approximate values per 6-fl.-oz. (180-mL) serving: Calories 70, Total fat 2g, Saturated fat 0g, Cholesterol 0mg, sodium 1,010mg, Total carbohydrates 9g, Protein 4g, Claims-low fat; no saturated fat; no cholesterol

표 5-9 **Food Cost Sheet 작성 연습**

Item(아이템) : Black Beans Soup				Food Cost % : 30%			
Serving Wt./Qt./Vol.(제공량) : 1컵				Selling price : 2,946원			
Portion Size(준비량) : 8인분				Cost per portion : 1,003원			
Ingredients :	Wt./Quant./Vol.			AP cost	Yield %	New Fab. Cost	Total Cost
	Each	Each	Each				
					%		
					%		
					%		
					%		
					%		
					%		
					%		
					%		
					%		
						Total Cost	7,074

Method :

06 손익분기점(break even point)[1]

매출액과 그 매출을 위해 소요된 모든 비용이 일치되는 점으로서, 투입된 비용을 완전히 회수할 수 있는 판매량이 얼마인가를 나타내 준다. 손익분기점 이상의 매출을 올리면 총수입의 증가분으로 인해 비로소 이익이 발생하게 되며, 판매량이 그 이하이면 총비용의 증가분으로 인해 손실이 발생한다. 이처럼 손익분기점은 초과이윤과 손실의 기준이 되기 때문에, 이익계획이나 경영분석 등에 널리 이용된다. 손익분기점을 도출하는 데에는 두 가지 산식이 이용되는데, 이를 위해서는 먼저 비용을 변동비용과 고정비용으로 분류해야 한다.

손익분기점(P) 계산식은 다음과 같다.

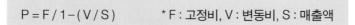

$$P = F / 1 - (V / S) \qquad *F : 고정비, V : 변동비, S : 매출액$$

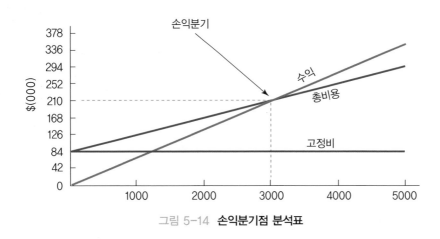

그림 5-14 **손익분기점 분석표**

고정비에는 개점·창업 시에 일시적으로 지출되는 부문이 있는가 하면, 매월 정기적으로 지출되는 부분도 있다. 즉, 보증금, 권리금, 관련 시설·인테리어비 등과 같은

---

1) 손익분기점(break even point)이란 총매출과 그것을 위해 지출된 총비용이 일치되는 매출액을 의미한다. 즉, 일정기간의 매출액이 그 기간에 지출된 비용과 같아서 이익도 손실도 발생하지 않는 지점을 가리킨다.

항목은 일시에 지불되지만, 임차료나 재료비, 관리비 등은 매월 지출되게 된다. 손익분기점 계산에 있어 보증금이나 권리금 등은 은행에 입금하였을 때의 은행이율만큼의 금액을 매월 지출되는 비용으로 보면 되고, 시설 · 인테리어비 등에 들어간 비용은 감가상각비로 처리하면 된다. 예를 들어, 점포 임차기간이 2년이라면 총 시설비용(시설 · 인테리어비 등)을 24개월(2년)로 나눈 금액을 감가상각비로 계산하면 되는 것이다.

손익분기점 계산해 보기

김대박 씨는 올해 7월 그동안 다니던 회사를 그만 두고 한식당 '대박식당'을 개점하기로 했다. 상가밀집 지역의 중심에 1층 점포를 임차하였다.

점포의 임차기간은 2년이며 임차보증금 8,400만 원에 월임차료 200만 원, 권리금 4,800만 원을 주었다. 그리고 점포의 시설 · 인테리어비용으로 3,600만 원, 개점에 따른 기타 비용으로 1,200만 원, 종업원 4명을 고용하여 인건비로 600만 원, 수도 · 전기 · 광열비 등으로 100만 원의 지출이 필요하다고 할 경우 손익분기점 매출액은 얼마일까?

먼저, 비용별로 나누어 살펴보면 다음과 같다.

① 투자 내역

내 용	투자 금액(만 원)	매월 금리(만 원)	연 금리
임차보증금	8,400	70	연 10%
권리금	4,800	40	연 10%
시설 · 인테리어비	1,200	10	연 10%
기타 비용	1,200	10	연 10%
합 계	15,600	130	

② 고정비 내역

내 용	금액(만 원)
매월 금리	130
인건비	600
수도 · 전기 · 광열비	100
매월 임차료	200
감가상각비(2년)	50
합 계	1,080

③ 변동비 내역

내 용	변동 비율(%)
상품 원가율(음식)	40.0
소모품 비율(냅킨 등)	6.0
합 계	46.0

- 매월 금리 : (1,080×10%)/12개월＝90만 원
- 감가상각비 : 시설·인테리어비(1,200)/24개월＝50만 원
- 상품 원가율 : 음식의 마진율이 60%라면 상품 원가율은 40%가 된다.
- 소모품 비율 : 평균 소모품비/매출액

그럼 단계별로 공식을 대입하여 손익분기점 매출액을 계산하면,

- 고정비(F)＝1,080만 원
- 변동비율(V/S)＝0.46(46.0%)
- 손익분기점＝고정비/(1－변동비율)＝1,080/(1－0.46)＝20,000,000원(월)

결국 이 식당은 1개월에 적어도 2,000만 원의 매출액은 올려야 손실 없이 점포를 운영할 수 있게 된다.

　이 경우 손익분기점 이후 발생하는 초과 매출액을 전부 이익으로 보아서는 안 된다. 이익은 손익분기점 초과 매출액 중 변동비를 빼거나 총매출액에서 고정비와 변동비 합산 금액을 뺀 나머지 부분이 된다.

- 이익(G)＝매출액(S)＝[고정비(F)＋변동비(V)]
- 매출액 ＝ 이익

예를 들어, 월 1,000만 원의 순이익을 남기려면

20,000,000원＋(1,000만 원×100/54)＝20,000,000원＋18,518,518원＝38,518518원

38,518,518원/30＝12,83,951원(1일 목표매출)

38,518,518원/7,000원(객단가)＝5,502명(월 목표방문고객수)

5,502명/30＝183명(1일 목표 방문고객수)

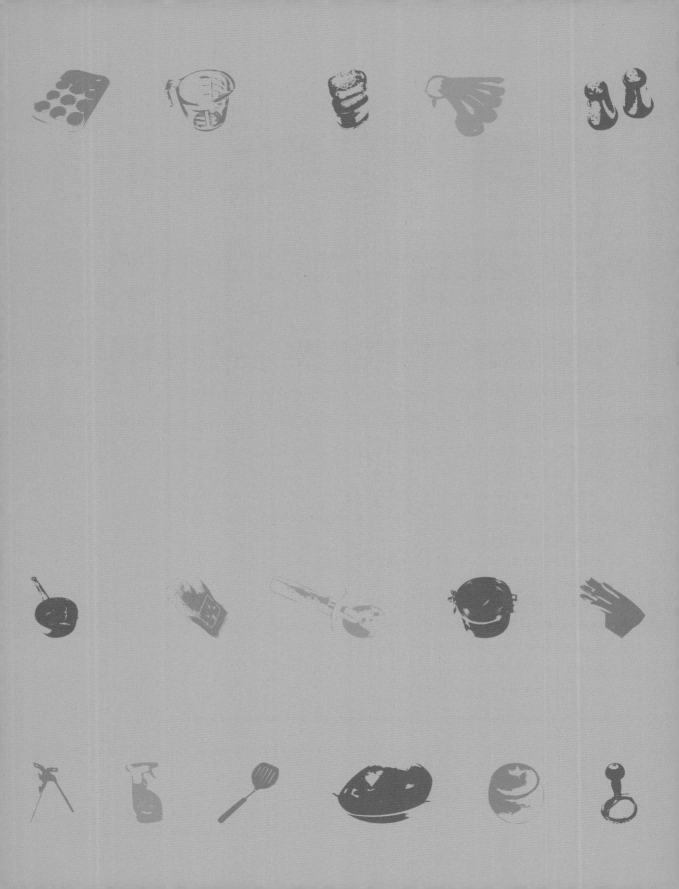

CHAPTER 6

주방의 형태 및 공간구조

CHAPTER 6
주방의 형태 및 공간구조

01 주방의 형태

1) 조리과정상에 따른 분류

주방은 음식의 상품가치를 높여서 고객에게 제공되는 과정이 진행되는 장소로 음식의 수량, 서비스의 형태, 상품가격, 서비스 시간 등에 따라 다음과 같이 주방의 형태를 나눌 수 있다.

(1) 전통형 주방

식재료의 구매, 준비, 조리, 마무리까지 같은 장소에서 함께 이루어지는 형태로 소규모의 식당 운영에 적합한 주방이다(예: 전형적인 가정집 형태의 주방, 일반 개인 레스토랑).

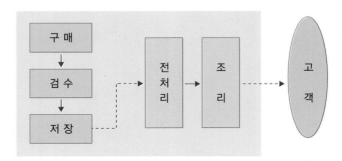

그림 6-1 **일반 식당의 주방**

(2) 혼합형 주방

비교적 대단위 규모의 주방에서 공동으로 준비 및 조리작업이 진행되어진다. 그러나 영업할 때는 각각의 구역이 분리된 공간에서 음식을 판매하는 형태이다. 즉 큰 단일 공간에서 공동 주방 형태인 중앙 메인 주방에서 공동으로 준비하여 한식, 양식, 일식 등 각 영업 공간에서 메뉴를 고객에게 제공하는 형태이다(예: 대학구내 식당, 고속도로 휴게소 식당).

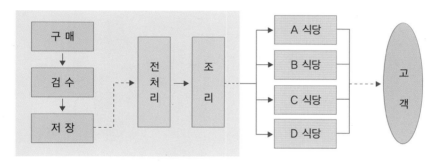

그림 6-2 **프렌차이즈식으로 운영되는 주방**

(3) 분리형 주방

기본적으로 한식, 양식, 중식, 일식, 제과제빵 등의 영업장이 존재하며 각각의 영업장에 공동의 식재료를 준가공 또는 완성된 형태로 제공하기 위하여 메인 주방을 두고 있는 형태이다. 지원주방(Support Kitchen: Main Kitchen, Central Kitchen)에서 영업주방(Business Kitchen)에

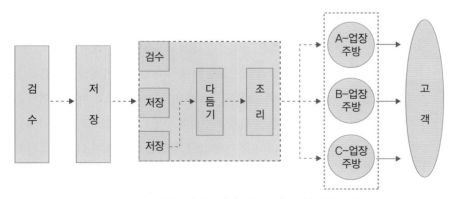

그림 6-3 **호텔 : 메인주방과 레스토랑 주방/연회 주방**

공급을 하는 형태로 호텔, 프랜차이즈, 단체급식이 여기에 해당한다고 할 수 있다.

(4) 편의형 주방

완전 또는 반 가공된 식재료 등을 구입하여 마무리 작업만 하는 형태(편의점 조리공간, 호텔의 라운지 주방)이다.

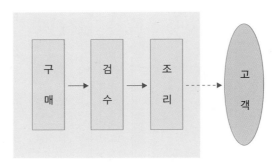

그림 6-4 **바/룸서비스/패스트푸드 주방**

(5) 공유주방

공유주방(Co-Working Space for food Business; Ghost kitchen: Shared kitchen)은 두 가지 형태로 구분할 수 있다.

첫째는, 여러 사람이 구획이 정해져 있지 않은 주방을 공동으로 사용하는 형태이다.

둘째는, 넓은 공간에 작은 규모(10~13m² : 3~4평)의 형태로 구분해서 각기 다른 목적을 가지고 이용하는 형태이다.

공유주방은 장기적인 경제침체와 외식환경의 변화로 인하여 배달업이 급격히 성장함에 따라 배달업의 특성상 주방은 필요하지만 굳이 홀(hall)은 필요가 없으며, 임대료가 비싼 지역이 아닌 비교적 저렴한 위치나 지역에 주방을 배치함으로써 창업에 대한 부담이 적다. 또한 서비스를 담당할 직원을 따로 고용하지 않아도 되기 때문에 초기투자 비용을 줄일 수 있다는 장점이 있다. 또한 오프라인(Off-line)에서 온라인(On-line) 시장이 확장되면서 플랫폼 서비스를 활용한 배달업은 더욱 성장할 것으로 보인다.

2) 규모에 따른 분류

식당의 크기는 홀과 주방의 크기별 규모에 따라 구분해 볼 수 있는데 규모가 작을수록 주방의 기능이 다양하게 사용될 수 있다. 즉, 각 부분별로 세분화되어 있지 않는데 그 이유로는 우선 메뉴의 종류가 다양하지 않고 단순화된 형태로 규모가 작기 때문에 전체 식당에서 주방이 차지하는 규모에 따라서 식단의 형태를 다음과 같이 정리해 볼 수 있다.

- 소규모 : 일반 레스토랑, 패스트푸드(소규모), 식당
- 중간 형태 : 대규모 패스트푸드, 패스트코트
- 대규모 형태 : 호텔, 연회

3) 조리법이나 국가별 형태에 따른 분류

주방의 조리시설이나 장비 등은 식당이 어떠한 스타일의 음식을 제공할 것인가에 따라 결정된다. 즉, 표 6-1에서 제시하고 있듯이 국가별 음식(cuisine)의 특성에 따라 특정한 시설과 장비가 갖추어져야만 메뉴를 제공할 수 있으며 결국 이러한 메뉴를 만들기 위한 적절한 주방의 공간이나 구조가 요구된다.

메뉴의 종류 → 필요 장비나 기구, 설비 → 설치 공간 결정 → 주방의 구조

예를 들면, 한식의 경우에는 다양한 찬류와 장류를 제공하기 때문에 이를 조리하거나 보관하기 위한 특별한 공간과 시설이 별도로 요구되며 갈비나 생선구이 등을 위해 특별히 제작된 화덕과 장비 그리고 숯불을 사용할 경우 불을 지피기 위한 공간과 안전장치가 마련되어야 할 것이다. 특히, 홀에서 고객이 직접 조리를 하는 경우라면 고객 테이블 위에 필요한 조리기구를 설치하여야 한다. 이와 같이 각 국가별 음식의 특성에 따라 요구되는 기구와 장비가 설치되어야 하는데 이탈리아 식당의 경우는 파스타를 만들고 조리하기 위한 특별한 공간과 설비 및 장비가 별도의 공간에 마련되어야 하며, 피자를 전문으로 할 경우는 규모에 따라 다르겠으나 장작을 준비해서 피자를 구워내는 대형 돌가마를 설치하기도 한다. 강력한 화력을 필요로 하는 중식요리의 경우는 높은 화력과 중식팬(wok)을 사용하기 편리하도록 고안된 화덕과 딤섬과 면을 만들기 위

표 6-1 **국가별 요리의 특성**

구 분	주화력	분 류		비 고
한식당	스토브 (stove)	반찬	김치	찬류을 위한 냉장시설과 구이용 열기구
			기타 찬류	
		더운요리	전	
			죽	
		후식		
양식당	스토브/오븐 (stove/oven)	Butcher		이탈리아 식당 : 파스타(pasta), 피자(pizza)
		Hot		
		Cold		
		Production		
		Pantry		
중식당	중국식 화덕	면판		딤섬(찜요리)
		칼판		
		불판		
		후식		
일식당	스토브 (stove)	초밥		스시 : 바(bar)의 형태로 별도로 주방 외부에 설치
		스시		
		더운 요리	찌개류	
			구이	
			튀김	
기타 국가의 식당	터키	케밥(kebab)		
	인도	탄도리(tandoori)		
	몽고	치가앙이데아		
	아르헨티나	아사도(assado)		
베이커리	오븐	빵		초콜릿/설탕공예를 위한 별도의 시설
		케이크		
		디저트		
		초콜릿		

한 공간과 고객을 위한 회전식 테이블이 설치되어져 있다. 또한 일식당에서 볼 수 있는 특별한 장비나 기구로는 우선 신선한 횟감을 보관할 수 있는 수족관과 회를 뜨고 처리할 있는 공간, 고객에 직접 음식(초밥과 생선회 등)을 제공할 수 있는 스시바와 같은 시설을 갖추어야 한다.

이와 같이 각 식당에서 제공되는 국가별 요리의 특징에 따라 필수적으로 요구되는 시설과 설비 그리고 장비와 도구가 있으며 이를 위한 공간배치를 위해서는 주방구조

표 6-2 **식당과 주방 간의 특성 및 형태**

국가별 항 목	한식	서양식	일식	중식
중심	소재 중심 맛을 중시	가열법 중심 향을 중시	소재 중심 색·형태	조미 중심 맛을 중시
유지	식물유	동물유	식물유	동식물유
조미	담백, 본래의 맛	소스 중심	담백, 본래의 맛	맛내기, 짙음
조리 형태	끓이기, 굽기, 볶기	삶기, 굽기, 볶기	생것, 굽기	삶기, 튀기기
주 재료	계절별 재료 쌀 및 곡류	고기와 생채소	계절별 재료	건조물, 보존재료
주 조리기구	솥	오븐, 팬	칼(사시미)	웍(wok)
불의 세기	중간	중 ~ 강	–	강
서빙 형태	동시	코스화	동시/코스화	동시/코스화

* 기 타 : • 이탈리아 : 파스타, 피자를 위한 오븐과 장비
      • 인디안 : 탄도리(Tandoori)오븐

에 대한 철저한 준비가 따라야 한다.

4) 업무 형태에 의한 분류

주방의 역할은 구체적으로 일정한 공간에서 음식을 만들어 판매할 수 있도록 생산적인 기능과 서비스적 기능을 유지하고 있다.

생산적인 기능의 내용은 각 업장별 영업의 형태에 따라 생산되는 메뉴의 종류가 다르기 때문에 기능에 따른 주방동선과 시설이 알맞아야 한다. 또한 서비스적 기능은 생산 메뉴에 따라 업장의 유형이 다르기 때문에 지원주방과 영업주방으로 나누어 분류하는 것이 적합하다.

(1) 지원주방(support kitchen)

지원주방의 대표적인 예로는 호텔의 메인주방과 대형 외식업체에서 운영하는 중앙공급식 주방(central kitchen)을 말할 수 있다. 메인주방은 중앙 공급식 주방의 형태로 대

량의 스톡(stock), 소스(sauce), 수프(soup), 육류와 생선류 등을 영업을 중심으로 하는 각각의 영업 주방에 제공하는 역할을 주로 수행한다. 따라서 메인주방은 다른 영업 주방에 기초 식재료를 제공하기 위하여 뜨거운 조리주방, 찬 조리주방, 육류나 어패류 처리, 빵과 페이스트리, 아트룸과 같은 세부적으로 구분된 주방을 가지고 있다. 메인 주방은 결혼식, 대형 행사를 위한 연회 및 파티를 직접 주관하거나 케터링(출장뷔페 /caterign) 업무를 담당하기도 한다. 따라서 메인주방은 수프, 소스를 생산하는 프로덕 션을 가지고 있으며, 연회를 위한 Hot, Cold 주방, 그리고 육류나 생선 및 어패류를 준 비하는 Butcher 주방으로 세분화되어 있다.

(2) 영업주방(business kitchen)

고객에게 직접 음식을 제공하여 영업 이익을 내도록 하는 식당에 포함된 주방이다. 따라서 영업장의 식재료 재고나 사정에 따라서 조리업무계획을 하는 데 반해 영업주방은 고객의 예약이나 방문에 따라서 조리업무를 계획하게 된다.

① 커피숍(coffee shop kitchen)

아침요리를 판매하기도 하고 음료, 커피 외에도 다양한 메뉴를 제공하고 있다.

② 연회주방(banquet kitchen)

특별히 독립된 주방을 가지고 있지 않기도 하며, 주로 메인주방에 의해서 운영되는 경우가 많으며, 상시적으로 운영될 경우에는 자체주방을 운영하기도 한다.

③ French, Italian, Chinese, Korean 주방

이런 종류의 주방들은 각기 목적에 맞는 특색을 지니고 있으며, 각 요리의 특성에 따라 주방의 배치나 장비들은 따로 설비된다.

(3) 주방의 기능에 의한 분류

지원주방과 영업주방에 따라 근본적인 근무의 형태나 조리시기 등이 다를 수 있다. 그러나 모든 주방은 hot, cold, butcher, past 등으로 부서별 고유의 기능에 따라 구분되어진다.

02 주방의 규모와 크기

1) 주방의 규모와 크기

호텔주방의 규모나 주방의 공간 확보율은 호텔 규모인 객실과 등급 수에 따라 상이한 차이가 있으나, 주방의 표준치를 설정하고자 했을 때 우선 조리사 한사람이 서서 일할 수 있는 공간 확보 비율에 기준을 둔다.

2) 작업공간연구

- 작업공간(work-space) : 적당한 공간배치계획(시설과 장비 및 기기의 배치)
- 인간공학적 설계 → 불합리한 작업활동 장기간 서서 작업/육체적 · 정신적 스트레스

3) 주방의 공간설비

주방의 작업공간을 설정하기 위한 계획단계에서 각 기능별 공간의 배분이 주방의 특성과 종류에 따라 세분시켜야 한다.

- 반입구역 및 검수공간
  - 차량 진입 용이
  - 식재료의 운반 용이
  - 충분한 저장 및 검수공간 확보
  - 주방이나 저장고와의 근거리 확보

디자인과 인간의 이동에 관한 글(archie kaplan)

움직임이란 인간에게는 자연스러운 상태이며 존재 그 자체이다. 인간의 생활 속에서 정지 상태란 없고 눈 깜박거림에서부터 활주에 이르기까지 사람은 자나 깨나 항상 움직이고 있다.

* 기능적인 인체지수(functional body dimension) : 인간이 일상생활 중 쉴 새 없이 기능적으로 움직이는 몸의 자세로부터 측정하는 것

- 저장 창고 : 식재료의 종류나 크기 등에 따른 세분화된 저장 창고 마련
- 전처리 구역 : 식재료를 씻고 다듬는 공간
  - 급수 및 배수시설 확보
  - 바닥의 재질이나 기울기
  - 충분한 공간 확보
- 온요리 구역
  - 스토브와 같은 열에 의한 조리기구의 배치
  - 내열과 내수재로 된 천장 및 기구 배치
  - 급배기시설
- 냉요리 구역
  - 냉장/냉동시설
  - 일정한 온도를 유지할 수 있는 시설 및 배치
  - 합리적인 조리 작업대 배치 : 정밀한 작업 요구
- 육류 및 어패류 구역
  - 냉장/냉동시설
  - 부처(butcher)를 위한 특별한 시설설치공간 확보
- 식기세척공간 설정
  - 상하수도시설
  - 급배수시설
- 주방사무실 및 라커룸, 화장실

4) 주방의 공간소요량 결정

P_{ij}=조리장비 j의 제품 생산율 i(단위/시간)

T_{ij}=조리장비 j의 제품 표준생산시간(시간/단위)

C_{ij}=조리장비 j의 제품 생산투입시간 i

n=제품의 수

M_{ij}=생산 기간중 조리장비 j의 소요대수

조리작업공간의 소요량을 결정하기 위해서는 소요장비에 대한 생산율을 계산하여야
한다.

$$Mj = \sum_{i=1}^{n} \frac{Pij \cdot Tij}{Cij}$$

소요작업자 수는 소요장비 대수의 계산과 같은 방법이다.

$$Aj = 작업\ j에\ 필요한\ 작업자\ 수$$

$$Aj = \sum_{i=1}^{n} \frac{Pij \cdot Tij}{Cij}$$

(1) 생산센터법(production center method)

생산공간센터(작업공간센터)는 일체의 장비와 그 부속시설(저장장비, 기물) 및 실질
적인 조리작업활동 공간 전체에 대한 바닥공간까지 포함한다.

총 공간 소요량=(유사한 장비 대수)×(장비공간 소요량)

장비 공간 소요량=장비 대 부속장비의 소요면적+작업면적+저장면적+복도면적

(2) 전환법(converting method)

현재 영업이 진행 중인 주방의 공간을 조사하여 현실적으로 적용이 적절한가를 판단하
여 적정 공간의 소요량을 산정한다. 유사한 업종이나 업태, 면적이나 건물의 형태, 구조
를 조사하여 잘 적용한다면 비교적 정확하게 새로운 주방에 전환시켜 적용할 수 있다.

(3) 개략적인 배치법(roughed-out lay out)

가상의 모형을 만들어서 장비나 설비의 배치에 따라 공간소요량을 추정하는 방법이다.
주방설계의 초기 단계에 대략적으로 장비나 설비 등에 대한 배치는 하는 방법으로 본
책자의 부록에 있는 기본적인 주방 설비 및 장비를 이용하여 주방의 규모, 인력이나
식재료의 동선을 고려하여 주방 면적 대비 어느 정도 공간이 소요되는지를 예측해 볼

수 있으나 전문성과 정확성이 떨어지기 때문에 나중에 세부적인 배치를 다시 하도록 한다.

(4) 공간표준법(space standard method)

전문가나 표준화된 모델, 성공적인 적용 사례를 근거로 표준을 설정하여 적용하기 때문에 정확성이 높고 실패의 확률이 적다. 그러나 전문가에게 의뢰할 경우 경제적인 부담이 되거나 성공사례의 다각적인 분석이 필요하며 표준화 설정하는 작업과 활용성 등을 충분히 고려하여야 한다.

5) 업종별 주방의 면적비율 산정

표 6-3 **주방의 표준면적(1인당)**

급식처/면적	(A) 주방면적(m²)	(B) 사무관리 · 후생시설	(A)+(B)의 합계
레스토랑	0.4m²/급식수 1식	0.2m²/급식수 1식	0.6m²/급식수 1식
학 교	0.1m²/학생 1인	0.03m²/학생 1인	0.13~0.18m²/1인 빵제조는 제외
공장 및 사업장	1/3×식당면적	(A)×1/2 이상	상당히 기계화됐을 때
병 원	0.5~1.0m²/1침대	0.25~0.3m²/1침대	0.75~1.3m²/1침대
호 텔	0.5m²/식수인원	0.7m²/식수인원	0.1m²
기숙사	0.3m²/기숙생 1인	0.15m²/기숙생 1인	0.45m² 내외/기숙생 1인

업 종	인/m²	좌석회전율	주방면적(%)	식당면적(%)
고급레스토랑	0.50	5~6	35~45	55~65
중국식 음식점	0.53	5~6	25~35	65~75
일본식 음식점	0.50	4~5	25~35	65~75
스테이크 하우스	0.55	2~5	20~30	70~80
호프집	0.58	0.5~3	15~20	80~85
이탈리아 레스토랑	0.53	2~3	25~30	70~75
일반 대중식당	0.8	2~3	15~20	80~85

표 6-4 **식당면적에 대한 주방면적비율**

업 태	주방면적
패밀리레스토랑	40~80%
요리주점, 선술집	18~30%
다방, 커피숍	15~20%
패스트푸드점	20~25%

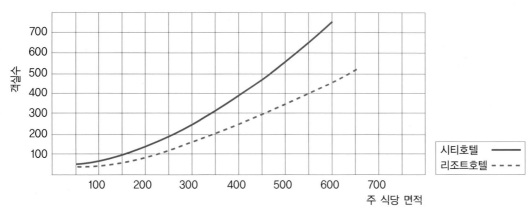

그림 6-5 **객실 수와 주 식당면적과의 관계**
출처 : 이갑조 역(1980). p. 134.

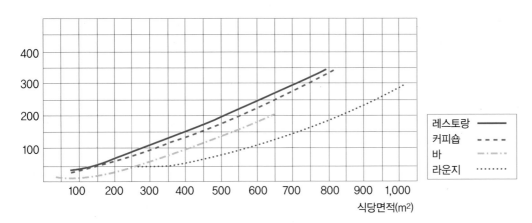

그림 6-6 **식당면적에 대한 주방면적비율**
출처 : 이갑조 역(1980). p. 134.

표 6-5 **주방의 표준면적(1인당)**

주방의 종류	사원 식당	공 장	병 원	학 교	호 텔	레스토랑
주방면적	(0.2~0.4m²)1.0	(0.16~2.0m²)1.0	(0.32~036m²)1.0	(0.16~0.2m²)1.0	(1.0~1.2m²)1.0	(0.4~0.6m²)1.0
식당면적	3.0~3.5m²	3.0~4.0m²	층별배선	3.0~3.5m²	2.0~3.5m²	2.5~3.0m²

주방구획 및 면적산출 방법

주방의 구획은 주거(住居) 및 기타 목적을 위하여 정해진 공간에 식재료 보관, 관리, 조리 등의 업무를 효과적이고 위생적으로 관리하기 위하여 벽 또는 칸막이를 이용하여 기능적인 조리 업무 수행을 위하여 공간을 정하도록 한다. 시설은 각각 사용목적에 따라서 작업이 구분되어서 행하여지는 경우 구획해서 식재의 처리, 조리가공, 세정 및 포장 등 각 실에서 행할 필요가 있지만 일관하여 행하여지는 경우에는 구획하지 않아도 좋다.

또한 면적을 구할 시, 식품제조장(조리장 포함)의 넓이를 결정하는 것은 여러 가지 요소가 생각되는 것으로서, 예를 들면 음식점 영업의 경우에 있어서는 손님의 수용수, 취급메뉴, 종류, 종업원수 등에 의해 결정하여야 하며 구체적으로는 다음과 같은 요소를 준비하여야 한다.

- 기계기구의 크기에 의한 경우

$$조리장의 넓이 = \frac{조리장의\ 면적}{기계기구의\ 표면적} + 2.0 \sim 3.0m^2$$

- 종업원수에 의한 경우 : 잉여면적이 종업원 1인당 3.3m², 인원 1명이 늘어나는 데 따라 1.7m²를 더한다.

표 6-6 시설설계 시 업태별 고려사항

구 분	확인 내용
호텔 (hotel)	• 객실의 규모 확인 • 호텔 내 다양한 시설(공연장, 연회장, 미술관 등)의 확인 • 주 식당, 연회장 및 각 식당의 자리 수를 확인(특별히 아침식사 등 룸서비스용 주방에 확인) • 연회장 주방은 대량요리가 가능하도록 설비를 한다. • 고·저온 요리의 저장설비, 조리를 위한 가공설비 및 독립된 검수 및 저장공간의 확보(건조/냉장/냉동의 특성 고려) • 제과점의 유무 및 제과종류를 고려한 설비
휴양소 (resort hotel)	• 숙박객의 식수를 점검 • 비수기와 성수기의 고객수 확인 • 각 매장의 종류를 확인 • 메뉴에 있어서 한·양식을 구분
레스토랑 (restaurant)	• 객석수를 확인 • 1인 해당객 단위를 점검(단, 단가에 의해서 회전율에 차가 있음) • 대중 레스토랑은 회전율 8~10회전/1day • 중급 레스토랑은 회전율 4~6회전/1day • 고급 레스토랑은 회전율 2~3회전/1day • 연회장 유무를 확인한다.
직원 식당 (employee kitchen)	• 인원 확인(급식) • 조·중·석식에 각 공식수를 확인한다. • 메뉴를 확인하고 우동·국수 등에 공식량을 점검한다. • 급식자 200인 이상일 때에는 소독·세척설비를 시설한다. • 식당면적은 1인당 $0.9m^2$가 필요하다.
카페테리아 (cafeterla)	• 메뉴를 확인한다. • 메인주방에서의 공급방식인지, 독립방식인지를 확인한다. • 객석수를 확인한다. • 설치면적을 확인한다.

6) 작업활동 범위

일반적으로 조리사 1인당 작업가능공간은 $1.39m^2$이다. 172cm의 남자 경우, 작업대 길이는 187cm, 작업대 높이는 78.1cm가 적당하다.

표 6-7 신장(키) 대비 최대작업영역

신장(cm)	길 이	높 이	면적(m²)	보통작업지역범위	최대작업지역범위
160	174	72.6	1.26	33.87	62.90
161	175	73.1	1.28	34.08	63.29
162	176	73.5	1.29	34.30	63.68
163	177	74	1.31	34.51	64.08
164	178	74.4	1.33	34.72	64.47
165	179	74.9	1.34	34.93	64.86
166	180	75.4	1.36	35.14	65.25
167	181	75.8	1.37	35.35	65.65
168	183	76.3	1.39	35.56	66.04
169	184	76.7	1.41	35.78	66.43
170	185	77.2	1.43	35.99	66.82
171	186	77.6	1.44	36.20	67.22
172	187	78.1	1.46	36.41	67.61
173	188	78.5	1.48	36.62	68.01
174	189	79	1.49	36.84	68.40
175	190	79.5	1.51	37.05	68.79

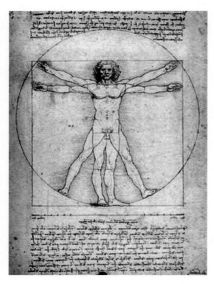
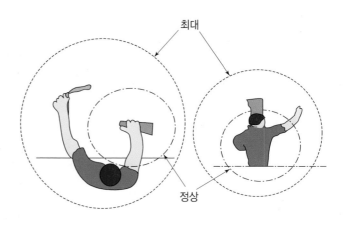

그림 6-7 작업자의 최대작업영역 및 적정활동영역

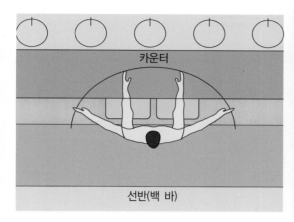

그림 6-8 **조리사의 효율적인 활동영역과 범위**

- 주방의 작업통로 공간 : 1.2m(기준 1.07m이나 15∼30cm 오차계산)
- 조리작업대 공간 : 표준 0.61m의 넓이 1.22m 길이
- 기물류 저장공간 : 조리작업 시 빈번하게 쓰이는 재료, 도구, 기구는 허리와 어깨 높이 정도 사이에 배치하는 것이 적당하다.
- 장비 받침대 높이 : 조리작업 준비작업대는 작업자의 팔꿈치 아래로 25∼30cm 이내
- 싱크대의 바닥 깊이 40∼45cm

오픈주방(open kitchen)의 장단점은 무엇인가

외식문화와 먹을거리에 대한 관심이 높아지면서 고객들은 자신의 선택한 음식이 어떻게 만들어지는지에 대한 궁금증을 가지고 있으며 또한 업체의 경우 고객에게 엔터테이너적인 요소를 가지고 신선한 음식을 직접 제공할 수 있다는 점에서 오픈주방을 마련하고 있다. 이는 특히 뷔페 전문점에서 흔히 볼 수 있다. 그러나 식생활 개선과 국민 건강에 민감한 고객들은 오픈주방의 위생 상태에 대해서도 매우 관심이 높다는 것을 잊어서는 안 될 것이다.

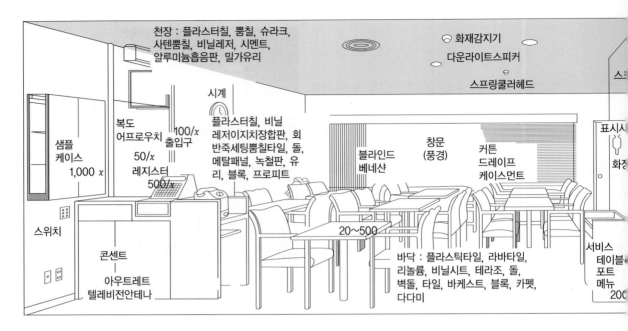

그림 6-9 공간구성의 엘리먼트와 체크포인트
출처 : 이갑조 역(1980). p. 135.

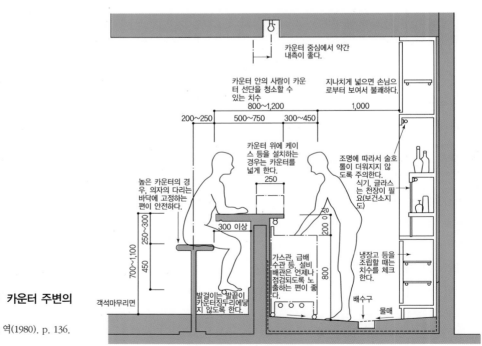

**그림 6-10 카운터 주변의
체크포인트**
출처 : 이갑조 역(1980). p. 136.

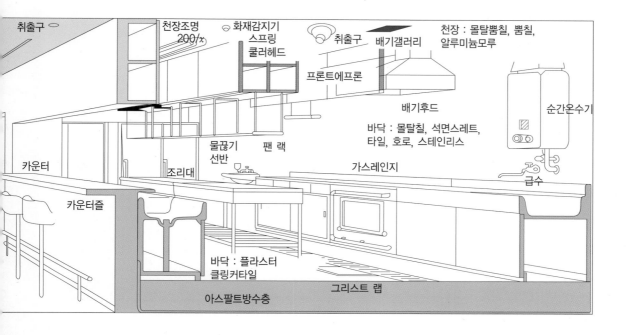

호텔의 일반적인 사항

호텔 등에 있어서 보조주방(pantry kitchen : 식품저장실)은 실질적인 조리 업무를 하는 주방과 비교할 때 예비 작업을 하는 예비주방이다. 재료의 구입·검수·세정 등의 가공식품의 외부반출작업도 행하여지고 구입품에 대한 저장시설이 있으며 종업원의 출입 또는 후생시설과 관리를 위한 중요한 구획이다. 또한 식당에 접해 있는 보조주방을 준비실이라 칭하고 가공된 식품을 반출하는 장소로 매니저 사무실 등이 포함될 수 있으며 이와 관련된 업무를 처리하는 관리적인 부분이 행하여진다.

메인주방과 같이 재료창고(상온·저온, 냉장·냉동) 식기창고·취사용품 창고·잡품창고 반송기구를 조작하는 조작실·운반차 보관 및 종업원의 후생시설(탈의실·위생실·휴게실·샤워실)·사무실·각종 기계 동력실 등이 포함되며 이와 관련된 작업을 처리하도록 되어 있다.

CHAPTER 7

주방의 일반적 개요

CHAPTER 7
주방의 장비와 기구

01 주방의 시설 및 설비

주방은 조리업무를 수행하는 공간으로 주방의 내부는 조리인력에 의해 운영되는 장비 및 기구 그리고 시설로 구성되어 있다. 초기에는 주로 인력에 의존하여 조리작업을 수행함으로써 조리사의 기술과 지식에 따라 조리작업의 효율성이 평가되었으며, 이러한 노동집약적인 주방구조는 업무에 따른 노동력이 많이 요구되는 형태였을 것으로 보인다. 그러나 산업혁명과 과학의 발전으로 새로운 기구나 장비가 등장했으며 이러한 변화는 주방환경에도 영향을 주어 장비들이 자동화됨으로써 단위면적당 생산량 증가로 대량생산과 표준화된 제품 생산이 가능해졌다. 또한 불이나 기름을 다루거나 절단하는 등의 위험작업을 직접 수행하지 않고 기계를 이용함으로써 조리업무에 있어서 안전성을 확보할 수 있게 되었다. 물론 이러한 기계화와 자동화의 영향으로 조리사의 기술·지식적인 퇴보를 가져오거나 조리사의 일자리가 축소되는 부분도 있으나 인류의 진보에 따른 발전과 진화는 거스를 수 없는 부분이라 하겠다.

조리시설과 장비의 첨단 현대화는 호텔이나 레스토랑의 경쟁력과 관련이 깊다고 생각할 수 있다. 그러나 모든 레스토랑이 현대화된 시설을 갖추어야만 성공을 보장받는 것은 아니다. 레스토랑의 콘셉트와 메뉴 그리고 예산 등을 충분히 반영하여 적절한 시설과 장비를 갖추는 것이 중요하다고 하겠다. 또한 조리시설과 장비는 천차만별로 다양하기 때문에 어떠한 주방에 어떠한 시설과 장비를 배치를 하고 어떻게 운영하느냐가 매우 중요하다. 따라서 주방의 장비와 기물은 조리사들이 주로 사용하게 되므로 구매 전에 장비나 기물의 용도, 기능, 크기, 사용법, 청소 및 관리의 용이성 그리고 주방의 전체적인 분위기나 구조, 사용 면적 등을 충분히 고려하여 구입 결정을 내리도록 한다. 또한 조리사들은 장비나 기물을 사용하는 당사자임으로 메뉴별로 장비나 기물을 어떻게 사용할 것인지를 가상으로 시뮬레이션해 봄으로써 필요성과 사용 시 문제점을 사전에 점검할 수 있다.

표 7-1 **식재료의 흐름과 업무 특성 및 시설**

조리업무상 분류	업무특성	시 설	공통시설
반입 (take in)	접근 용이성 및 편리성/창고입고 운반 동선 공간 확보 이동거리의 축소 및 용이성	• 로딩독(loading dock) 설치 • 주차공간확보	급수와 배수 시설 전기설비 조명 후드시설 환기시설
검수 (inspection)	구매된 물건에 대한 품질, 수량 등에 대한 검사를 실시한다.	• 저울 • 검수대	
저장 (storage)	검수가 된 식재료 및 물품 등에 대한 저장을 하는 업무를 담당하게 되는데 각 식재료의 특성과 저장방법을 잘 숙지하고 올바르게 보관해야 한다.	• 건조창고 • 냉동고 • 냉장고 • 기타 특수한 물품 보관창고(와인, 급속냉동품 등)	
씻기 (washing)	식재료를 세척함으로써 청결하고 위생적인 상태로 만들어 준다.	• 싱크대 • 냉 · 온수시설 • 세척기	
전처리 (preparation)	세척된 식재료를 메뉴의 종류에 따라 크기, 모양, 질감을 조리용도에 맞춰서 자르고, 갈고 해주는 업무를 한다.	• 작업선반 (working table)	
조리 (cooking)	메뉴에 따라 다양한 조리방법으로 조리를 하게 된다.	화덕, 오븐, 그릴, 스팀기 등	
담기 (presentation)	조리된 요리를 보기 좋게 담아서 웨이팅 스태프에게 제공한다.	작업선반(working table), 워머(warmer)	
제공 (pick-up)	웨이팅 스태프는 완성된 요리를 고객에게 전달하게 된다.		
설거지 (dish-wash)	조리 시에 사용된 조리기구나 용기를 세척하거나 식사가 끝난 식기나 실버웨어를 세척하게 된다.	식기 세척기	

표 7-2 **조리 관련 기타 필요시설**

구 분	내 용	
사무실	조리사의 업무는 요리를 만들어 내는 것과 더불어 메뉴개발, 원가관리, 직원관리, 구매, 홍보, 경영 등의 업무를 수행해야 한다.	컴퓨터 테이블과 의자 책장 등
화장실	조리사가 이용하는 화장실은 위생관리를 위한 특별한 관리가 필요하다.	변기 세면대 비누와 건조기 등
직원 휴게공간	조리사들을 위한 휴게공간이 필요하다.	책상과 의자 소파 등

최근에는 주방의 시설에는 주방도구 및 시설뿐만 아니라 조리사들이 각종 사무업무를 할 수 있는 사무실과 휴식과 회의를 할 수 있는 공간을 포함하는 것이 바람직하다고 하겠다. 이는 직원들이 느끼는 만족도가 업무의 능률이나 고객 만족도를 높이는 데 영향을 주고 있기 때문에 이 부분에 대한 중요성이 점차 높아지고 있다. 때문에 많은 레스토랑들이 이러한 시설을 갖추고 있다.

02 주방장비

인류가 최초 음식물을 효율적으로 섭취하기 위하여 작은 나뭇가지를 도구로 사용할 때부터 오늘날 최첨단의 디지털 시스템화된 조리장비로 갖추어지기까지 조리장비는 무수한 변화와 발전을 거듭해 오고 있다. 주방장비의 첨단화는 조리기술의 발전과 함께 변화되어 왔다. 즉, 기존의 조리법으로는 다룰 수 없는 재료들을 조리할 수 있게 되었고, 먹을거리의 다양화를 통하여 기호성을 높이는 데 기여해 왔다. 그러나 사람의 힘으로 할 수 있는 일들을 기계화에 의해 인력을 줄이는 경영의 효율성을 높일 수 있었으나 조리기술의 저하, 조리인력 감소 등의 문제점을 가져오기도 했다.

조리장비의 발전은 수많은 자연의 식재료들을 효과적으로 조리하여 식탁에 오르게 해주었다. 그러나 아무리 기능성과 효율성이 높은 장비라 하더라도 장비에 대한 정확한 이용법을 숙지하지 못한다면 그 기능을 제대로 발휘하기 어렵다. 뿐만 아니라 공간만 차지하는 천덕꾸러기가 되기 쉽다. 따라서 조리장비는 식당의 콘셉트, 메뉴, 주방의 공간과 구조, 장비의 사용빈도 등을 고려하여 결정해야 할 것이다. 표 7-3을 보고 조리 관련 장비의 종류와 특성에 관하여 알아보기로 하자.

그림 7-1 **더운 요리(hot cookery) 주방의 예**

표 7-3 **조리부서별로 사용되는 조리장비의 명칭과 특징**

조리업무	종 류	사 진
부처 (butcher)	**푸드 커터(food cutter)** 장비 내에 설치된 칼날(경크롬강, 스테인리스강)에 의하여 식재료를 잘게 자르거나 갈아 주는 용도로 사용된다. 사용 시 안전을 위해 덮개장치가 잘 되어 있으며, 분해 및 조립, 청소가 용이해야 한다. 예 로버 굽(robert coupe)	
	분쇄기(food chopper) 육류와 같은 식재료를 잘게 갈아 주는 용도로 사용된다. 나사형 분쇄기에 의해 갈린 식재료가 다양한 크기의 구멍을 가진 평판을 통해서 완성된다. 안정장치가 잘 구비되어 있고 분해 및 조립, 청소하기 용이한 장비를 구입한다. 예 버팔로 찹퍼(buffalo chopper)	
	슬라이서(slicer) 육류를 용도에 맞도록 얇게 슬라이스하는 데 주로 사용된다. 위험한 장비로 사용 전에 반드시 안전수칙과 사용법을 익히도록 하며 사용 후 청소 및 관리방법을 따르도록 한다.	
	뼈 절단기(bone saw) 고기와 뼈를 절단할 수 있도록 톱날이 수직으로 설치된 장치로 안전수칙을 반드시 지키도록 사전교육이 꼭 필요한 위험한 장비이다. 따라서 작업이 편리하고 청소가 용이하도록 안전한 장소에 설치하고, 안전덮개나 톱날 청소를 위한 분해 및 조립이 편리하여야 한다.	

(계속)

조리업무	종류	사 진
부처 (butcher)	**훈연기(smoker)** 훈제연어, 훈제햄 등을 만들기 위한 장비로 훈제하기 위한 식재료를 놓거나 거는 장치와 훈연을 위해 불을 지피는 장치가 아랫부분에 있다. 불을 피우고 연기가 많이 발생하기 때문에 특정한 장소를 정해서 설치하도록 한다.	
	제빙기(ice machine) 제빙기는 일반주방과 제과에서도 많이 사용되며 특히, 부처에서 어패류를 저장하는 데 많이 사용된다. 주사위만한 크기의 얼음을 자동으로 만들어 내는 기계장치이다.	
프로덕션 (production)	**스팀 팟(steam pot)** 보일러의 증기압력을 이용해서 작동되는 장비로 대용량의 스톡, 수프, 소스를 만드는 데 주로 사용된다. 본 장비는 고정되어 있기 때문에 근접한 위치에 수도 및 배수시설을 설치하도록 한다.	
	쿨링 머신(cooling machine) 프로덕션에서 만들어진 다양한 스톡, 소스, 수프 등을 식혀서 보관하기 쉽도록 차가운 물의 순환을 이용하여 식힐 수 있도록 만들어 내는 장치이다.	
더운 요리 주방	**오븐(oven)**	
	레인지오븐(range oven) 더운 요리를 준비할 때 사용빈도가 가장 높은 장비로서 윗부분은 화덕(range)으로 되어 있고 아랫부분에는 오븐이 장착되어 있다. 오븐은 일반오븐과 팬을 장착한 컨벡션오븐의 형태로 부착이 된다. 오븐의 주요 용도는 굽기(roasting, baking)용이다.	
	컨벡션오븐(convection oven) 예열된 공기를 팬을 이용하여 순환시킴으로써 비교적 낮은 온도에서도 짧은 시간 내에 조리가 가능하기 때문에 식재료의 수축률을 최소화할 수 있다는 장점을 가지고 있다.	

(계속)

조리업무	종 류	사 진
더운 요리 주방	**회전식오븐(revolving-try oven)** 오븐 내에 회전하는 틀에 설치된 팬을 이용해서 조리를 하게 된다. 다양한 요리를 동시에 진행할 수 있다는 장점이 있으며 단체급식용으로 많이 사용된다.	
	전자레인지오븐(microwave oven) 적외선을 이용한 오븐은 음식물에 직접적인 방사를 통하여 조리가 된다. 손쉽고 빠르게 조리가 진행된다는 장점을 가지고 있으나 색을 내주는 조리는 불가능하며 건조되기가 쉽다.	
	가스레인지(gas range)	
	가스오븐레인지(gas oven range) 주방에서 가장 많이 사용되는 중심이 되는 화력으로 가스의 화력을 이용한 볶음, 구이, 튀김, 삶기, 찜 등의 다양한 조리를 할 수 있다. 일반적으로 상부에는 가스레인지가 하부에는 오븐을 부착한 형태가 많다. 또한 가스레인지는 버너가 1열, 또는 2열, 3열로 구분되며 대형구조 여러 개의 버너가 설치된 대형레인지도 사용된다.	
	가스테이블레인지(gas table range) 일반적으로 단체급식이나 외식업체에서 저렴하게 사용되는 레인지로 가스오븐레인지 형태에서 오븐을 제외한 구조를 가지고 있다.	
	가스낮은레인지(gas low range) 대용량의 조리가 요구되는 스톡이나 소스, 수프와 같은 요리를 할 때 주로 사용되는데, 가스테이블레인지(850mm)보다 낮아 무거운 용기를 올리고 내리기 용이하도록 높이(400mm)가 낮으며 보통 3개 이상의 버너가 설치되어 있다.	
	가스레인지그리들(gas range griddle) 조리작업이 이루어지는 상판이 1cm 이상의 주철, 강철 또는 알루미늄 재질로 설치된 형태이다. 주로 전, 버거, 팬케이크와 같은 지짐요리를 한다.	

(계속)

조리업무	종류	사진
더운 요리 주방	**다용도 조리기(braising pan)** 조림, 볶음, 구이, 튀김, 데치기, 끓이기 등의 다양한 조리법이 가능하도록 편리하게 만들어진 형태로 그리들 형태에서 사방이 막혀져서 국물요리를 할 수 있도록 하였다.	
	그릴러(griller) 구이요리에 주로 사용되는 조리기구로 화력이 아래에서 위로 전달되면서 주철을 가열하여 조리하고자 하는 식재료에 격자모양을 만들어 준다. 조리과정 중 기름이 아래 방향으로 떨어지기 쉽기 때문에 지방이 눌러 붙지 않도록 청소를 잘 해야 하며 배기시설을 잘 갖추도록 한다.	
	브로일러(broiler) 그릴과는 달리 화력이 위에서 아래로 전달되며 복사열에 의해서 조리가 이루어진다. 일반적으로 아랫부분에 오븐이 설치되어 있다. 또한 조리 시 석쇠를 사용하여 그릴과 같이 격자모양을 내도록 한다.	
	살라만더(salamander) 소형 브로일러라 할 수 있다. 빵 굽기, 그라탱(gratin)과 같이 색을 내거나 생선과 같이 비교적 작은 크기의 구이를 할 때 사용된다.	
	튀김기(deep fryer) 각종 식재료를 튀기는 용도로 사용되는 장비이다. 다량의 오일을 사용하기 때문에 온도자동조절, 세척의 편의성, 안정성 등이 고려된 장비를 선택한다.	
	중화레인지(chinese range) 중국식 화덕을 설치하여 중식 팬(wok)을 사용하기 편리하도록 설치되었으며 중식의 조리적 특징인 단기간에 고화력을 낼 수 있도록 강력한 버너를 사용한다. 또한 조리 후 곧바로 팬을 세척할 수 있도록 화덕 옆에 설비가 마련되어 있다.	
베이커리 (bakery)	**반죽기(mixer)** 제과·제빵에서 가장 많이 사용되는 장비로 빵을 만들기 위한 밀가루와 그 밖에 재료들을 잘 혼합하는 데 사용한다. 믹서는 크기별로 구분이 되는데 이동하기 쉬운 것부터 바닥에 고정되도록 설치된 대형믹서까지 다양하다. • spiral type mixer　　• bench type mixer • floor type mixer	

(계속)

조리업무	종 류	사 진
베이커리 (bakery)	**데크오븐(deck oven)** 데크 위에 또 다른 데크 오븐이 올려져 있는 형태의 오븐이다. 오븐의 바닥은 니크롬 합금이나 세라믹 재질을 이루고 있으며 위·아랫부분이 모두 가열되거나 스팀이 발생하도록 장치된 것도 있다. 일반적으로 베이커리에서 사용되는 오븐이다.	
냉장·냉동시설	**워크인(walk in freezer & refrigerator)** 주방 내 또는 별도의 위치에 설치되어 있으며 대용량의 식재료를 장기간 보관할 때 주로 사용된다. 작업자가 출입이 가능하도록 대규모로 제작된다. 냉장 및 냉동고의 용량이 크고 고정되어야 하기 때문에 반입, 반출, 청소 및 배수관계 등이 용이하도록 사전계획을 잘 수립하도록 한다.	
	리치인(reach in freezer & refrigerator) 주방에 설치되어 식재료 보관하도록 한다. 작업자가 팔을 뻗어서 닿을 정도의 공간을 가진 냉장 및 냉동고로 보통 2~4개의 문을 가진 형태이다.	
	냉테이블(cold table) 조리작업을 할 수 있도록 허리높이 정도 아랫부분에 냉장 및 냉동고가 설치되어 있다. 주방의 업무 효율을 높이고 동선을 줄여 주는 역할을 한다. 일반 냉장고와 같이 문을 여닫는 스타일과 서랍이 설치되어 있는 것도 있다.	
	쇼케이스(show case) 외부에서 냉장고 내부의 식재료나 제품을 볼 수 있도록 한쪽 또는 양쪽으로 볼 수 있도록 되어 있거나 아니면 에어커튼(air curtain)을 문 대신 설치하여 냉기를 보존하는 등의 다양한 형태와 기능을 가지고 있다.	

화염이 없는 주방 1

조리사로서 주방에서 일하는 것에 대한 기쁨 중에 하나는 붉게 타오르는 화염 위에서 '챙챙'하고 팬을 돌리는 모습일지도 모른다. 아직 어린 학생들은 팬 위에 살짝 뿌려진 와인에 의해서 타오르는 불꽃에 열광을 하고 나도 저런 멋진 주방장이 되어야지 하고 결심하곤 한다. 그러나 이렇게 멋진 모습 뒤

에는 높은 열기와 그을음이 조리사의 건강을 해치는 원인이 되기도 한다. 최근 서울의 한 호텔 주방에서는 이런 화염을 발견할 수 없다. 스톡을 준비하는 스토브 하나를 제외한 대부분의 가스 스토브를 치우고 인덕션(induction)으로 교체하여 주방환경이 비교적 차분하고 쾌적함을 느낄 수 있었다. 물론 최신 시설을 갖추고 레스토랑 콘셉트나 메뉴 특성 등의 다양한 이유로 이러한 주방설비를 갖추는 것이 가능하였을 것이다. 미래의 주방은 우리가 상상하는 것처럼 불꽃이 타오르고, 축축한 바닥, 숨 막히는 열기와 소음이 없는 클래식이 흐르고 보송보송한 느낌이 있는 환경에서 일할 수 있는 날이 곧 다가오리라 상상해 본다.

03 시설관리의 목적 및 특성

다른 시설과 달리 주방시설은 식품(음식물)을 다루는 데 중점을 두고 있다. 따라서 주방시설관리의 주안점은 바로 위생이 전제되어야 함을 의미한다. 시설물이나 장비를 이용한 식품 제조 및 가공과정상의 위생적인 관리뿐만 아니라 시설 및 장비의 자체적인 위생관리와 환경적인 관리도 주의를 기울여야 할 것이다. 이를 위해서는 시설과 장비에 대한 관리자들이 책임과 의무감을 가질 수 있도록 관리절차를 마련하고 정기적인 교육과 훈련을 실시하며 조리작업 시 적절한 조리과정과 안전규칙 등에 관한 시스

템적인 관리를 하도록 하여야 한다.

모든 시설물과 장비들은 적절한 관리를 해주지 않는다면 지속적으로 제 기능을 유지하기 어려울 뿐만 아니라 식품의 오염원의 하나가 될 수 있다는 점에서 주의를 기울여야 한다.

시설 및 장비에 대한 관리 시 고려해야 할 부분들에 대하여 알아보자.

- 시설 및 장비는 일정한 공간을 차지하고 설치와 철거가 쉽지 않기 때문에 사전에 철저하게 필요성 여부를 파악하여 불필요하게 구입하는 일이 없도록 한다.
- 보유하고 있는 모든 장비나 시설에 대한 사용방법과 기능에 대하여 충분히 숙지하도록 하고 전문가의 지도하에 시험 운행을 해 보도록 한다.
- 정해진 작업 이외에 사용할 때는 전문가의 의견 없이 사용하지 않도록 한다.
- 정해진 용량이나 사용절차를 무시하거나 무리하게 사용하는 일이 없도록 한다.
- 시설이나 장비에서 이상한 소음이 나거나 형태가 변화되면 즉시 멈추고 적절한 조치를 취하도록 한다.
- 주방에는 여러 가지 전기를 이용한 기구들을 한꺼번에 사용할 수 있으므로 전기용량을 미리 확인하도록 한다.
- 전기제품은 조리나 청소 시 수분이 들어가지 않도록 주의하며, 물기 있는 손으로 코드를 만지거나 작동하는 등의 안전사고에 주의하도록 한다.
- 사용 후 즉시 청소를 하도록 하며, 분해해서 청소할 때에는 적절한 절차에 따라서 조립하도록 한다.
- 시설이나 장비의 재사용 시 청소여부나 조립이 잘 되어 있는지 확인한 후 사용하도록 한다.

04 조리용 소도구

오늘날 모든 산업에서 사용되는 기계와 장비들은 날로 다양하게 진화되고 있다. 기계나 장비가 가지고 있는 고유의 기능적인 우수성만을 가지고 시장에서 경쟁력을 유지하는 것은 거의 불가능한 시대이다. 같은 기능을 수행하는 기계나 장비라면 외형이나 색상 그리고 사용하기 편리하도록 디자인적인 요소가 매우 중요한 부분으로 여겨지고 있다. 특히, 현대적인 음식점들은 대부분 개방형 형태의 주방이기 때문에 조리를 위한 기계나 장비 그리고 조리사들이 다루는 소도구들이 고객에게 그대로 노출되게 된다. 따라서 고객의 입장에서는 주방의 인테리어적인 한 부분으로 간주되어지며 기계나 장비 그리고 소도구에 대한 위생적이고 안전한 관리가 반드시 요구된다.

소도구는 재질에 따라서 특성이 달리 나타나는데, 그 특성을 살펴보면 다음과 같다.

(1) 나무소재

나무소재는 고급스러운 이미지와 친자연적인 분위기를 만들어 주고 비교적 저렴하고 가벼워 사용하기에 편리할 수 있으나 위생 면에 있어서는 습기에 약하기 때문에 곰팡이나 기타 미생물이 발생할 위험이 있고 음식물 냄새나 얼룩이 생길 수 있으며 쉽게 마모되는 단점이 있다.

(2) 금속재료

① 스테인리스 스틸(stainless steel)

조리용 기계, 장비, 팬과 기타 소도구 등 일반적으로 주방에서 가장 많이 사용되는 금속성 재질이다. 강철, 니켈, 망간, 실리콘 등을 혼합하여 강도가 높고 변색 방지 처리가 되어 있으며 사용 후에도 청소나 관리가 비교적 용이하다. 산과 알칼리에 강한 내구성이 있어 보관용 기구로 많이 사용된다.

② 철(iron)

철은 무겁기 때문에 사용하기에는 다소 불편하고 사용 후 관리를 잘 못하면 녹이 슬기 때문에 수분을 완전히 제거한 후 오일을 칠해서 보관하도록 한다. 철은 열이 오래도록 보존되는 장점을 가지고 있다.

③ 알루미늄(aluminum)

열전도율이 높고 가벼우며 쉽게 부식되지 않는 장점을 가지고 있어서 조리용 팬이나 용기로 많이 사용된다. 그러나 산에 의한 부식이나 금속성 물질을 가지고 조리 시 긁힘에 의해 변색될 가능성이 있음으로 주의하여야 한다.

④ 구리와 놋쇠(cooper & brass)

구리는 열전도율이 높고 열에 강하기 때문에 주방기구의 바닥소재로 많이 사용되고 있으나, 고가이고 무겁고 관리가 어렵다는 단점 때문에 스테인리스의 등장과 더불어 사용이 제한되었다.

⑤ 유리와 사기(glass & china)

유리와 사기 재질의 조리기구는 잘 깨지는 단점으로 인해 일반적으로 불을 이용하는 조리기구보다는 알칼리나 산에 강하고 내부가 잘 보인다는 점 때문에 식재료를 담거나 섞거나 보관하는 용도로 많이 사용된다.

⑥ 플라스틱(plastics)

저렴하고 가벼우며 비교적 견고하며 색과 모양의 변화가 다양하다는 장점을 가지고 있어서 다양한 조리용 소도구로 많이 사용된다. 그러나 열에 약하기 때문에 사용 시 주의하도록 한다.

⑦ 실리콘(silicon)

최근에 사용 빈도가 높아진 실리콘은 열에도 강하고 색과 모양을 다양하게 만들 수 있으며 위생적으로 관리하기가 쉽기 때문에 붓, 몰드, 깔판 등의 조리용 소도구로 많이 사용된다.

표 7-4 **주방용 소도구**

구 분	명 칭	용 도	사 진
소도구 (small tool)	애플 코어 (apple core)	사과의 가운데 있는 씨 부분을 동그랗게 파 낼 때 사용한다.	
	박스형 강판 (box grater)	치즈나 감자와 같은 채소를 갈아낼 때 사용 되는데 네 가지 사이즈로 구멍이 나누어져 있다.	
	피시 스페툴라 (fish spatula)	생선을 그릴이나 팬에서 구울 때 쉽게 뒤집 을 수 있도록 평편한 형태로 되어 있다.	
	키친 포크 (kitchen fork)	로스팅(roasting) 또는 브레이징(braising) 과 같은 아이템을 조리할 때 뒤집거나 꺼낼 때 유용하게 사용되는 커다란 포크이다.	
	키친 스푼 (kitchen spoon) • slotted • solid	조리용 수저로서 음식을 저어주거나 뜰 때 등 다양한 용도로 사용되며, 수저의 면에 구멍이 있는 것과 없는 것 등 다양하다. 쇠 수저일 경우 코팅팬이 긁히는 경향이 있으 므로 주의한다.	
	레이들 (ladle)	조리용 국자, 다양한 크기의 국자가 용도에 따라 알맞게 쓰인다.	
	멜론 블럭 (melon baller)	멜론을 동그란 모양으로 도려내서 샐러드나 장식 등으로 사용한다.	
	파리지엔느 (parisienne)	멜론 볼러(melon baller)와 똑같은 용도로 사용되나 작은 크기로 무, 당근, 호박 등을 작은 구슬모양으로 도려내는 데 쓰인다.	
	오프셋 스페툴라 (offset spatula)	넓은 평면으로 음식을 팬 위에서 쉽게 뒤집 는 용도로 사용한다.	
	루버 스페툴라 (rubber spatula)	고무로 된 재질로 쉽게 구부러지기 때문에 소스나 수프 등을 깨끗하게 덜어낼 때 주로 사용한다.	
	필러 (peeler)	감자나 고구마 등의 껍질을 벗길 때 사용 한다.	
	스케일러 (scaler)	생선을 비늘을 벗겨낼 때 사용한다.	

계속

구 분	명 칭	용 도	사 진
소도구 (small tool)	스쿠프 (scoop)	아이스크림, 으깬 감자(mashed potatoes), 밥 등을 동그란 모양으로 뜰 때 사용한다.	
	스키머 (skimmer)	스톡이나 수프를 조리할 때 떠오르는 불순물이나 거품, 기름 등을 제거할 때 주로 사용한다.	
	스파이더 (spider)	채소 등을 삶을 때 또는 튀김요리를 할 경우 쉽게 요리를 건져 올릴 수 있도록 거미줄모양처럼 생겼다.	
	집게 (tong)	조리 시 흔히 사용되는 쇠로 된 집게이다.	
	휘퍼 (whipper, whisk)	생크림이나 달걀 등이 쉽게 쳐올리거나 잘 섞이도록 해주는 거품기를 말한다.	
	우든 스푼 (wooden spoon)	나무로 된 조리용 수저이다.	
	제스터 (zester)	레몬, 오렌지, 라임 등의 껍질을 길이로 벗겨서 요리에 쓸 수 있도록 해준다.	
	숫돌 (sharpening stone)	칼을 가는 목적으로 사용되는 숫돌	
거르는 도구 (strainer)	쉬느와즈 (chinois)	스톡이나 수프 등을 거르는 목적으로 사용하는 스테인리스 재질의 원뿔형 체이다.	
	차이나 캡 (china cap)	중국 모자와 같이 생긴 원뿔모양을 한 거르는 도구이다.	
	콜렌더 (colander)	채소나 국수 등을 삶을 때 물기가 쉽게 빠지도록 구멍을 만들어 놓은 기구이다.	
	치즈 클로스 (cheese cloth)	소스나 스톡을 곱게 거르거나 향신료를 사용할 때 감싸서 스톡에 넣도록 하는 용도 등으로 사용된다.	
팬과 냄비 (pots & pans)	스톡 팟 (stock pot)	육수(chicken stock, brown stock 등)를 뽑기 위해서 사용되는 커다란 냄비를 말한다.	

(계속)

구 분	명 칭	용 도	사 진
팬과 냄비 (pots & pans)	소스 팟 (sauce pot)	소스를 준비하거나 끓이는 용도로 사용된다.	
	소스 팬 (sauce pan)	소량의 소스를 준비하기 위하여 사용되는 팬 이다.	
	소테 팬 (saute pan, sauteuse)	강한 불을 이용하여 조리하는 데 용이하도록 되어 있으며, 팬의 테두리가 둥글게 처리되 어져 있다.	
	소트와르 (sautoir)	소테 팬과 똑같은 용도로 사용되나 테두리가 각을 가지고 있어 소스를 이용해서 조리를 하거나 보관하기에 용이하다.	
	오믈렛 팬 (omelet pan)	달걀요리(오믈렛)를 쉽게 할 수 있도록 작고 가벼우며 코팅처리가 잘 되어 있다.	
	크레프 팬 (crepe pan)	크레프 반죽이 고르게 익혀지도록 작고 코팅 이 잘 되어진 팬이다.	
	피시 포처 (fish poascher)	생선을 포칭(poaching)할 때 사용하도록 만 들어진 기구이다.	
	스티머 (steamer)	아래쪽에 물을 넣고 중간에 구멍이 있는 팬 을 두어 수증기가 위로 올라와서 채소나 생 선 등을 익히는 데 사용한다.	
	웍 (wok)	중식에서 주로 사용되는 팬으로 팬이 얇아서 빠르게 열이 전달되도록 만들어졌다.	
	파엘라 팬 (paella pan)	키가 낮으며 타원형의 형태로 무겁고 밑바닥 이 두꺼워 팬 프라잉과 같은 요리를 할 때 유 용하며 그리들(griddle)과 같은 역할을 한다.	
	그릴 팬 (grill pan)	스토브 위에서 그릴을 할 수 있도록 팬에 홈 이 파여서 스테이크나 생선에 그릴한 것과 똑같은 마크를 만들어 낼 수 있다.	

(계속)

구 분	명 칭	용 도	사 진
오븐용 팬과 냄비 (pots & pans)	로스팅 팬 (roasting pan)	오븐에서 로스트(roast)를 할 때, 사용되는 팬이다.	
	시트 팬 (sheet pan)	다양한 종류와 크기의 팬이 있는데, 물건을 보관하거나, 펼쳐 놓을 때 주로 사용한다.	
	호텔 팬 (hotel pan)	다양한 두께와 크기의 팬이 있으며 주로 식재료를 보관하기 위하여 사용된다.	
	벤 머리 (bain-marie)	소스나 수프 또는 식재료를 보관할 때 사용되는 용기이다.	
조리용 틀 (mold)	파테 몰드 (pate mold)	파테를 위해 사용되는 몰드이다.	
	테린 몰드 (terrine mold)	테린을 조리할 때 사용되는 몰드이다.	
	스페셜리 몰드 (specially mold)	다양한 모양과 형태로 구성된 몰드가 있다.	
	그라탱 디시 (gratin dish)	그라탱이나 파테를 만들기 위해 사용한다.	
	수플레 디시 (souffle dish)	수플레를 만들기 위해 사용하는 용기이다.	

화염이 없는 주방 2

세계에서 지진이 가장 많이 일어나는 국가 중 하나는 일본이다. 요즘 세계는 지진과 이로 인한 스나미의 공포로 떨고 있다. 그래서인지 일본의 특급호텔들은 언제 일어날지 모르는 지진을 대비하기 위하여 가스와 전기를 동시에 사용할 수 있도록 하는 조리시설을 갖춘다든지, 오른쪽 사진과 같이 전기를 이용한 열선인 코일을 이용한 스토브를 사용하고 있는 주방이 있다.

자연을 극복하려는 사람들의 의지는 원시인이 돌을 부딪쳐 만든 불을 시작으로 오늘날까지 꾸준히 계속되어 오고 있다. 이러한 인간의 노력은 자칫 자연을 극복하려는 의지가 오히려 자연을 파괴하여 인재라는 대재앙을 가져오는 예를 쉽게 볼 수 있다. 자연에 대항하기보다는 함께 공존해 나갈 수 있기를 바란다.

CHAPTER 8

주방설계 및 배치관리

CHAPTER 8
주방설계 및 배치관리

01 주방설계의 의의

외식시장의 성장 원인은 경제적인 성장과 더불어 맞벌이 부부의 증가, 여성의 사회참여 증대와 지위향상 등의 다양한 요인에 기인한다고 하겠다. 예전에 주방은 음식점 영업을 하기 위하여 음식을 제조하는 기능적인 측면이 강조되었다. 따라서 가능하면 고객에게 음식을 판매하여 수익을 창출하는 홀(hall)의 규모나 장식 등에만 관심을 기울이는 경향을 보여 왔다. 때문에 주방은 비위생적이고 홀에 비해 상대적으로 협소한 좋지 못한 환경이었다. 그러나 오늘날 조리에 대한 관심의 증대와 국민들의 의식수준 향상으로 인해 조리업무를 하는 조리사나 조리공간에 대한 관심이 높아졌으며 이젠 더 이상 단순히 자신의 테이블에 앉아서 제공되는 요리만을 먹는 것이 아니라 자신이 직접 알아보고자 할 만큼 관심이 높아지고 있다. 따라서 오늘날 성공적으로 외식시장을 선두하는 음식점을 경영하기 위해서는 주방에 대한 관리가 필수적이라 하겠다.

그런 의미에서 주방설계는 식당을 계획하고 디자인하는 초기단계부터 고려되어야 한다. 주방설계를 위해서는 우선 음식점의 콘셉트와 메뉴가 확정되어야 한다. 음식점의 콘셉트는 앞으로 식당이 어떤 방식으로 운영되고 고객에게 어떤 요리와 서비스를 제공할 것인지를 결정하는 중요한 단계이다. 메뉴는 고객과 원활한 소통의 수단으로 어떤 종류의 상품들을 어떤 고객들에게, 어떻게 제공할 것인가를 결정하는 것을 결정한다. 장기적으로 본다면 식당의 메뉴는 주방의 면적과 환경, 설비 및 장비에 제한을 받을 수밖에 없기 때문에 매우 중요한 부분이라 하겠다.

주방설계 시 가장 유의해야 할 점은 고객에게 제공될 식재료를 다룬다는 것이며, 고객은 제공된 음식이 위생적으로 처리되었을 것이라는 전제하에 신뢰를 가지고 식당을 이용한다는 점이다. 따라서 주방설계 시 가장 기본적으로 위생적인 작업공간이 되도록 하여야 한다. 그렇다고 위생에만 중점을 두어 주방에서 업무를 수행하는 조리사의 작업 능률을 배제한 설계를 한다면 이 또한 문제가 될 것이다. 불필요한 동선, 부적절한 조리기구 배치, 바닥의 재질이나 잘못된 배수설비 등은 조리사의 작업능률을 떨어뜨릴 뿐만 아니라 안전과 위생에도 커다란 영향을 주게 될 것이다.

따라서 주방의 위치를 개략적으로 선정하고 건물 전체의 구조를 체크하여 가스, 급·배수 라인, 전기배선, 기구나 장비의 배치, 식재료의 이동 경로, 조리사의 업무 동선, 심지어 웨이팅 스태프가 주방을 출입하는 방향 등 가능한 모든 변수들에 대한 움직임이나 범위, 기능 등을 고려하여 현장 실측 확인이 이루어져야 한다. 이 경우 주방 규모는 다음 네 가지의 기초적인 자료를 바탕으로 중점적으로 고려하여 결정하는 것이 바람직하다.

- 메뉴의 종류(선택업종) : 메뉴의 수와 차후 개발 메뉴
- 조리사 조직 : 조리업무를 담당하는 조리 조직 구성 및 인원수
- 대상자 : 예측되는 이용고객의 수
- 메뉴의 구성 : 품질수준, 서비스의 형태, 메뉴의 종류

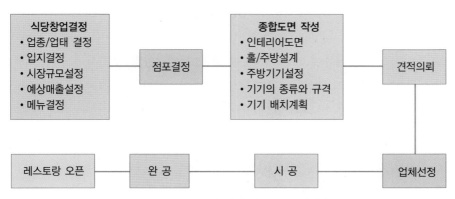

그림 8-1 **레스토랑 설계 시 주요 고려사항**

이상의 기초자료를 근거로 주방의 기기와 보조설비가 결정되며 이러한 과정을 통하여 주방규모가 결정된다. 주방설비를 하는 업주의 입장에서는 비싼 임대료와 가능한 많은 이익을 얻고자 하는 짧은 생각에서 무조건 주방의 면적을 줄이고 홀을 늘리려는 과오를 범할 수 있다.

외식산업에서 고객이 직접 이용하는 공간인 홀도 중요하지만 점차적으로 주방의 역할과 중요성이 높아지고 있다는 것을 알아야 한다. 그 이유로는 주방은 단순히 요리를 만들어 내는 기능적인 요소만 강조하기보다는 식당의 매출 증대에 최대 공헌을 하는 중요한 인력이 근무하는 장소이며, 고객은 자신의 음식에 대한 궁금증을 가지고 있으며, 또한 고객들은 자신의 음식을 만든 조리사가 안전하고 위생적인 환경에서 음식을 만들어 주기를 바라고 있기 때문이다. 따라서 주방설계 시 주방의 기능적인 요소만 고려하지 말고 레스토랑의 운영과 이익에 커다란 공헌을 하는 중요한 핵심 부서라는 인식을 가지고 조리사를 위한 좋은 환경을 고려하여야 할 것이다.

1) 주방설계 시 고려요인

- 업종 및 업태의 선택 : 주방의 설계는 어떤 업종과 업태를 선택하느냐에 따라 식당의 종류(한식, 양식, 일식, 중식 등), 메뉴의 종류(일품요리, 세트메뉴, 뷔페 등) 그리고 식당의 규모나 총면적, 위치 등이 고려되어야 한다.
- 업종(業種) : 취급하는 메뉴에 의해 분류한 것(예 : 한식, 양식, 일식, 중식 등)
- 업태(業態) : 레스토랑의 유형으로 분위기, 장소, 가격, 서비스방법에 따라 구분 (예 : 패스트푸드, 패밀리 레스토랑, 한정식, 호텔 등)
- 주로 제공되는 메뉴에 따른 식재료의 종류, 서비스방법, 조리사의 구성, 제공되는 식사의 종류(아침, 점심, 저녁, 주류 제공 등), 세척방법, 식기의 종류 및 형태 등에 대한 세부적인 사항을 미리 검토한다.
- 종사원의 작업동선과 식재료의 이동경로나 순서를 고려하여 사전에 모의로 전체적인 경로를 탐색해 보도록 한다.
- 장비나 기구의 크기, 기기의 배치, 그리고 업무에 따른 구역별 구분(hot, cold, butcher, production), 설비 등을 고려하여 레이아웃을 결정하여야 한다.

2) 주방설계의 순서

(1) 식당의 콘셉트

주방설계의 시작은 식당 전체에 대한 콘셉트가 결정되면서부터이다. 식당의 콘셉트는 업태나 업종, 그리고 요리의 스타일(한식, 양식, 일식, 중식 또는 이국적인 스타일), 제공되는 음식의 종류나 서빙스타일 등이 고려되어야 한다.

(2) 메뉴의 종류와 수, 조리법

정하여진 식당의 콘셉트에 의해 판매할 메뉴종류와 수를 결정하고 메뉴별로 조리법을 체크한다. 요리에 따라 조리법은 다양한데 특히 조리기기를 구하기 어렵거나 조리법이 너무 독특한 경우에는 메뉴를 결정할 때 신중해야 한다. 왜냐하면 조리방법에 따라 조리기구, 배치, 동선 등이 크게 달라질 수 있기 때문이다.

(3) 조리기기의 선정

조리기기의 선정은 결정된 메뉴를 기초로 선택하도록 한다. 현명하게 조리기기를 선정하기 위해서는 메뉴에 따라 조리과정을 가상으로 실행해 보도록 하고 문제점이나 수정사항을 체크하도록 한다. 조리기기는 가격, 생산규모, 규격, 크기, 형태, 작동방법 등에 따라 매우 다양하다. 따라서 각 기기의 장·단점과 사용법, 관리방법을 확인하도록 하고 A/S관리가 잘 되는지 확인 후 결정하도록 한다.

(4) 배치계획

배치계획은 조리사의 활동공간, 업무의 효율성과 밀접한 관련이 있다. 조리업무는 각 부서 간 연관성이 높기 때문에 배치계획이 잘못되었을 경우 불필요한 동선이 발생하여 시간과 노동력을 낭비하는 결과를 가져올 수 있다. 따라서 조리기기의 배치는 전체 주방의 기구의 수, 규격 그리고 접시와 소도구 보관, 기기와 작업을 위한 활동공간 확보 등을 감안하고 각 기기 사이에 업무적 연관성과 활동 동선, 식재료의 흐름 등을 고려하여 가상으로 정해진 메뉴를 테스트를 해보는 것이 좋겠다.

(5) 배수와 급수/전기설비

조리기기를 설치하기 전에 배수, 급수시설 및 전기설비를 고려하여야 한다. 조리기기는 한번 설치하면 수시로 이동하거나 교체되지 않기 때문에 초기 배치계획 시 반드시 배수와 급수 그리고 전기시설에 대한 확인이 충분히 이루어져야 불필요한 비용 발생이나 불편함을 방지할 수 있다.

(6) 냉장·냉동 및 저장고 배치

주방 업무의 시작은 필요로 하는 식재료들의 반입으로부터 시작된다. 이 공간은 모든 식재료의 반입이 편리하도록 차량접근성이 용이하며 물건을 운반하기 편리하도록 시설을 갖추며 저장공간(냉장, 냉동)과 근접한 곳에 위치함으로써 불필요한 공간이나 시간 낭비를 막을 수 있다.

냉장과 냉동 및 저장시설을 대부분의 식재료가 반입에서 음식으로 조리되고 고객에게 제공될 때까지 빈번하게 사용된다. 따라서 식재료가 대량으로 반입되는 시점에는 대용량 냉장이나 냉동고(walk-in refrigerator)를 설치하여 작업자가 직접 들어가서 작업을 실시하도록 하며, 어느 정도 전처리가 된 상태에서는 각 부서에서 편리하게 사용하도록 리치인(reach-in refrigerator)을 설치하고 조리 업무 시 즉시 사용하기 편리하도록 작업선반이나 스토브, 오븐 등의 밑에 설치하는 테이블 냉장고를 설치하도록 한다. 식재료의 흐름과 작업의 조건에 따라 냉장·냉동 및 저장고 시설을 배치하도록 한다.

(7) 식재료 및 작업 동선 확인

기본적인 배치과정이 완성되었다면 식당의 기본적인 메뉴를 가상으로 운영해 보도록 한다. 즉, 식재료의 반입→저장→재반출→식재료 전처리→조리→고객에게 제공→접시 회수→세척→음식물 처리과정을 재현하고 확인하는 절차가 반드시 있어야 한다. 이 과정을 통하여 식재료의 흐름이나 조리인력의 활동 동선과 기기의 합리적인 배치여부 등을 분석하고 수정할 수 있는 기회가 될 것이다.

(8) 급수와 배수 트렌치 설치

설비나 조리기기, 조리사의 업무에 따른 활동공간을 고려한 도면이 완료된다면 이를 기본으로 급수(온수)와 배수, 트렌치(trench), 그리스 트랩(grease trap) 등의 위치를 결정하는 데 급수와 배수는 도면 작업 초기에 전체적인 기기의 위치나 청소의 용이성 조리 업무의 효율성을 감안하여 정하도록 한다. 또한 하루에 사용되는 수량을 파악하여 적정한 배수용량을 처리하도록 설치하고 전체적으로 배수의 흐름이 원활하도록 바닥의 기울기나 배수경로를 확인하여야 한다.

(9) 도시가스관 설치

도시가스관의 설치는 조리 업무 동선 배치를 고려하여 작업에 방해가 되거나 안전상의 문제가 발생하지 않도록 설치한다.

(10) 흡기 · 배기 환기시설 설치

닥터(환기)설비나 후드(흡기, 배기)시설은 조리기기의 배치나 특성에 따라 상부에 설치하도록 한다.

(11) 전기 배선 작업

전기는 주방에서 사용되는 주방기기나 에어컨 기타 설비나 시설을 고려하여 설치하는 데 건물 전체의 용량과 새로운 기기나 설비설치를 대비하여 충분히 여유를 가지고 설정하도록 해야 한다.

(12) 세척공간 배치

세척공간은 회수된 접시나 글라스, 실버 웨어(sliver ware) 등을 서빙 스태프들이 용이하게 처리할 수 있도록 동선을 정하도록 하며 세척공간은 급수와 배수시설이 잘 되어 있어야 하며 세척기계를 위한 닥터 등의 설치를 확인하도록 하며, 음식물과 재활용품, 일반 쓰레기를 처리할 수 있는 시설 등을 위생적으로 처리할 수 있도록 한다.

(13) 조명설치

주방 업무는 위생적으로 음식물을 다루는 작업으로 업무의 특성에 따라 적절한 밝기를 정하여 조명을 설치하도록 한다.

(14) 가상적인 운영과 수정 완성

이상의 주방설계 시 고려할 점을 감안하여 완성된 도면을 근거로 가상적인 운영을 실시하여 불편한 점이나 필요한 부분을 수정해서 최종 도면을 완성하도록 한다.

　주방설계는 식당에 대한 기본적인 콘셉트와 메뉴를 결정한 뒤 주방설계를 전문적으로 하는 회사에 의뢰하면 편리하고 안정적으로 일을 처리할 수 있다. 그러나 실제적으로 주방에서 업무를 처리하는 조리사가 식당의 콘셉트와 메뉴, 그리고 조리기기의 사용이나 업무의 효율성을 높이는 부분에 직접적인 담당자이고 전문적인 지식을 가지고 있음을 고려하여 반드시 이들의 의견을 수렴하도록 하여야 한다.

3) 주방설계 계획의 기본원칙

주방설계를 잘 해내기 위해서는 주방의 업무적인 특성을 이해할 필요가 있다. 우선 주방 업무 중 가장 큰 특성은 음식물을 다룬다는 것이다. 주방 업무의 시작과 끝이 바로 식품을 중심으로 이루어진다는 점이다. 따라서 주방설계 시 가장 우선적으로 고려해야 할 부분이 바로 위생이다. 특히, 주방은 습도와 온도가 높고 다양하고 복잡한 기기들이 많이 설치되어 있어서 먼지나 해충, 이물질 등에 대한 관리가 어렵기 때문에 위생적인 관리가 반드시 요구된다.

　주방설계가 잘 되어 있다는 의미는 주방 업무의 효율성이 높다는 의미이다. 주방의 업무는 각각 특성을 가진 부서나 담당자들이 유기적인 조화를 이뤄가며 요리를 완성하게 된다. 업무의 효율성은 다양한 조리기기의 효율적인 배치와 식재료와 인력의 동선이 매우 중요한 요소가 된다. 마지막으로 주방설계의 목적은 식당업무를 통한 경제성의 확보에 있다. 주방설계가 위생적이고 작업능률을 높였다고 하더라도 경제성이 확보가 되지 않는다면 어떤 의미도 없을 것이다. 따라서 식당의 규모나 메뉴, 예산 등을 감안하여 주방설계 계획이 진행되어야 한다. 즉, 주방설계 계획의 기본원칙은 ① 위생확보, ② 작업능률, ③ 경제성이라 할 수 있다.

4) 주방설계 관련도

- 레이아웃(lay out)
- 식품반입구와 주방의 관계
- 업소출구 및 영업장과 주방과의 관계
- 배식대와 퇴식대의 위치
- 저장실 등과 주방과의 위치관계
- 사무실, 화장실과 주방과의 관계
- 일람표(적요표) : 주방설비의 내용, 형태, 관련 설비(급배기, 급배수, 가스관 등)가 명확
- 시방서 : 부속부품, 필요한 범위의 A/S, 취급법과 안전도 등의 기재
- 설치도 : 설비 간의 관계와 접속, 수도, 가스, 전기 등의 연관성 파악 확대부분도, 단면도 등을 변용할 수 있다.
- 입면도 : 주방설비의 설치 상태 표시하는 입면 투명도로 평면도에서 확인이 불가능한 문제의 해결에 유용

02 조닝계획

1) 조닝계획의 목적

대부분의 외식업체 창업자들은 이윤 극대화를 목표로 하기 때문에 매출을 올리기 위해 주방의 비율은 축소하고 홀의 비율을 높이고자 한다. 그러나 이 경우 주방공간이 협소하여 근무 조건이 열악하며 업무의 효율화가 떨어지거나 기계나 장비의 잘못된 배치로 인하여 결국 품질이 떨어지거나 이직을 가져올 수 있는 가능성이 있다. 따라서 홀과 주방의 적절한 조닝계획이 반드시 필요하다고 하겠다.

다음의 표 8-1은 일반적인 업종에 따른 주방과 홀의 면적비율을 의미한다. 오늘날의 외식업체는 같은 업종에 속하더라도 각각의 특성과 메뉴구성, 콘셉트 등에 따라 개성적인 면이 강조되기 때문에 주방과 홀의 비율을 획일적으로 정하는 것은 어렵다. 그

표 8-1 **홀과 주방의 일반적인 면적비율**

업 종	홀 : 주방(면적비율)		예시 적어 보기
일반 레스토랑	60%	40%	
소규모 전문점 배달 전문점	50%	50%	
선술집 패스트푸드점	70%	30%	
바	80%	20%	

러나 전체적인 업장의 콘셉트, 업무의 효율성, 인테리어, 메뉴계획 등을 충분히 고려하여 정하는 것이 바람직하다 하겠다.

이때 조닝(zoning)이란, 식당의 효율적인 운영을 위해서 주방과 객석부분에 대한 면적을 어떤 비율로 설계할 것인가를 판단하는 작업이다.

2) 세부적인 조닝계획

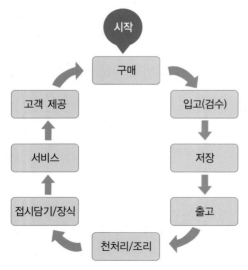

- 1단계(구매 · 검수/전처리공간) : 식재료 반입을 위한 공간(반입데크, 검수, 전처리, 운반로)
- 2단계(보관 및 저장공간) : 식재료를 보관, 저장관리할 수 있는 공간(건자재 창고, 냉장 및 냉동시설, 운반통로)
- 3단계(조리공간) : 조리 가능 공간으로 각 주방의 특성에 맞게 구성(전처리, 조리, 오븐주방, 뷔페테이블, 세척)
- 4단계(제공공간) : 조리된 음식을 주방에서 홀로 제공하기 위한 공간(음식 반출)

그림 8-2 **조닝계획을 위한 조리과정**

- 5단계(서비스공간) : 조리된 음식을 고객에게 제공하기 위한 공간(홀, 바, 팬트리)

주방의 조닝작업은 식재료가 주방으로 반입되어 철저하게 무게·수량, 품질 등을 확인할 수 있을 만큼의 충분한 공간을 확보한 검수공간을 마련한다. 또한 식재료의 유입과 근거리에 저장할 수 있는 냉장, 냉동 그리고 건자재 창고를 두도록 한다. 조리공간은 식당의 컨셉트, 형태에 따라서 전처리(Production or Preparation area), 부처(butcher), 더운 요리(hot), 찬요리(cold) 등을 두도록 한다. 조리부서는 온도관리가 요리에 직접적인 영향을 주며 장비 또한 다르기 때문에 공간적인 구분을 하도록 한다. 완성된 요리는 서비스 직원들에 의해서 홀로 나오게 되는데 완성된 요리는 조리 책임자의 관리 하에서 최종적인 점검이 이루어지며 온도관리가 잘 되도록 한다.

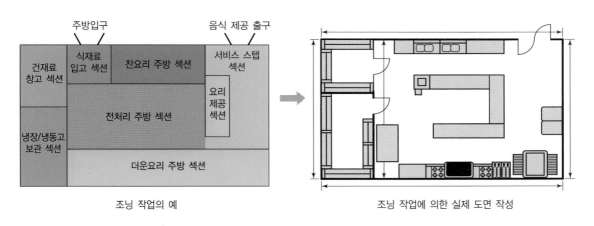

조닝 작업의 예   조닝 작업에 의한 실제 도면 작성

그림 8-3 **조닝 작업의 예와 실제 도면 작성**

(1) 전체 설계도(주방/홀/주차장/기타 공간)

레스토랑의 업태와 업종 그리고 콘셉트가 정해지면 레스토랑의 전반적인 공간을 홀과 주방으로 구분하고 홀은 입구, 카운터, 대기장소, 고객을 위한 테이블과 의자, 와인셀러, 바, 종사원이 대기하거나 서빙준비를 위한 장소 등을 정하며, 주방의 경우 업종에 따른 분야별로 찬 요리, 더운 요리, 전처리실, 냉장·냉동 및 창고시설 등을 정한다. 이

때 홀에서는 고객의 출입과 화장실 이용을 고려한 동선을 확인하여야 하며, 주방에서는 조리사의 업무의 효율화와 식재료의 흐름을 고려한 동선을 고려하여야 하며 홀과 주방은 요리와 웨이팅 스태프의 움직임을 고려한 종합적인 흐름이 원활하고 효율성을 높일 수 있도록 한다.

전체 설계도 그려보기(본인이 원하는 주방의 전체적인 그림을 대략적으로 스케치해 보기)

그림 8-4 **주방 설계도**

(2) 조닝계획

하나의 주방 안에는 업종 및 업태, 규모, 메뉴, 업무 형태에 따라 찬 요리(cold-kitchen), 더운 요리(hot-kitchen), 부처(butcher), 전처리장 등으로 구분되어진다. 조닝계획은 하나의 주방을 필요한 부분으로 세분화시키는 과정으로 이렇게 나누어진 부분은 각각의 특성에 따라 주방설비와 장비가 다르게 구성되기 때문에 구역을 구분하기 전충분한 검토가 필요하다.

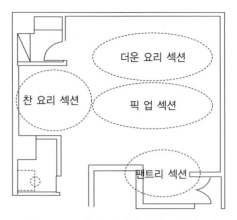

그림 8-5 **설비 및 장비설치 전 구역만 정함**

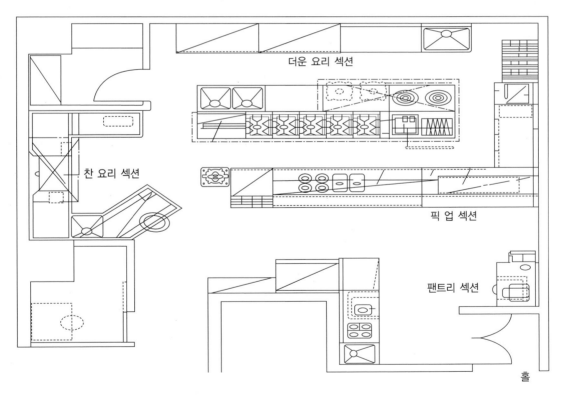

그림 8-6 **조닝계획에 따라 설비와 장비를 배치한 상태**

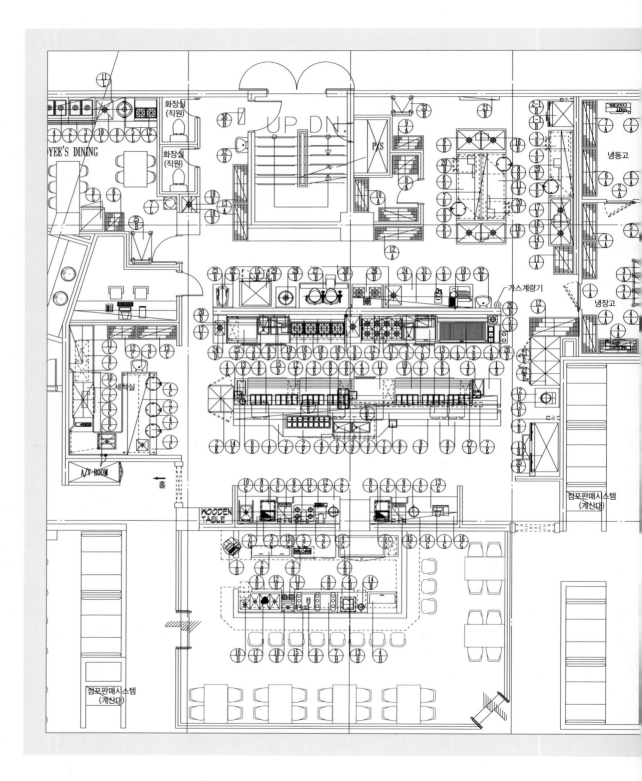

NO	품 명
B01	제빙기(ice cube machine w/bin)
B03	작업대와 도마선반(work table w/under cutting board shelf)
B05	푸드프로세서(food processor)
B09	싱크대/2구형(2-comp't sink)
B10	육류 슬라이서(meat slicer)
B14	2조 싱크대(2-comp't sink)
B15	컨벡션 오븐(gas convection oven stand w/cabinet)
B23	반죽기(mixer)
B26	가스레인지(gas table)
B27	다용도 대형 솥(tilting soup kettle w/stand)
B29	가스 컨벡션 오븐(gas convection oven)
B32	핸드싱크(hand sink)
E02	샐러드용 냉장고(pass-thru salad refrigerator)
E03	팬삽입형 냉장고(refrigerator/cold pan top)
E06	튀김기(fry dump station)
F01	요리반출선반(pick-up shelf)
F05	워머(warming drawer)
C03	손세척기(hand sink)
C07	식기세척기(dish washer)
D02	브로일러(char broiler)
D07	그리들(griddle)
D11	가스 테이블(gas table)
D13	냉장고(refrigerator equipment stand)
D18	튀김기계(fryer)
D21	대형냉장고(reach-in glass door refrigerator)
D22	쇼케이스 냉장고(reach-in glass door refrigerator)
D23	그리들(griddle)

그림 8-7 **양식당 도면 예시**

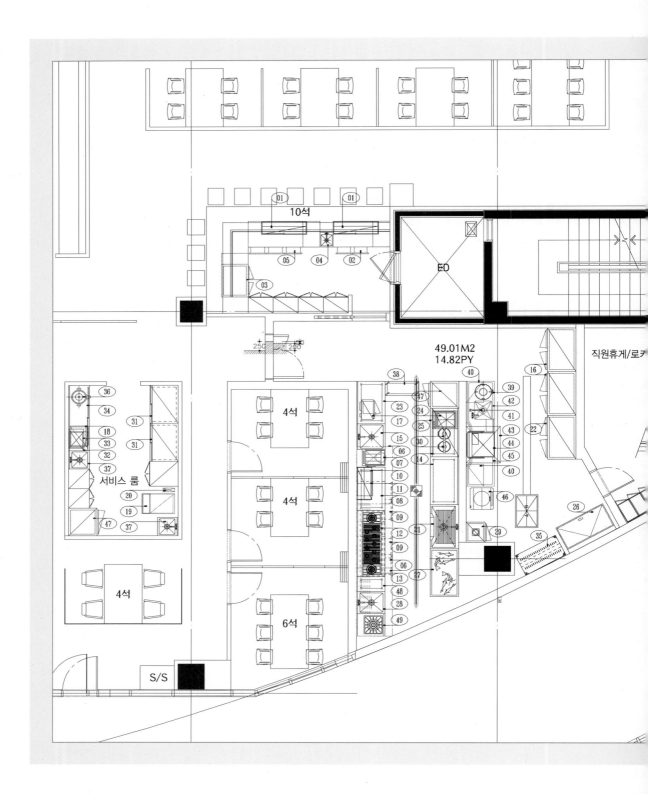

NO	품 명
01	스시 쇼케이스(shushi showcase refrigerator)
02	서랍식 냉 테이블(refrigerator/cold pan top)
03	냉동 테이블(under drawer freezer)
04	1-조 세정대(빌트인)(1-comp't sink table/built in)
05	서랍식 냉 테이블(refrigerator/ cold pan top)
06	배기 후드/유지망(exhaust hood w/grease filter)
07	가스 튀김기(gas fryer)
08	작업대(work table w/cabinet; passing door, working table)
09	서랍식 냉 테이블(refrigerator/cold pan top)
10	벽 부착형 살라만더 받침대(over head salamander w/shelf)
11	가스 살라만더(gas salamander)
12	가스 다공 레인지(gas ranger)
13	벽 부착형 파이프 선반(over head pipe shelf)
14	작업대(work table w/cabinet; passing door)
15	1-조 세정대/하부 선반(1-comp't sink table w/shelf)
16	냉장고(refrigerator)
17	전자레인지(micro-wave oven)
18	밥 보온고(rice wormer)
19	제빙기/얼음 저장고(ice cube machine w/bin)
20	제빙기용 정수 필터(cleaning filter for ice cube machine)
21	생선 세정대/도마(sink & cutting board for fish)
22	냉동고(frizzer)
23	작업대/하부선반(work table under shelf)
24	진공 포장기(vacuum machine)
25	벽 부착형 진공 포장기 받침대(wall-mounted shelf for vacuum)

NO	품 명
25	벽 부착형 진공 포장기 받침대(wall-mounted shelf for vacuum)
26	참치 냉동고(tuna refrigerator)
27	수족관(fish tank)
28	1-조 세정대(1-comp't sink)
29	칼, 도마 소독기(sanitizer machine for knife & cutting board)
30	전기 보온 밥솥(electric rice cooker)
31	음료 냉장고(beverage refrigerator)
32	벽 부착형 타월 워머 선반(wall-mounted towel wormer shelf)
33	타월 워머(towel wormer)
34	서비스 테이블/하부 찬장(service table/under shelf)
35	이동식 조립식 선반(comfortable working table)
36	물 끓임기(water boiler)
37	1-조 세정대/하부 선반(1-comp't sink table w/shelf)
38	이동 작업대/하부 선반(comfortable working table under shelf)
39	잔반통(이중망)(food trash bin(double screen)
40	벽 부착형 랙 선반(wall-mounted shelf)
41	전처리 샤워기(shower for pre-cleaning)
42	세척 전처리대(table for pre-cleaning)
43	세척기용 배기 후드(air exhaust hood for pre-cleaning)
44	식기 세척기(dish washer)
45	세척기 건조대(dish washer dryer)
46	드럼 세탁기(drum washing machine)
47	냉장 냉동고(refrigerator and freezer)
48	보조대(side working table)
49	가스 낮은 레인지(low gas ranger)

그림 8-8 **일식당 도면 예시**

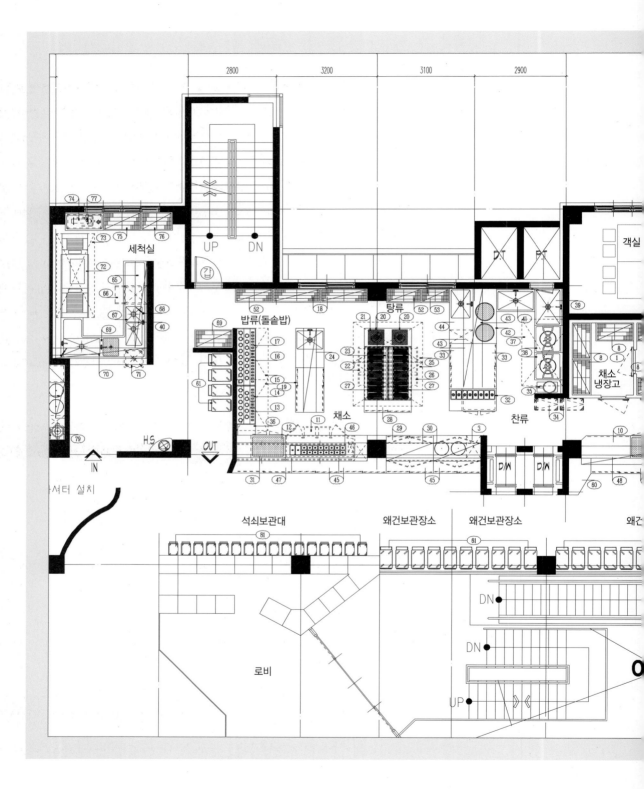

세척실

세소

밥류(돌솥밥)

탕류

찬류

채소
냉장고

객실

석쇠보관대

왜건보관장소

왜건보관장소

로비

UP DN

DN

DN

UP

IN

OUT

H.S

2800 3200 3100 2900

NO	품 명
01	채소 전용 냉장고(vegetable cooler room)
02	저울(potable scale)
03	쿨러(gravy cooler)
04	랩핑포장기(wraping machine)
05	작업대(work table w/open cabinet)
06	육류 전용 냉장고(meat cooling unit)
07	육류 쿨러룸(roll-in meat cooler room)
08	선반(shelving)
09	벽 부착형 파이프 선반(wall mounted cabinet w/shelf)
10	서비스 테이블/하부 찬장(service table w/cabinet)
11	다용도 냉장고(combi refrigerator)
12	채소 전용 쿨러(vegetable cooling unit)
13	밥 짓는 기계(auto. rice machine)
14	밥 짓는 기계 선반(rice machine stand)
15	배기 후드(make-up air exhaust hood)
16	자동 밥 짓는 기계(auto. rice machine)
17	밥 짓는 기계선반(rice machine stand)
18	선반(shelving)
19	작업대[work table w/cabinet(passing door)]
20	인덕션 레인지(induction range)
21	인더션 레인지 선반(induction range stand)
22	테이블 냉장고(under drawer refrigerator)
23	벽 부착형 파이프 선반(over head pipe shelf)
24	벽 부착형 캐비닛식 선반(over head cabinet w/shelf)

NO	품 명
25	배기 후드(make-up air exhaust hood w/filter)
26	테이블 냉장고(under drawer refrigerator)
27	탕전용 스토브(gas tang range)
28	작업대(work table w/cabinet)
29	서비스 테이블/하부 찬장(service table w/cabinet)
30	벽 부착형 파이프 선반(over head pipe shelf)
31	벽 부착형 캐비닛식 선반(over head cabinet w/shelf)
32	찬요리 보관대(cold food unit)
33	이동 작업대/하부 선반(work table w/cabinet)
34	밀가루 통(flour bin cart)
35	반죽기계(kneading machine)
36	스프레더(spreader)
37	배기 후드(make-up air exhaust hood w/filter)
38	면전용 가스레인지(gas noodle range)
39	육수전용 쿨러(gravy cooler)
40	싱크대(sink faucet)
41	면전용 쿨러(noodle cooling sink)
42	육수전용 쿨러(gravy cooler)
43	벽 부착형 파이프 선반(over head pipe shelf)
44	싱크대가 있는작업대(work table w/sink)
45	서비스 테이블/하부 찬장(service table w/cabinet)
46	쇼케이스(over show case w/cabinet)
47	서비스 테이블/하부 찬장(service table w/cabinet)
48	벽 부착형 캐비닛식 선반(over head cabinet w/shelf)
49	벽 부착형 파이프 선반(over head pipe shelf)
77	세척용 선반(clean dish table)

그림 8-9 한식당 도면 예시

3) 조리설비 및 기물배치

조리설비 및 기물배치 계획은 주방의 전기, 배선, 수도 및 배수시설에 대한 기초 설비배치 설계를 하는 데 기본이 되기 때문에 매우 중요하다. 이러한 부분은 공사가 완공된 후에는 쉽게 변경하거나 옮기는 것이 어렵다는 점을 고려하여 충분한 검토가 이루어져야 한다. 또한 배치계획에서 고려되어야 할 부분은 식재료와 조리사의 동선이 매우 중요한데 몇 번에 걸쳐 메뉴에 따른 테스트를 실시하여 본다.

쉬어가기

먹거리의 현지화는 한국음식의 세계화가 주요 화두로 거론되는 요즘 많은 시사점을 주고 있다. 어떤 한국가의 음식의 현지화는 단순한 음식을 판매하는 차원이 아니라 원국가의 조리법, 조리기술과 함께 요리를 만들기 위한 식재료, 가공용품, 그리고 요리를 만들기 위한 특별한 조리도구와 장비 등이 함께 현지로 전해진다는 것이다.

무엇보다도 식문화의 전달은 물리적인 식재료, 기구, 용품만이 아니라 그 민족의 정신과 문화가 함께 전달되어져 받아들이는 사람들의 생각을 변화시켜줄 수 있다는데 중요한 의미가 있을 것이다.

우리가 외국에 나아가 보면 요리의 맛, 향, 건강적인 요소, 과학적이고 기술적인 우수성에서 훨씬 우수한 우리 음식이 왜 외국에서 커다란 호응을 못 얻는 것일까? 의문이 생겨난다. 우리의 한식의 진정한 세계화를 위해서 필요한 것이 무엇인지를 되돌아볼 필요가 있을 것 같다.

지금까지의 한식의 세계화는 한류바람과 함께 부수적인 요소로 외국에 전달되어 왔다. 이젠 한식이 그 중심에서 우리 문화를 알릴 수 있는 한류의 중심에 서야 되지 않을까 생각한다.

03 업종별 주방설계 검토사항 및 특성

1) 호 텔

(1) 업종특성

대규모로 운영되며 고객에 대한 숙박시설을 중심으로 다양한 레스토랑에 따른 주방과 연회를 할 수 있는 대규모의 연회주방 및 시설이 완비되어 있다.

- 고객 수 : 숙박객 및 레스토랑 및 연회 행사 이용고객의 규모, 각 식당별 객석수
- 메뉴 : 호텔은 메인주방에서 제공되는 연회요리메뉴와 각 레스토랑의 특성에 맞는 메뉴에 따른 주방시설과 장비 및 기구를 갖추고 있는 대규모의 메뉴를 처리한다.

(2) 주방특성

호텔 내 있는 한식, 중식, 일식, 양식, 연회장 등 다양한 레스토랑에 스톡(stock)과 기본 소스(sauce) 등을 제공할 수 있는 지원주방[support kitchen; 메인주방(main kitchen)] 이 있으며 각 레스토랑에는 그 특성에 맞는 영업주방(business kitchen)이 있다.

(3) 호텔주방의 구분

- 지원주방[support kitchen, 메인주방(main kitchen)] : 다른 레스토랑에 제공할 기본 스톡(stock), 소스(sauce), 수프(soup) 등을 제공하고 메인주방 내에 있는 부처(butcher)에서는 각 레스토랑의 메뉴에 따른 각종 육류, 가금류, 어류, 해산물 등을 제공한다. 또한 메인주방은 대규모로 운영되기 때문에 결혼식, 회의, 행사 등과 같은 대규모의 연회에 음식 제공이 가능하여 연회주방의 역할을 하기도 한다.
- 영업주방(business kitchen) : 한식당, 양식당, 중식당, 일식당, 커피숍, 바, 룸서비스, 베이커리주방이 있다.
- 부대시설
  - 대용량의 건재료 창고, 냉장 및 냉동시설

- 재료를 구매, 검수할 수 있는 별도의 부서 존재
- 각종 리넨, 기물을 관리, 보관할 수 있는 시설

2) 한식당

(1) 업종특성

한국 전통음식을 제공할 수 있는 시설과 기구들을 갖추고 공간전개형의 한상차림으로 서비스가 이루어진다. 그리고 고객이 직접 조리(갈비, 불고기)할 수 있는 시설 유무 등에 따라 주방의 구조나 설계가 결정된다.

- 고객 수 : 숙박객 및 레스토랑 및 연회 행사 이용고객의 규모, 각 식당별 객석수
- 메뉴 : 각 레스토랑의 특성에 맞는 메뉴에 따른 주방시설과 장비 및 기구

(2) 주방특성

한국음식의 특성상 나물, 찬류를 다룰 수 있는 공간이나 시설과 갈비, 생선과 같은 구이를 할 수 있는 시설이 요구된다. 또한 김치나 침채, 장류를 만들고 저장할 수 있는 설비와 공간이 필요하다.

- 참숯이나 불판 등과 같이 객석에서 고객이 직접 조리하는 시설
- 다수의 반찬류를 동시에 고객에게 제공하기 위한 운반기구나 서비스방법
- 놋쇠그릇과 사기그릇에 대한 관리
- 한식의 특성상 나물, 채소류와 같이 전처리해야 하는 공간 필요

3) 양식당

(1) 업종특성

서양식의 요리를 제공하는 형태로 프렌치, 이탈리아, 카페테리아 등 국가별 또는 메뉴별 특성에 따라 다양하다.

- 고객 수 : 이용 고객수와 테이블당 회전율을 고려한다.
- 메뉴
  - 메뉴의 특성에 따라 필요한 시설과 장비를 배치하도록 한다(예 : 이탈리아 레스토랑의 피자 메뉴 → 피자 화덕).
  - 연회장의 유무에 따른 시설

(2) 주방특성

주방은 크게 더운 요리(hot kitchen), 찬 요리(cold kitchen), 부처(butcher), 전처리(production) 등으로 구분되어서 운영된다. 또한 각각의 구분된 부서별로 조리기구나 시설, 온도관리 등의 특성을 가지고 있기 때문에 이를 충분히 고려하여 설계해야 한다.

4) 중식당

(1) 업종특성

중국의 전통적인 요리를 제공하는 형태이다.

- 고객 수 : 이용 고객수와 테이블당 회전율을 고려한다.
- 메뉴
  - 서비스하는 방법에 따라 필요한 시설과 장비를 배치하도록 한다.
  - 연회장의 유무에 따른 시설

(2) 주방특성

- 중식은 주로 화덕과 웍(wok)을 이용해서 조리를 하며, 조리 후 곧바로 세척을 하여야 하므로 별도의 주방시설을 갖추도록 한다.
  - 기름요리가 많다.
  - 대용량의 접시를 사용하는 요리가 많다.
  - 면과 딤섬을 만들어 낼 수 있는 별도의 시설과 기계 및 장비가 필요하다.
  - 메뉴의 특성에 따라 대형 증기시설(딤섬, 찜요리)이 필요하다.

5) 일식당

(1) 업종특성
일본 전통요리를 제공하는 형태이다.

- 고객 수 : 이용 고객수와 테이블당 회전율을 고려한다. 스시바에 대한 운영 여부
- 메뉴 : 생선류, 해산물을 준비할 수 있는 장소 및 설비 필요(수족관, 전처리할 수 있는 작업대 등)

(2) 주방특성
- 튀김, 구이, 찜을 이용한 요리를 할 수 있는 시설
- 고객을 직접 상대하는 스시바에 대한 설비
- 초밥을 하는 대형 밥솥
- 활어를 넣어두는 수족관, 횟감을 보관하는 냉장 및 냉동시설
  * 회전 초밥 전문점으로 초밥을 전문적으로 판매하는 식당도 등장하였다.

04 주방 구역별 특성 고려사항

주방은 레스토랑의 콘셉트, 메뉴, 요리의 유형 및 특성에 따라 주방의 형태, 기능, 업무가 다르다. 또한 주방의 내부는 획일화되어 있지 않고 업무의 특성에 따라 구역별로 특정한 기능을 하게 되는데 이를 효율적으로 진행하기 위해서는 구역별로 특정시설이 요구된다.

따라서 주방을 설계함에 있어서 이러한 장비, 시설을 고려한 설계가 반드시 필요하다고 하겠다. 예를 들면, 더운 조리 주방(hot kitchen)에는 각종 스토브(stove), 오븐(oven), 그릴(grill), 튀김기(frier) 등의 열기구들과 설비가 요구된다.

넓은 의미로 주방은 국가별, 요리별 특성에 따라 또는 조리업무를 수행하는 기능적인 측면에서 구분할 수 있다. 각 주방은 그 분야별로 전문적이고 다양한 특성을 가지

고 있기 때문에 전체적인 주방환경이나 분위기는 다를 수 있다. 그러나 주방에서 조리되는 방법이나 제공되는 메뉴를 고려할 때 주방의 내부적인 구획은 다음과 같이 기본적인 범주 내에서 크게 구분할 수 있다.

표 8-2 **주방분야별 업무특성**

조리업무상 분류	업무특성	생산 품목(예)
부처 (butcher)	각종 육류, 어패류, 가금류 등을 주문 부위에 따라 모양, 형태, 크기별로 각 주방에 제공하기 위하여 자르거나 다듬는 업무를 한다.	• 소시지, 햄 • 육류나 가금류, 해산물의 포션화
전처리 (production)	주방에서 사용되는 스톡, 소스, 수프 등을 대단위로 준비하는데 뼈를 굽거나 국물을 우려내는 등의 시설을 갖추고 있다.	• 스톡 • 소스나 수프
찬 요리 주방 (cold)	차가운 요리를 준비하는 주방으로 냉장·냉동시설이 잘 되어 있으며 섬세한 작업이 요구되는 요리를 준비한다.	• 샐러드류 • 파테(pate)나 테린(terrine) • 카나페류(canape)
더운 요리 주방 (hot)	로스팅(roasting), 포칭(poaching), 브레이징(braising), 데치기(blanching), 찌기(steaming), 튀기기(deep fat frying), 볶기(sauteing), 베이킹(baking), 브로일링(broiling), 그릴링(grilling) 등과 같은 화력을 바탕으로 하는 주방설비를 이용하여 주 요리를 만들어 낸다.	• 각종 더운 요리(스테이크, 생선, 곡류나 채소요리)
빵 & 페이스트리 (bread & pastry)	베이커리 숍(bakery shop)이나 각 영업 주방에 빵, 디저트 또는 조리용 제품(pastry, dough) 등을 제공한다. 메인주방과 별도로 독립적인 공간을 가지고 있으나 중앙에서 다른 식당으로 생산품을 제공한다는 공통점을 가지고 있다.	• 각종 빵, 페이스트리류 • 디저트류
팬트리 (pantry)	주방과 홀 사이에 위치한 부분으로 커피나 빵 등을 고객에게 준비할 수 있는 시설이 갖추어져 있다.	• 커피 및 음료준비 • 식전 빵 준비
스튜워드 (steward)	주방에서 사용되는 다양한 기물과 식기류를 준비하거나 닦는 업무로 이와 관련된 식기 세척기, 식기 저장시설이 갖추고 있다.	• 식전 빵 준비
아트룸 (art room)	연회에 사용되는 아이스 카빙(ice carving)이나 기타 인테리어를 위한 카빙 및 구조물을 만든다.	• 얼음조각 • 장식품

05 식재료의 흐름 고려

식재료의 도착에서 검수, 운반, 저장, 조리, 서빙까지 전 과정에 대한 동선을 계획하고 가상으로 운영함으로써 필요한 위치, 공간, 기계 및 설비에 대한 상세한 내용을 반드시 고려하여야 한다.

표 8-3 **식재료의 흐름에 따른 설비 및 장비**

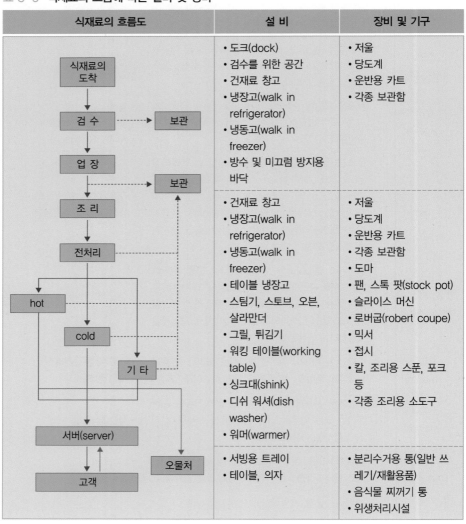

식재료의 흐름도	설 비	장비 및 기구
식재료의 도착 → 검 수 → 보관 / 입 장 → 보관 / 조 리 / 전처리 → hot → cold → 기 타 / 서버(server) → 오물처 / 고객	• 도크(dock) • 검수를 위한 공간 • 건재료 창고 • 냉장고(walk in refrigerator) • 냉동고(walk in freezer) • 방수 및 미끄럼 방지용 바닥	• 저울 • 당도계 • 운반용 카트 • 각종 보관함
	• 건재료 창고 • 냉장고(walk in refrigerator) • 냉동고(walk in freezer) • 테이블 냉장고 • 스팀기, 스토브, 오븐, 살라만더 • 그릴, 튀김기 • 워킹 테이블(working table) • 싱크대(shink) • 디쉬 워셔(dish washer) • 워머(warmer)	• 저울 • 당도계 • 운반용 카트 • 각종 보관함 • 도마 • 팬, 스톡 팟(stock pot) • 슬라이스 머신 • 로버굽(robert coupe) • 믹서 • 접시 • 칼, 조리용 스푼, 포크 등 • 각종 조리용 소도구
	• 서빙용 트레이 • 테이블, 의자	• 분리수거용 통(일반 쓰레기/재활용품) • 음식물 찌꺼기 통 • 위생처리시설

1) 주방설계 시 고려사항

주방에 대한 계획은 초기단계에 매우 체계적이고 세밀하게 진행되어야 한다. 주방의 경우 대형의 주방설비뿐만 아니라 바닥의 배수구, 환기구 그리고 주방 업무의 효율성을 고려한 주방기구의 배치 등은 한번 정해지면 쉽게 변경할 수 없기 때문에 설계 시 전체적인 사항들에 대한 고려를 하여야 한다. 주방 인원들의 작업 흐름이나 동작의 범위나 크기를 고려해서 주방설계가 이루어져야 한다. 이 부분은 주방을 설계할 때 가장 근본적이며 기본적인 고려사항으로 조리사의 불필요한 동작이나 움직임을 최소화시켜줌으로써 안전하고 합리적으로 업무를 처리할 수 있도록 하여야 한다.

(1) 주방설계에 있어서 가장 기본적으로 고려되어야 할 점은 주방업무의 효율성을 높이는 데 있다. 그렇다면 주방 업무의 효율성이란 무엇인가?

우리는 앞에서 주방의 주요 업무란 무엇인가에 대하여 살펴본 바 있다. 주방의 업무가 조리사를 중심으로 효율적으로 처리될 수 있도록 설계가 이루어지기 위해서는 업무를 수행하는 인력의 동선과 주재료가 되는 식재료의 흐름에 따른 동선을 함께 고려하여 설계를 해야 한다. 또한 인력과 식재료에 동선에 따른 올바른 설비와 장비에 대한 배치계획이 이루어지도록 한다.

(2) 이러한 주방의 설계와 배치관리에 앞서 전제되어야 할 부분은 무엇인가?

기본적인 식당과 메뉴에 대한 콘셉트가 확립되어야 한다. 물론 여기에는 식당의 입지, 상호, 경쟁업체, 고객의 수준, 예산, 점포의 규모, 예상 매출액 등에 대한 철저한 분석이 이루어져야 할 것이다. 결국 주방의 설계와 배치는 식당이 최종적으로 목표하는 바인 이익창출에 있기 때문에 아무리 효율적인 시스템에 의한 설계와 배치가 완성되었다고 하더라도 적정한 목표 매출액을 달성할 수 없다면 아무런 의미가 없다고 하겠다.

(3) 주방설계와 배치 시 조리사에 대한 배려는 얼마나 이루어져야 하는가?

주방의 설계와 배치는 업무의 효율성과 직결되면 업무의 효율성은 일하는 사람의 기능적, 시간적, 업무적 효율성을 높이는 것이라고 하겠다. 조리작업의 효율성만을 강조하여 조리사의 기계적인 움직임만을 강요하여 시간당 생산량만을 요구하는 주방설계와 배치를 한다면 일시적인 생산성 증가만 얻을 뿐이다. 특히, 오늘날의 고객들은 획일적이고 단순화된 메뉴를 원하지 않는다. 조리사의 창의력과 독창성, 개성 있는 요리를 기대하고 있다. 조리사의 능력은 시간당 생산성과 더불어 얼마나 신선하고 독특한 개성 있는 요리를 만들어 낼 수 있는가 역시 중요한 문제로 등장하게 되었다. 따라서 주방의 개념을 일하는 공간이면서 조리사가 창의적인 생각을 할 수 있는 공간으로서의 역할을 하도록 쾌적하고 여유로운 공간을 마련하도록 하여야 한다.

(4) 주방설계와 배치는 어떻게 변화되고 있는가?

주방에서 주로 업무를 행하는 조리사에 대한 배려가 없다면 업무의 효율성을 기대하기란 어려울 것이다. 특히, 점차적으로 주방의 공간은 서빙공간과 따로 떨어진 독립적인 공간이 아니라 고객에게 다가가는 공간으로 변화되고 있다. 현대인의 관심은 건강하고 여유로운 삶을 추구하며 양(量)보다는 질(質)적인 삶을 추구하며 시대를 요구하고 있다. 그래서 참살이를 뜻하는 웰빙(well-being)이나 로하스(LOHAS)적인 테마가 중심이 되는 삶을 살아가는 고객을 가진 외식업계에서 고객들이 가진 먹을거리에 대한 관심은 매우 높다. 거의 전문가 수준의 원칙과 수준을 가진 고객이 늘어남에 따라 고객들은 음식의 맛이나 서비스뿐만 아니라 메뉴, 주방 위생, 인테리어, 요리사 등에 대한 관심 이상으로 판단하고 인터넷(블로그), 모임을 통해서 적극적으로 다가가는 모습을 쉽게 볼 수 있게 되었다. 이런 의미로 볼 때, 이제 주방은 더 이상 폐쇄적인 공간이 아니라 개방적이고 고객과 적극적으로 직접 교류해야만 하는 공간으로 변화되어 가고 있다.

2) 주방설계 및 배치 시 주의사항

- 주방설계와 배치의 과정 : 주방설계는 식당의 전체적인 도면을 작성하는 과정 중의 일부로 모든 과정은 서로 연관성을 가지고 있기 때문에 따로 구분해서 생각할 수 없다. 흔히들 전체적인 부분을 고려하지 않고 고객이 이용하거나 외부에 보여지는 홀 부분에 대한 설계나 인테리어에만 신경을 쓰는 경우가 있다.

- 이 밖에도 식당설계 전에 메뉴나 차후 개발메뉴, 종사원을 위한 탈의장이나 휴식 공간, 식재료 보관창고 확보, 주방의 레이아웃, 객석 도면, 룸 구성 및 배치에 대해 설계자, 인테리어 업체와 사전 협의가 필요하다.
- 설계 시 직접 관계가 없는 영역인 공유면적과 전용면적을 정확히 실측하고 설계상 지하의 필요성과 있다면 방수문제, 주차문제 등에 유의해야 하며, 공사장 내·외에 방화지역이 있는지 확인하도록 한다. 이 경우 주방시설을 설치하면 영업허가가 나지 않는다는 데 유의해야 한다.
- 주방위치도 설정할 때 수도, 전기, 정화조 용량, 소방 및 방화시설, 가스, 급·배수시설 등도 체크하여 전문 업체와 상의하도록 한다.
- 주방은 많은 식재료를 사용한다는 점을 염두하여 식재료의 유입 시, 차량의 접근이나 저장, 검수를 위한 편리성을 고려하여야 한다.

06 주방의 공간구성원칙

1) 주방공간

(1) 평면적인 검토

식재료의 반입통로를 확인하고 주방을 중심으로 조리설비 및 기기, 창고, 사무실, 휴게실, 화장실 등의 위치를 정한다. 주방과 홀과의 원활한 음식의 흐름을 위해서 서비스 라인을 점검한다. 이러한 모든 평면적인 배치는 사람의 움직임과 공간을 고려하여 효율적인 면이 적극 고려되어야 할 것이다.

(2) 입면적인 검토

서비스 엘리베이터, 덤웨이터(dum waiter) 등의 위치를 검토하고, 왜건(wagon)류의 크기와 덤웨이터의 크기를 고려한다. 종사원의 동선과 서비스 동선을 구분하고, 서비스 왜건의 출입구 및 이동공간의 길이와 넓이를 고려한다.

- 주방의 최소한 넓이 : 2.74~3.32m/1인 기준
- 주방 내 작업통로 : 1.07~1.22m/1인 기준
- 주방의 층고 : 층고 3.5m 이하의 경우 천장 안의 닥트 및 배기설비 등에 유의하며 층고 2.4m 이하의 겨우 설비기기의 높이 확인
- 1인당 공간 확보율 : 1.39m²

2) 주방의 바닥과 벽

(1) 주방의 바닥과 벽

방수처리, 바닥과 벽의 자재 선택

- 철근/철골구조
- 콘크리트
- 목조가옥 : 열사용과 관련된 기기가 많은 점을 고려할 때, 화재 예방에 유의하여 벽면 시공 시 타일 등을 시공하고 기기와 벽면 사이의 안전공간을 확보하도록 한다.
  ※ 덤웨이터(dum waiter) : 서류 · 요리 등을 운반하는, 케이지 바닥면적 1m²이하, 높이 1.2m 이하의 소형 엘리베이터를 덤웨이터라고 한다.

(2) 주방의 바닥

주방 내에서 조리사의 업무특성 중 하나는 장시간 동안 서서 업무를 처리해야 한다는 것이다. 또 하나의 특징은 주방의 특성상 많은 물을 다루기 때문에 주방의 바닥은 조리사의 안전과 업무의 효율성과 깊은 관련이 있는 매우 중요한 부분이라 하겠다. 이 경우 그림 8-10에서 보듯이 배수구와 상하수도 시설 및 바닥에 설치되는 전기시설에 대한 배치를 설계에 의해 완료하도록 한다.

주방의 바닥재로 사용되는 재료의 선택과 가격은 제한이 없을 만큼 다양하다. 일반적으로 주방의 바닥은 장시간 근무하는 업무 조건과 비교적 무거운 물건들을 다루는 경우가 많은 주방의 특성을 고려하여 바닥 지면에 물체가

그림 8-10 **주방의 방수, 드레인, 전기설비 완료**

닿는 부분의 탄력성에 따라 견고하나 탄력성이 부족한 콘크리트(concrete), 대리석, 타일(tile) 그리고 테라조(terrazzo : 시멘트와 대리석 혼합) 등이 있으며, 탄력성은 좋으나 견고함이 부족하고 썩기 쉬운 나무와 에폭시 등의 재료가 있다.

주방바닥의 고려사항으로는 다음과 같은 것이 있다.

- 안전성 : 주방의 특성상 물을 사용하는 경우가 많다. 따라서 주방바닥은 미끄럼을 방지할 수 있는 재료(에폭시)를 사용하여 조리사가 안전하게 일할 수 있도록 해야 한다.
- 위생성 : 주방에 있어서 가장 중심적으로 고려해야 할 부분은 위생이다. 주방바닥은 조리 시 발생하는 떨어진 식재료들이 틈에 끼지 않도록 되어 있어야 하며, 배수관리가 잘되도록 시공되어야 하며, 바닥 재질에 있어서도 청소가 용이하고 물기 제거가 쉬우며 방수가 잘 되도록 해야 한다.
  - 에폭시(epoxy) : 플라스틱의 일종으로 굳은 콘크리트를 서로 접착시키고 또 골재와 혼합해서 고급의 콘크리트가 되게 하는 액체를 말한다.
  - 코빙(coving)은 광범위한 업소의 시설개조나 새롭게 시설을 설치할 때 필요하다. 업소에서는 테라조타일, 세라믹타일, 포장된 콘크리트나 이와 유사한 바닥 재료를 사용할 때 코빙을 해준다. 코빙이란 바닥과 벽 사이의 날카로운 코너나 틈을 굴곡지게 하고 봉합하여 청소하기 쉽게 해준다. 코빙타일이나 부착 스트립은 바닥과 벽 사이에 틈을 막아 단단히 고정해야 하며, 숨어 있는 벌레를 제거할 수 있도록 해준다.
- 조화성 : 바닥은 위생과 안전성뿐만 아니라 주방 전체적인 분위기를 좌우한다. 따라서 주방바닥 재료나 색, 재질을 선택할 때는 전체적인 주방의 벽, 천장, 기구와의 조화를 이루도록 하며 색상과 재질을 선택하며 이는 청소나 관리의 편리성, 소음 감소 그리고 조리사의 근무 피로감을 낮추는 역할도 해줄 수 있다.
  - 배수구-1/100 경사도, 폭-20cm
  - 그리스 트랩(grease trap) : 기름 및 찌꺼기 제거용으로 배수구의 말단부에 설치 트립은 녹을 방지하기 위해 스테인리스로 설치하며 사용 용량은 주방에 따라 다르나 분단 사용수량의 6배 이상을 설치하도록 한다.

■ 효율성 : 주방의 업무는 식재료의 흐름이나 조리인력의 업무 순서에 따른 활동 범위 및 순서에 입각하여 효율적으로 장비나 기계가 배치되도록 설계되어야 하며 이에 준거하여 바닥의 배수구나 그레이스 트랩의 위치나 용량 등을 고려해서 결정해야 한다.

■ 안락감과 품격성 : 주방은 조리사가 업무를 담당하는 공간이다. 따라서 정서적이나 업무상의 안전감과 편안함을 가질 수 있어야 한다. 또한 조리업무를 담당하는 책임자로서 위생과 지위에 맞는 품격을 가진 공간이다.

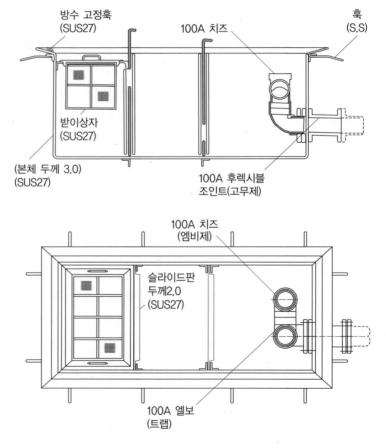

그림 8-11 **그리스 트랩의 예**
출처 : 이갑조 역(1980). p. 155.

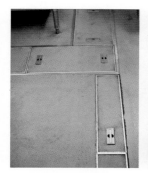
우레탄바닥

목재바닥

타일바닥

시멘트바닥

그림 8-12 다양한 주방의 바닥

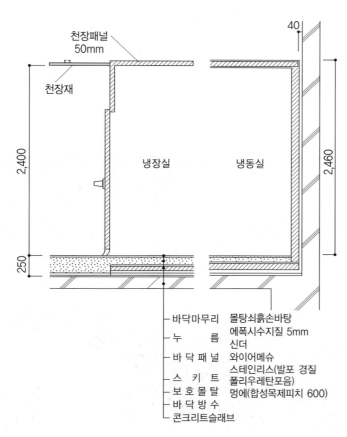

천장패널
50mm

천장재

2,400

250

40

냉장실

냉동실

2,460

─ 바닥마무리   몰탕쇠흙손바탕
─ 누   름   에폭시수지질 5mm
              신더
─ 바 닥 패 널   와이어메슈
─ 스 키 트   스테인리스(발포 경질
              폴리우레탄포음)
─ 보 호 몰 탈   멍에(합성목제피치 600)
─ 바 닥 방 수
─ 콘크리트슬래브

그림 8-13 룸 냉장(동)고의 설비 방수 구조
출처 : 이갑조(1980). p. 154.

(3) 주방의 벽

주방의 벽 재료는 주방 업무상 기름이나 소스 등의 이물질이 튀는 경우가 많다. 따라서 청소가 용이한 재료를 사용하며 주방 내의 소음을 흡수할 수 있어야 한다. 또한 조리사의 피로감을 줄여줄 수 있는 색상의 타일을 사용하며 식당의 콘셉트나 주방의 특성에 맞는 인테리어 벽을 사용하는 경우도 늘어나고 있다.

주방의 내벽은 바닥에서 1.3cm까지는 내수성이 강한 재료를 사용하도록 한다.

- 타일 : 천장부까지 마무리하는 것이 바람직하며 적어도 바닥에서 최소한 1.2m 높이까지 시공
- 플라스터 : 주방은 습도가 높으므로 곰팡이 등의 발생과 변색의 우려가 있으며 크랙 등의 문제로 사용상 주의를 요함
- 모르타르 OP : 허리상부의 위치에만 시공
- VP 마무리 : 열기기의 후면에 위치하는 경우 주의를 요함

플라스터(plaster) 석고 또는 석회, 물, 모래 등의 성분으로 이루어져 마르면 경화하

그림 8-14 **주방 타일벽의 예(미국 C.I.A) 주방**

는 성질을 응용하여 벽·천장 등을 도장하는 데 사용하는 풀 모양의 건축재료로 석고 플라스터와 돌로마이트 플라스터로 구별할 수 있다. 모르타르(mortar)시멘트와 모래를 물로 반죽한 것으로, 고착재의 종류에 따라 석회모르타르·아스팔트모르타르·수지모르타르·질석모르타르·펄라이트모르타르 등으로 구분된다.

가변폭(variable pitch)을 쓴다는 것은 송풍기와 벽간의 여백공간, 떼어 놓아야 될 간격, 공간들을 일률적으로, 통일되게 표현한다는 말이다.

3) 주방의 천장 : 배관, 후드설치

주방의 천장에는 후드나 환풍기, 전기시설, 수도 배관, 가스관 그리고 화재 경보장치 등 다양한 시설들이 설치된 공간으로 일정한 여유공간이 요구된다. 이러한 부분이 반영되지 않은 상태에서 주방설계가 된다면 주방의 층고가 너무 낮아지기 때문에 조리업무를 수행할 때 효율성을 크게 떨어뜨리는 커다란 불편함을 겪게 될 것이며, 조리업무 시 통풍이나 조도 환기 등 조리 업무 환경에도 영향을 줄 수 있다.

천장은 내열성과 내습성이 강한 소재로서 내화보드나 코팅 처리된 불연성 석면재를 사용하도록 한다. 천장의 높이는 후드나 배기기구 설치와 조리사가 조리모를 쓸 경우의 높이를 감안한 충분한 높이로 2.3m 정도가 적당하다. 일반적으로 주방의 천장은 많은 배관들이 설치되어 있기 때문에 노출되지 않도록 마감을 하는 것이 보통이었으나 경비 절감이나 인테리어적인 측면을 고려하여 천장을 완전히 오픈하거나 간편하게 철망과 같은 재질을 설치하여 반개방 형태로 설치하기도 한다. 또한 배관설치 기술의 발전과 시설을 간편하게 할 수 있는 기술의 개발로 단순하게 천장을 처리할 수 있도록 발전되고 있다.

그러나 아직은 천장시설을 개방할 경우 먼지나 이물질이 떨어질 우려가 있기 때문에 주의를 요한다.

- 천장판 : 천장판이 설치되어 있지 않은 경우 위생상의 문제 검토(닥트, 후드, 조명등의 먼지 주의)
- 천장판 처리 : 방화제, 내화보드 천장판으로 시공 마무리

우송정보대학의 실습실 내부

미국 리치칼튼

미국 C.I.A 부처(Butcher 실습실)

동경의 싱가포르 리퍼블릭

미국 C.I.A(서부 캠퍼스)

이터리(eataly)

그림 8-15 **다양한 주방의 천장마감 상태**

4) 환기시설

(1) 후 드

열이 발생하는 스토브, 오븐, 스팀기 등을 상부에 설치함으로써 연기, 열, 악취, 습기 등을 배출하는 역할을 하게 된다.

후드의 높이는 바닥에서 1.8~2m의 위치에 설치하는 것이 바람직하며 후드의 폭은 열이 발생하는 기기의 폭보다 15cm 이상일 때 효과적으로 배출될 수 있다.

또한 대부분의 후드는 조리작업이 진행되는 상부에 있기 때문에 먼지나 기름때가 발생하여 음식물에 떨어질 수 있으므로 정기적인 청소가 요구된다.

(2) 닥 터

후드에서 모아진 연기는 닥터를 통해 송풍기로 흡입되어 옥외로 배출되어진다. 닥터 내 송풍은 500m/min 이하로 시설된다.

(3) 배출기

주방에서 발생하는 열기나 악취 등을 외부로 배출하기 위해 설치되는 기기로 소규모 주방의 경우는 소형 환기팬을 설치하고 있으나 화기를 많이 사용하거나 배기의 필요성이 높은 주방의 경우는 일반적으로 시로코팬이 사용되고 있다(그림 8-16, 8-17).

배출량 계산식

- 소규모 주방 : 후드개구부의 면적×0.3×60(sec)= (/min)

  (예 : $1m^2$×0.3×60=18/min)

- 대규모 주방 : 주방면적×0.8×1.0 = (/min)

  (예 : $100m^2$×0.8×1.0 = 80/min)

- 이상적인 주방 환기 30회/초당
- 조리열을 배출할 경우 40회/초당
- 조리악취가 심하고 다른 장소로 확산될 가능성이 있는 경우 60회/초당

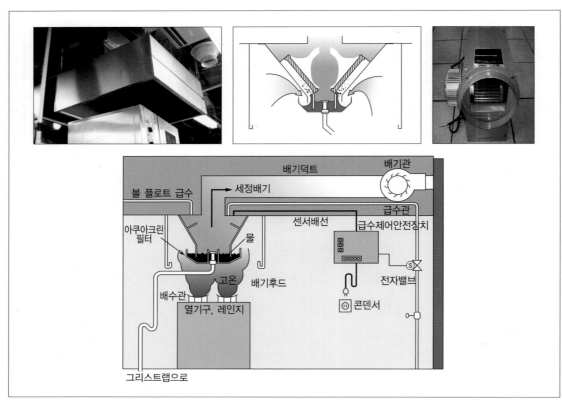

그림 8-16 **후드와 닥터의 운영시스템**

그림 8-17 **복잡한 배기시설**

■ 중앙집중식으로 전체 주방에 일괄적으로 환기시설을 설치할 경우 개별 주방별로 환기시설 조절이 어려운 경우가 있다. 이 경우 불필요하게 환기시설을 작동해야 하기 때문에 경제적인 낭비와 소음으로 인해 업무에 방해가 될 수 있다. 따라서 개별적인 작동이 가능하도록 하는 것이 바람직하다.

(4) 외부공기 흡입

'배기총량×0.95'의 공기를 주방 안에 공급하고 비교적 송풍이 좋은 건물에서는 배기와 함께 자연적으로 외부공기를 흡기하므로 별도의 환기장치를 설치할 필요가 없다.

음식점의 환기와 실내온도를 쾌적하게 만들기 위한 환기와 공조는 다음과 같이 한다.

■ 발생되는 연기량과 열량에 맞는 배기덕트 및 송풍기를 설치해야 한다.
■ 발생되는 연기를 희석하여 배기를 돕는 급기덕트 및 송풍기를 설치해야 한다.
■ 유입되는 공기량에 맞는 적정한 용량의 에어컨(냉난방기포함)을 설치한다.

음식점의 환기문제는 대다수 동네설비업체들의 자질적 문제와 정확한 비교를 할 수 없는 음식점경영자들이 무조건 값싼 시공자를 찾는 데서 발생하고 있다. 이미 기술적으로나 학문적으로는 이러한 문제를 예측하고 해결하는 시공이 가능한 수준에 있으므로 제대로 된 환기전문가들을 찾아 설계와 시공을 상담하시면 불량환기 문제로 고민하게 되지는 않을 것이다.

5) 주방의 전기

(1) 주방 내 설치기기

전기 관련 설비와 기기의 높이나 위치를 고려해서 평면계획을 작성하도록 한다.

■ 분전반(分電盤, distribution switchboard) : 분기과전류차단기는 간선(幹線)과 분기회로의 분기점에서 부하 쪽에 장착하는, 전원 쪽에서 보면 최초의 개폐기이며 과전류의 차단능력이 있다.
■ 배전반(配電盤, a distributing board) : 전류를 여러 곳에 보내거나 받을 때, 전

류 · 전압 · 전력 따위를 점검하거나 발전기 · 변압기 따위를 보호하기 위해 스위
치 · 계기 · 표시 등 같은 것을 장치하여 만든 판이다.

■ 전기를 사용하는 주방기기 : 전기오븐, 믹서, 저울 등이 있다.

(2) 전기설비 공사 시 유의점

일반적으로 주방설비 공사에 있어서는 분전반에서 스위치까지의 공사를 전기설비 시
공업자가 담당하게 된다. 기타의 배선은 주방설비업자 담당하는 경우가 많으나 업자
간의 공사구분과 내용, 시공계약의 내용 등을 미리 명확하게 구분하도록 한다.

콘센트와 스위치의 위치는 일반적으로 주방의 바닥에서 1.2m의 위치에 스위치를
설치하는 것이 바람직하다.

주방 업무의 특성상 습도가 높기 때문에 전기기구나 설비를 할 때 위치나 접지 등을
고려하여야 한다. 특히, 습도가 높거나 지하에 위치하여 환기가 잘 안 되는 경우에는
기기의 설치나 위치에 유의하도록 한다.

6) 주방의 가스

금속관 접속방식의 기기와 고무호스로 접속하는 기기가 있으며 금속관 접속기기는 기기
의 유니온까지를 주방 시공측이 기기 접속 및 인접배관공사는 공사 측이 담당한다. 가옥
내 설치는 금지되므로 옥외에 설치하여 각 봄베를 연결하는 집합장치로 주방에 공급된다.

주방에 설치된 금속가스관은 위의 그림에서 보는 바와 같이 각 주방 구역이나 시설
에 따라 작은 금속관으로 세분화되어 가스를 공급하게 된다. 주방의 화력은 전기를 이
용하는 경우도 있으나 대부분의 주방기구나 화력은 가스를 이용하기 때문에 안전에
대한 확인이 매우 중요하다. 주방에 유입된 중심가스관은 물론이고 각 부분이나 가스
기구로 나뉘는 모든 가스관은 몇 번의 중간 밸브를 통해서 공급되도록 함으로써 안전
성을 확보하고 있다. 대부분은 금속재질의 가스관으로 구성되어 있으나 필요에 따라
서는 고무 호스재질의 관을 사용하기도 한다(그림 8-16). 이 경우 정기적인 안전점검
이 요구되어진다.

가스관의 설치는 조리 업무에 방해가 되지 않도록 지상에 설치하는 것이 바람직하

GAS 안전 수칙

1. 가스밸브를 열기 전에는 항상 안전여부를 확인하고 주방기구를 점화한다.
2. 화기를 취급할 때에는 절대로 자리를 비우지 않도록 한다.
3. 중간 밸브를 연 후에는 파일럿(pilot) 점화여부를 수시로 확인한다.
4. 화기 취급장 주변에는 가연물질을 방치하지 않는다.
5. 조리 중 음식물이 넘치면 화재위험이 있으니 각별한 주의를 요한다.
* 특히 소스류(크림이나 브라운소스 등)는 일정한 온도에 이르면 갑자기 끓어오르기 때문에 주의하여야 한다.
6. 주방관계자 이외에는 절대로 가스 밸브에 손대지 못하도록 한다.
* 가능하다면 가스를 중점적으로 관리할 수 있는 담당자를 두며 업무 전후 가스의 오픈과 폐쇄는 담당자가 반드시 확인 후 기록하도록 한다.
7. 가스배관 및 기기의 이상 유무는 비눗물로 정기적으로 점검하도록 한다.
* 특히 고무관과 같이 가스 유출가능성이 있는 재질의 배관이나 가스관의 연결부위는 정기적으로 점검 관리하도록 한다. 오래된 경우 마모되거나 이음새가 노후화되어 가스가 누출될 가능성이 있기 때문이다.
8. 가스 사용 시 모든 환기시설을 가동하며 통풍이 잘 되도록 한다.
9. 가스 사용 중 누출경보 부저소리가 울리거나 예고 없이 가스공급이 중단된 때에는 모든 밸브를 잠그고 관련 부서에 통보하여 점검을 받도록 한다.
* 주방에는 다양한 가스 관련 장비와 기기가 배치되어 있기 때문에 관련 가스시설에 대한 사용법과 관리법에 대한 정기적인 교육이 요구되며 가스누출 시 행동 요령에 대한 교육도 반드시 이루어져야 한다.
10. 자동차단(control panel)은 항상 자동 상태로 두며 임의로 조작하지 않는다.

그림 8-18 **가스배관과 기기 연결 사진 금속가스관**

며 가스관의 점검 및 관리하기 쉽도록 노출되어야 한다. 따라서 가스관은 주방설계 초
기에 배치계획을 잘하여 설치하여야만 조리 업무 시 불편함을 방지할 수 있다. 이때,
봄베(bombe)는 수소·산소·액화석유가스·액화천연가스 등의 압축 기체를 넣어 저
장·운반·사용의 목적으로 이용하는 강제 내압용기를 말한다.

7) 주방의 기타 환경관리

(1) 온도 및 습도

주방의 업무적 특성상 많은 열기구의 사용과 물 사용량이 많기 때문에 온도와 습도 조절
이 쉽지 않다. 그러나 환기나 배기양의 조절을 통해서 온도와 습도 조절을 하도록 한다.

표 8-4 **계절별 이상적인 주방의 온도와 습도**

겨울철	18 ~ 21℃
여름철	20 ~ 23℃
습 도	40 ~ 60%

(2) 조명시설

- 일반조도(161~215lux)
- 작업용 조도량(300~400lux)
- 초정밀 조도량(700lux 이상)

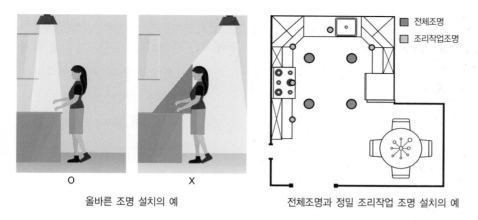

올바른 조명 설치의 예 | 전체조명과 정밀 조리작업 조명 설치의 예

그림 8-19 **주방의 조명관리**

조리작업장의 조도량과 근접한 지역의 밝기 비율이 3:1을 초과하지 않도록 한다. 주방의 조명은 두 가지 형태로 이루어지는데 전체적인 밝기를 위해서 일반적인 조명 (161~215lux)을 설치하며 정밀한 작업을 할 때 즉, 썰기와 다듬기, 데코레이션하기 등과 같은 조리작업이 이루어지는 부분은 아주 밝은 조도(700lux 이상)가 되어야만 섬

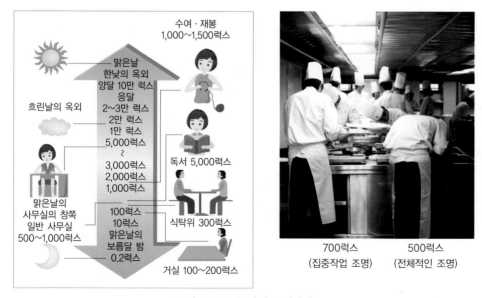

그림 8-20 **주방의 조명관리**

그림 8-21 **주방의 이상적인 조명의 예(직·간 접 조명)**

세한 작업을 할 수 있다. 또한 조명의 설치는 사람이나 기기나 장비에 의해 가려지지 않도록 주의하여야 한다.

주방의 각종 장비인 오븐 내부나 스토브 위의 조명의 경우는 조리과정 중에 발생하는 기름이 튀거나 각종 이물질에 의해 밝기가 감소할 수 있으므로 주기적으로 청소를 하거나 관리를 하여야 한다.

또한 완성된 음식을 만들어서 나가는 선반은 열선의 효과가 있는 조명기구를 설치하여 음식이 식지 않도록 하는 효과를 줄 수 있다.

(3) 색 깔

작업자의 피로감을 줄여주고 업무 생산성을 향상시키는 동시에 안전사고 예방에 도움을 주는 색이어야 한다. 대부분의 주방은 위생적이고 청결해 보이는 하얀색을 선호하고 있으나 오늘날의 주방은 개성 있고 다양한 타일을 사용하기도 한다.

(4) 소음 : 50데시벨 이하

주방에는 음식을 만드는 소리, 주문을 받는 소리, 각종 기구나 장비가 작동하는 소음 등 다양하고 복잡한 소음이 존재한다. 주방의 소음은 업무 준비시간과 영업시간에 따라 다르다. 가능하다면 불필요한 소음을 통제하여 업무의 효율성과 안전성, 집중성을 높이도록 하는 노력이 필요하다. 또한 조리사는 사용하는 기기나 장비의 소리에도 관심을 기울여 고장의 정도나 이상유무를 체크하도록 하여야 할 것이다.

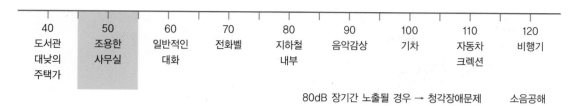

40	50	60	70	80	90	100	110	120
도서관 대낮의 주택가	조용한 사무실	일반적인 대화	전화벨	지하철 내부	음악감상	기차	자동차 크렉션	비행기

80dB 장기간 노출될 경우 → 청각장애문제   소음공해

그림 8-22 **다양한 소음측정치**

8) 주방싱크대

일반적으로 주방싱크대는 고객에게 제공되었던 남은 음식을 처리하는 시설과 주방 내부의 조리기구나 식재료를 닦는 두 가지로 나눌 수 있다.

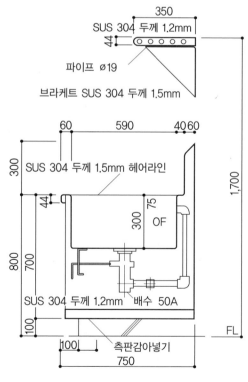

그림 8-23 **싱크대의 단면도**
출처 : 이갑조(1986). p. 154.

그림 8-24 **주방의 3구 싱크대**

(1) 주방 내 기물 또는 식재료를 처리하는 부분

주방 내에 존재하는 싱크대는 1구, 2구, 3구로 이루어져 있는데 각각의 싱크대는 냉수와 온수가 나오는 수도관과 배수구가 설치되어 있다. 또한 싱크대 양쪽은 세척하기 전에 기물이나 식재료를 놓을 수 있는 공간이 준비되어 있다. 3구 싱크대의 경우 첫 번째는 세제를 이용하여 세척하며 두 번째는 헹굼을 위한 용도로 사용되며 마지막에는 소독액(sanitizer)을 이용하여 소독을 하여 자연건조시킨 후 보관하도록 한다.

싱크대는 3구식 싱크대를 사용하는 것을 원칙으로 하는데, ① 먼저 음식물 찌꺼기나 이물질을 제거한 뒤, ② 첫 번째 싱크대에는 세척용 세제를 풀어 놓은 싱크대에서 나머지 이물질을 완전히 닦아낸다. ③ 두 번째 싱크대는 따뜻하고 맑은 물로 헹궈낸다. ④ 세 번째 싱크대에는 살균제(sanitizer)를 풀어 놓은 170℉(77℃)용액에 최소한

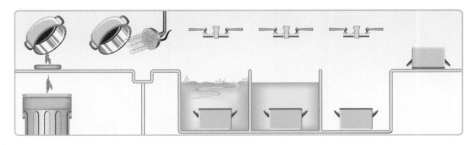

그림 8-25 **3구 싱크대의 처리과정 - 닦아내기 - 스프레이 - 세척 - 헹굼 - 소독 - 건조**

출처 : Sarah R. Labensky & Alan M. Hause(2006). p. 18.

30초간 담가 놓도록 한다(세제와 살균제는 용기에 작성된 사용법을 참고하여 적정량 사용하도록 한다). ⑤ 살균제에서 꺼낸 용기는 자연 건조시키거나 깨끗한 행주로 물기를 제거해 준다.

(2) 고객에게 제공된 식기를 세척하는 부분

고객에게 제공되었던 접시를 세척하는 용도로 자동 식기세척기를 설치하여 세척을 하는 부분으로 규모에 따라 다양한 식기세척기를 설치할 수 있다. 식기세척기의 위치는 웨이팅 스태프가 고객에게 제공하였던 식기를 회수하여 주방으로 들어오는 주방 내에 설치하는 것이 일반적이다. 특히, 식기세척기가 위치한 장소는 음식물 쓰레기 처리하거나 기타 다양한 오물이 존재하기 때문에 고객의 시선이 닿지 못하는 주방 내부에 설치하는 것이 일반적이다.

그림 8-26 **자동세척기**

07 주방시설 배치관리

1) 주방시설관리 시스템의 개념 및 목적

주방관리시스템이란, '주방종사원의 작업활동 공간에 있어 불필요한 활동을 최소화하여 목적하는 음식상품을 생산할 수 있도록 주방시스템을 구축하는 것'이라 말할 수 있다.

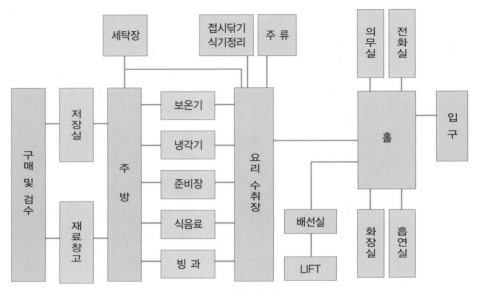

그림 8-27 객석 · 주방 기능도

주방장비 및 시설의 배치관리는 인적 자원과 물적 자원의 효율적 운영을 통해 경영 효율을 극도로 높이는 것이며, 이러한 목적을 달성하기 위하여 효과적인 메커니즘 (mechanism)에 의한 적절한 배치를 하여야 한다.

일반적인 건축과 주방의 설계상 차이점은 첫째, 동일한 공간 내에서 업무의 특성,

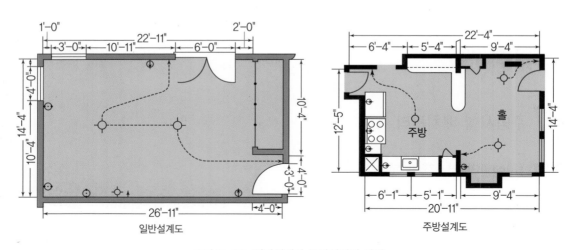

그림 8-28 일반설계와 주방설계의 차이

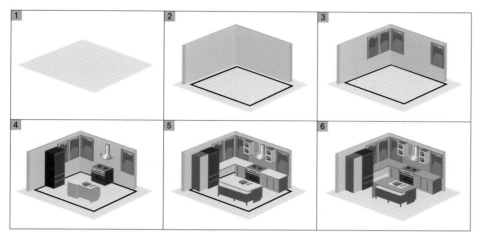

그림 8-29 **주방설계(3D작업)의 예**

설비나 구조상 특수성이 다르게 적용되기 때문에 구역별로 구분이 되어야 한다는 점이다. 둘째, 일반 건축의 경우는 전체공간에 가구나 기구의 배치에 따라 특성지어진다면 주방은 건축설계 시부터 설비를 위한 층간 높이 열기구 관리를 위한 배기 및 흡기구 설치와 수도시설 및 배수구와 같이 특수한 공간배치에 대하여 충분히 검토되어야 한다. 셋째, 주방설비는 음식을 조리하여 판매하는 것을 목적으로 만들어지기 때문에 식재료의 반입과 조리 그리고 요리를 제공한 동선을 중심으로 설계를 해야 한다. 즉, 전체적인 흐름과 동선 업무의 효율성이 고려된 설계를 하여야 한다.

최근에는 3D작업을 통하여 주방을 설계함으로써 다각적이고 입체적인 구조를 검토할 수 있도록 하고 있다.

2) 주방시설 배치의 고려사항

(1) 시설자재 운반의 최적화

주방의 시설은 다양한 크기와 형태들로 구성되어 있다. 대부분은 초기에 공간을 차지하면 쉽게 이동되지 않는 시설로 구성되어 있기 때문에 초기 주방설계 시 전체적인 공간의 효율성과 작업동선을 고려하여 시설을 배치하도록 하여야 한다. 또한 주방의 업무는 요리를 만들기 위한 기본적인 식재료들의 반입으로 시작된다. 따라서 주방설계 시 식재료의 운반을 위한 동선을 식재료의 보관, 처리, 이동경로를 고려하여 합리적으로 계획하여 두어야 할 것이다. 대부분의 설비가 고정되어 있기 때문에 만약 이러한 이동 경로가 최적화되지 않을 경우 식재료의 이동 시 직무 수행의 비효율화나 안전성에 문제가 될 것이다.

(2) 조리 생산 공정의 균형유지

일반적으로 주방에서 생산되는 요리는 주방 내부에 세분화 다양한 부서에서 조립되는 형태로 만들어진다. 예를 들면, 코스요리를 주문했을 경우 부처(butcher)에서 메인요리가 되는 스테이크를 준비하면 더운 요리 주방에서 이를 조리하게 되고 그 전에 애피타이저는 찬 요리 주방에서 준비되어진다. 즉, 주방은 이렇듯 다양한 섹션으로 구분되며 각 부분이 하는 업무상 또는 규모상의 차이가 있다. 일반적으로 보면 뜨거운 요리를 하는 섹션이 가장 넓은 면적을 차지하며 다음으로는 찬 요리를 하는 섹션, 프로덕션(소스나 수프 육수를 생산), 부처 순이다. 따라서 조리의 업무적 특성, 부서 간의 연계성, 규모의 차이를 고려하여 생산 공정이 효율적으로 이루어지도록 균형 있게 배치되도록 한다.

(3) 시설활동 공간의 효과적 활용

주방은 기능적 측면에 따라 다양하게 세분화되어 있다. 예를 들면, 더운 요리 주방(hot section), 찬 요리 주방(cold section), 프로덕션(production), 부처(butcher) 등 조리법이나 만들어 내는 요리에 따라 구분되어진다. 주방설비나 기기배치 시 각 섹션 주방의 특성에 따라 잘 배치되도록 하여야 한다. 또한 각 섹션은 완전히 독립되어 있는 것이 아니라 각 섹션이 하나의 요리를 만들기 위해서 섹션마다 유기적인 조합을 이뤄가며 요리를 만들어 내는 경우가 많다.

예를 들면, 코스요리를 주문할 경우 수프는 더운 주방에서, 샐러드는 찬 주방에서, 스테이크는 부처에서 준비해서 더운 주방에서 완성되며, 디저트는 다시 찬 주방에서 준비되어지는데 각각의 코스는 고객이 원하는 시간에 정확하게 요리를 제공하여야 하기 때문에 주방시설의 배치도 각 섹션이 효율적으로 의사소통하고 협조할 수 있도록 균형을 이루어야 할 것이다.

(4) 배치계획에 대한 유연성

주방 내 설비나 기기는 레스토랑 콘셉트 또는 메뉴의 변화에 따라 변경될 수 있다. 주방 내 설비의 경우는 레스토랑 매각, 또는 완전히 다른 업종으로의 전환과 같은 커다란 변화에 따라 변화되기 때문에 설비의 변화는 그 규모에 따라 커다란 변화를 가져온다고 볼 수 있다. 그러나 기기의 변화는 신메뉴 개발, 주방의 효율적 운영과 같은 소규모의 변화에 적극적으로 대처할 수 있게 유연하게 배치하도록 하는 여유 있는 배치계획이 필요하겠다. 또한 각 설비나 기기 및 이동이 가능한 기구 경우에 새로운 기기의 도입이나 업무동선의 효과적인 운영에 따라 변화를 줄 수 있도록 계획을 세우도록 한다.

(5) 설비의 효과적인 이용

주방의 경우 전기, 수도 및 배수, 환기, 다양한 기계 및 기구를 위한 설비들로 구성되어 있다. 이러한 설비는 단순히 한 가지 업무를 위한 설비가 아니라 조리 업무의 순서나 식재료의 흐름 또는 일하는 사람의 필요에 따른 동선 등에 따라 유기적인 관계를 가지고 있기 때문에 주방설비 시 이러한 점을 유의해야 한다. 예를 들면, 전처리를 위한 설비가 있다면 전처리 전 필요한 수도시설과 배수시설 그리고 전처리 후에 저장하는 시설 또는 필요한 장소로 신속하게 효과적으로 전달할 수 있는 설비가 효과적으로 운영되도록 설비를 배치하도록 한다.

(6) 인력의 효과적인 이용

다른 일반적인 업무와 마찬가지로 주방 업무에 있어서도 업무의 가장 핵심이 되는 것은 조리사라 할 수 있다. 특히, 조리 업무의 자동화가 진행되고 있으나 자동화의 한계는 있으며 결국은 조리사에 의하여 업무가 처리되는 부분이 많다. 따라서 조리사의 업무 효율성을 높일 수 있도록 조리사의 동선, 조리사 간의 연계성, 움직임 등을 고려하여야 한다.

(7) 작업의 안전성

주방의 설비나 기기 또는 도구들이 잘 갖추어져 있더라도 결국은 이를 운영하는 것은 주방의 인력이라 하겠다. 따라서 주방에 필요한 적정한 인력에 대한 관리가 요구된다.

따라서 주방의 인력은 설비나 기기 및 도구에 대한 운영에 대한 기본교육과 안전교육이 요구된다. 결국은 주방의 전체적인 운영을 책임지고 있는 조리사들이 효율적으로 움직임으로써 피로감을 줄이고 업무의 효율성을 높이도록 하며, 조리사의 업무는 대부분 철 소재로 되어 있거나 무거운 기구로 구성되어진 공간에 이루어지거나 칼과 불과 같은 위험요소가 큰 업무를 수행하기 때문에 무엇보다도 안전에 주의를 기울여야 한다.

특히, 주방의 인력에 대하여 기계나 기구와 같이 효과성이나 수익성 측면에서 다루어서는 안 되며, 인력에 대한 관리는 상호 간 의사소통과 관계 지향적 측면에서 운영되어야만 한다.

(8) 생산의 경제성

레스토랑을 운영하는 궁극적인 목적은 영리적인 이익을 추구하는 데 있다. 따라서 모두 설비, 기계 및 기구, 인력 등은 이러한 목표를 효과적으로 달성하는 데 중점을 두도록 하여야 한다. 단, 이러한 계획은 주방설비 계획 시 단기적인 목적 달성보다는 장기적인 측면에서 보아야만 한다. 특히, 설비나 기기는 사용기한이 장기간이기 때문에 배치계획은 신중을 기하도록 한다.

이상의 내용을 정리하여 보면 다음과 같이 정리할 수 있다.

① 시스템 구축의 원칙
- 유연성(flexibility)
- 조정성(modularity)
- 단순성(simplicity)
- 식재료 및 종사원들 간 이동의 효율성(efficiency)
- 주방위생관리의 가능성(possibility)
- 주방시설관리의 용이성(easily)
- 공간활용의 효율성

➡ 아래 예시에서 시스템 구축의 원칙에 해당하는 것을 선택해 보자.

예시	선택
① 단일 조리기계를 이용하여 다양한 메뉴를 조리할 수 있는 장비를 구입한다.	
② 신 메뉴를 개발·운영할 수 있도록 다용도 공간이 되도록 조정해서 설계한다.	
③ 복잡한 기계나 장비 배치는 메뉴 동선에 따라 잘 정리해서 재배치 한다.	
④ Hot, Cold 부서가 업무시 이동 경로가 겹치지 않도록 업무 동선을 정리한다.	
⑤ 기계와 기계, 스테이션 사이 그리고 싱크대 밑, 장비 뒤에 대한 위생관리를 철저히 한다.	
⑥ 불필요한 기계나 도구를 폐기하고 각 기기 마다 사용법 매뉴얼을 배치한다.	
⑦ 조리사들이 쉴 수 있거나 회의할 수 있는 주방공간을 마련한다.	

② 시스템 배치 계획의 목표
- 주방시설의 종합적 조화의 원칙(principle of overall integration)
- 단거리의 운반원칙(principle of minimum distance moved)
- 식재료의 원활한 흐름의 원칙(principle of flow)
- 공간활용의 원칙(principle of cubic space)
- 종사원의 안전도와 만족감의 원칙(principle of satisfaction and safety)
- 관리운영의 융통성의 원칙(principle of flexibility)

➡ 아래 예시에서 시스템 배치 계획 목표를 위한 원칙에 해당하는 것을 찾아보자.

예시	선택
① 가능하다면 검수공간과 저장공간을 근거리에 두도록 한다.	
② 구매된 식재료가 검수 ▶ 저장 ▶ 조리 ▶ 서비스가 물 흐르듯이 동선을 구성한다.	
③ 주방 부서별로 필요 기기와 장비가 잘 사용될 수 있도록 공간구조를 조정한다.	
④ 식재료의 종류나 특성별로 건조창고나 냉장/냉동고의 공간을 재배치 한다.	
⑤ 기계와 스테이션 사이나 싱크대 밑, 장비 뒤에 대한 위생관리를 철저히 한다.	
⑥ 쾌적하고 잘 정리된 주방의 환경은 조리사의 안전과 위생을 위해 중요하다.	
⑦ 트랜드나 고객의 요구에 따라 메뉴를 개발할 수 있도록 주방 시스템을 구축한다.	

이상의 주방 시스템 배치 계획을 통해서 달성할 수 있는 중요한 효과는 ① 위생확보, ② 작업능률 향상, ③ 경제성 확보이다.

3) 주방시설관리 시스템의 구성 요소

(1) 구성 요소
- 인적 구성 요소 : 지원주방(support kitchen)/공급주방(business kitchen)
- 물적 구성 요소 : 품목별 식자재/주방시설과 장비/조리장비 및 기구/위생도구

(2) 시설의 구조계획
주방시설에 대한 구조계획은 레스토랑의 업종 및 업태 그리고 콘셉트가 결정되면 전체적인 구조계획을 실시하도록 한다. 구조계획을 위해 고려되어야 할 사항들은 일반적으로 주방의 구조는 홀 및 외부시설과는 별도로 계획하는데 점차 주방의 범위가 주방 내부에서 끝나지 않고 오픈주방이나 뷔페시설 및 조리사의 서비스 영역의 확대로 인해 외부시설이 주방구조 계획에 포함되어지고 있다. 따라서 식당 전체적인 시설구조계획은 식당 전체의 규모나 크기, 분위기와 조화를 이루도록 계획하여야 하며 그 밖에도 식당의 운영시간, 메뉴, 서비스의 종류 등이 고려되어야 한다.

- 주방내부시설 및 외부시설의 포함여부
- 식당의 전체규모
- 적당한 크기
- 운영시간
- 메뉴
- 생산의 질적 요건
- 서비스
- 분위기

(3) 주방시설 계획의 5대 요인
- 물품의 출입이 자유로울 것
- 물품가공처리 및 저장이 용이할 것
- 조리작업이 편리하고 안전할 것

- 식당과의 연결성이 용이할 것
- 환경적 분리구역이 명확할 것

(4) 주방의 시설과 장비구매의 주안점

- 새 시설 장비는 음식시설의 일부
- 장비대체 필요성 여부
- 메뉴·판매량의 변화가 음식시설 투입의 필요성 여부
- 장비가 에너지 및 인건비 절감 효과 여부

4) 주방배치 계획단계

(1) 식재료의 흐름 분석

식당은 자연으로부터 얻은 신선한 재료를 고객이 원하는 음식으로 조리하여 판매함으로써 영리적인 이익을 추구하는 데 목적이 있다. 합리적인 이익 추구를 위한 방법은 식재료의 품질은 높고 원가를 최소화하여 고품질의 상품을 만들어 고객에게 제공한다면 가장 최대의 이익을 만들어내는 식당 운영이라 하겠다. 결국은 식당 업무의 성공 여부는 바로 식재료에 대한 합리적인 관리 및 운영에 있다고 보아야 한다. 식재료 흐

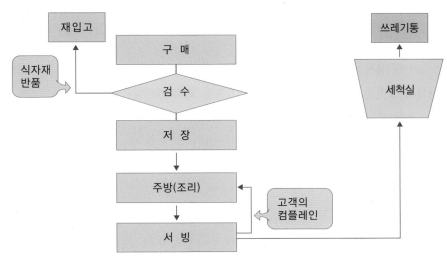

그림 8-30 **식재료의 흐름(구매에서 판매까지)**

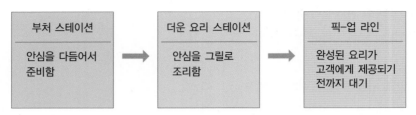

부처 스테이션		더운 요리 스테이션		픽-업 라인
안심을 다듬어서 준비함	➡	안심을 그릴로 조리함	➡	완성된 요리가 고객에게 제공되기 전까지 대기

그림 8-31 **조리과정에 따른 식재료 흐름**

름을 효과적으로 관리하는 것이 바로 식당의 운영의 핵심이라고 하겠다.

(2) 활동 간 관련 분석

식당 운영의 실제적인 부분은 각 부분에 관련된 인력(조리사, 웨이팅 스태프 등)의 활동에 의하여 이루어진다. 식당 운영에 참가한 인력이 각 업무 간의 활동을 얼마나 효율화시켜서 상품을 만들어 내고 고객에게 서비스를 하느냐에 따라 식당의 성공과 실패가 달려 있다. 따라서 위에서 제시한 식재료의 흐름에 따라 이를 관리하는(구매, 검수, 조리, 서빙 등) 활동은 연계성을 가지고 있으며 이러한 활동을 합리적으로 분석하고 효율화시키는 것은 매우 중요한 부분이라 하겠다. 예를 들면, 조리과정상 밀접한 연관이 있는 조리 관련 활동의 배치를 서로 근접에 배치함으로써 조리의 편의성, 안전성, 상품의 질적 향상을 가져올 수 있다.

(3) 조리과정 시 동선의 흐름

조리시설 및 설비는 정하여진 메뉴에 따라서 결정된 식재료를 가지고 여러 가지 관련된 시설과 장비를 통하여 고객에게 판매 가능한 요리라는 상품을 만드는 과정별로 필요한 부분을 배치하는 것이다. 결국 조리를 위한 시설과 설비가 잘 되었는지를 알아보거나 설치 시 조리과정에 따른 동선을 따라 어떠한 시설과 장비가 요구되는지 확인해보아야 한다. 표 8-5에 제시한 표는 각 메뉴별로 필요한 시설과 조리과정을 점검하는 표이다.

작업동향의 흐름을 동선이라고 하고 주방 종사원들의 작업방향이 원활하게 흐른다는 것은 신속과 정확, 좋은 능률을 나타내는 것으로서 인체의 피 흐름이 왕성한 것과 같다.

표 8-5 **메뉴별 식재료의 흐름분석표**

(예시) 뜨거운 채소와 레드와인소스를 곁들인 로스트한 소안심

흐름 / 식재료	구매	저장	부처	더운 요리 주방					프레젠테이션	픽업
				그릴	그릴	보일드	소테	로스트		
쇠고기 안심	✓	✓	✓				✓	✓	✓	✓
가니시 — 당근	✓	✓			✓		✓		✓	✓
가니시 — 주키니	✓	✓		✓					✓	✓
가니시 — 가지	✓	✓		✓					✓	✓
가니시 — 리조토	✓	✓			✓	✓			✓	✓
레드와인소스	✓	✓				✓			✓	✓
샐러드	✓								✓	✓

✓ : 조리과정을 거침   □ : 조리과정을 거치지 않음

능률적인 동선은 작업의 건전성을 의미한다. 이것을 동선효과라 하고 그 성과는 동선하의 주방기구 배치 및 기계배치가 적정하게 되어 있는가에 있다. 또한 기계의 성능도 작업동선상에 따라서 발휘되는 것으로서 기기의 기종 선택은 설계상의 중요한 역할을 한다.

(4) 식재료 흐름과 활동 관련성 분석

주방구조 설계의 기본적인 단계로 조리 업무별로 활동공간의 규모를 실제 크기 상태를 적절하게 고려하여 활동공간을 최적에 가까운 지리학적 배열을 나타내어 작성해 본다. 이때 고려할 점은 식재료의 주방 반입부터 고객에게 제공되기 위해 주방으로부터 웨이팅 스태프에게 전달될 때까지 흐름을 각 메뉴에 따라 모의 테스트를 해보고 흐름과 효율성을 분석하여 본다. 따라서 각 스테이션 간에는 유기적인 연관성을 가지고 배치계획을 세우도록 한다.

프로덕션 스테이션(production station)이란, 조리를 시작하기 전에 필요한 채소, 파스타, 기타 면류나 식재료 그리고 스톡이나 소스 등을 미리 준비하는 곳으로 찜솥, 대형 스톡용 용기(stok pot) 등과 상하수도 시설이 잘 되어 있어야 한다.

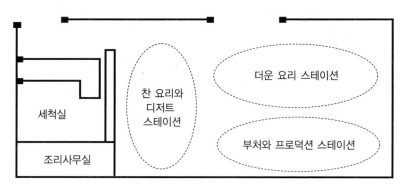

그림 8-32　주방의 대략적인 조닝계획

(5) 소요면적 결정

다음 과정은 보다 구체적인 단계로 소요면적을 결정하도록 한다. 이때 고려할 사항은 조리활동에 필요한 충분한 공간 확보가 이루어져야 한다. 또한 각 스테이션별로 세부

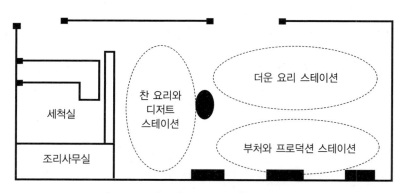

그림 8-33　건물의 구조를 고려한 주방 조닝계획

적인 기능을 고려하여 가능한 면적 파악하고 건물구조나 특성을 고려하여 배치하도록 한다.

(6) 설비 및 시설 배치

식자재 취급에 대한 시스템설계나 세부 배치계획에 따라 관련 설비 및 기기를 배치해 보도록 한다. 이 과정에서 고려사항은 설비는 한 번 설치하면 변경이 곤란하고 장기간 사용되므로 신중을 기하도록 하며 설비나 기기의 호환성과 연관성을 충분히 고려하도록 한다. 또한 조리기구의 배치에 있어서 식재료의 흐름에 따른 동선이나 다른 부분과의 연관성 등을 꼼꼼히 비교하도록 한다.

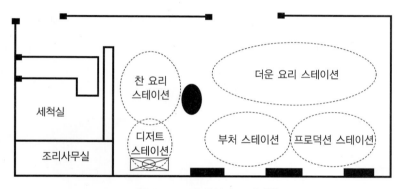

그림 8-34 **각 섹션별 조닝계획**

(7) 공간 관련도 작성

전체적인 공간계획이 수립되었다면 보다 세부적인 계획으로 각 섹션 내에서 조리인력의 수, 활동범위 및 관련 설비 및 기기의 확보 공간 등을 고려하여 다른 섹션과의 상대적인 크기를 추가로 하여 공간 관련도를 작성한다.

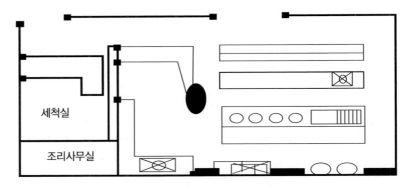

세척실

조리사무실

그림 8-35 **주방의 설비 및 시설배치 계획**

(8) 최종 평가 및 선택

가능하다면 동일한 공간에 대하여 다양한 주방 배치계획을 해보도록 한다. 그리고 각
각의 특성 및 장점과 단점을 검토하거나 설정된 평가기준을 근거로 최선의 배치계획
을 선택하도록 한다.

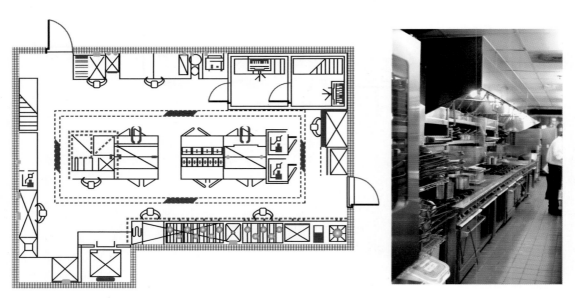

그림 8-36 **주방도면과 더운 주방 설치의 예**

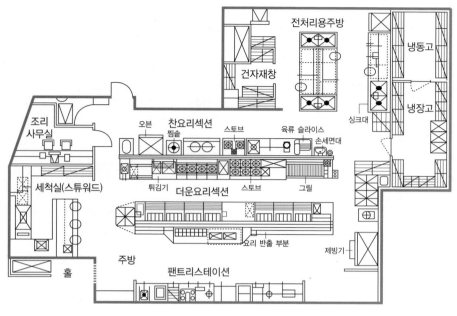

그림 8-37 **세부적인 주방의 배치계획**

08 주방 내의 작업활동 및 동선

주방 내의 조리활동은 매우 긴밀하고 정확한 움직임을 요구한다. 또한 비교적 한정된 공간에서 다수의 조리사가 활동을 하기 때문에 효과적인 시설의 배치나 조리활동 범위를 정하지 않으면 작업활동 과정에서 발생할 수 있는 과중한 신체적인 피로와 내·외적인 스트레스로 인하여 안전사고나 일의 효율을 저하시킬 수 있다.

따라서 적정한 공간을 확보할 수 있도록 최대작업영역을 고려한 설계가 필요하다.

1) 작업공간 흐름의 원칙

웨이팅 스태프가 고객에게 요리를 제공하기 위하여 주방으로 들어오고 나가는 동선으로 들어올 때는 완성된 접시를 가져가거나 세척해야 될 접시를 가지고 들어오게 된다. 이 출입 동선이 겹치거나 복잡할 경우 업무의 효율성이 떨어질 수 있다.

표 8-6 **주방배치 방법 모델**

주방배치 형태	설 명
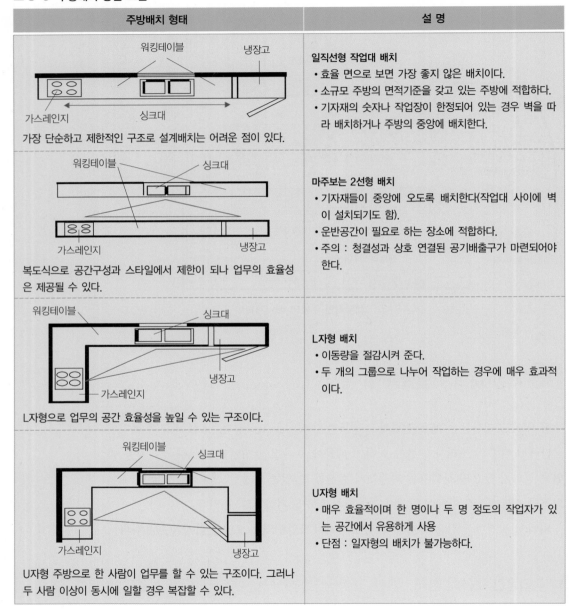 가장 단순하고 제한적인 구조로 설계배치는 어려운 점이 있다.	**일직선형 작업대 배치** • 효율 면으로 보면 가장 좋지 않은 배치이다. • 소규모 주방의 면적기준을 갖고 있는 주방에 적합하다. • 기자재의 숫자나 작업장이 한정되어 있는 경우 벽을 따라 배치하거나 주방의 중앙에 배치한다.
복도식으로 공간구성과 스타일에서 제한이 되나 업무의 효율성은 제공될 수 있다.	**마주보는 2선형 배치** • 기자재들이 중앙에 오도록 배치한다(작업대 사이에 벽이 설치되기도 함). • 운반공간이 필요로 하는 장소에 적합하다. • 주의 : 청결성과 상호 연결된 공기배출구가 마련되어야 한다.
L자형으로 업무의 공간 효율성을 높일 수 있는 구조이다.	**L자형 배치** • 이동량을 절감시켜 준다. • 두 개의 그룹으로 나누어 작업하는 경우에 매우 효과적이다.
U자형 주방으로 한 사람이 업무를 할 수 있는 구조이다. 그러나 두 사람 이상이 동시에 일할 경우 복잡할 수 있다.	**U자형 배치** • 매우 효율적이며 한 명이나 두 명 정도의 작업자가 있는 공간에서 유용하게 사용 • 단점 : 일자형의 배치가 불가능하다.

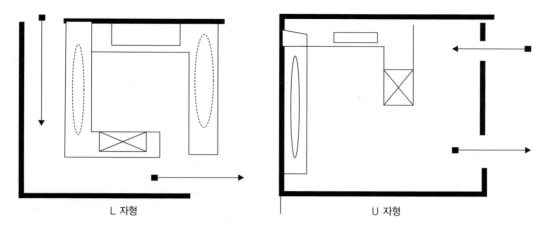

L 자형   U 자형

그림 8-38 **웨이팅 스태프의 동선에 따른 배치계획(세척실)**

■ 흐름은 가능한 한 일직선 라인(one line system)을 통과

■ 겹치는 흐름이나 복잡한 것은 최소화

■ 조리작업 중 작업흐름의 역행을 최소화

■ 옆으로 통과하는 것은 최소화

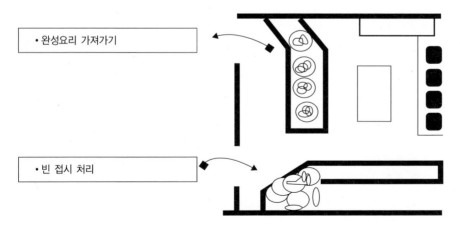

• 완성요리 가져가기

• 빈 접시 처리

그림 8-39 **웨이팅 스태프의 픽 업 라인**

2) 주방설계 관련도

주방설계 관련도는 주방 레이아웃도(설치도) 설비기기일람표, 시방서 그리고 관련서류로 견적서가 있다. 이를 항목별로 다시 설명하면 다음과 같다.

(1) 주방의 레이아웃

먹을거리에 대한 일반인의 관심이 증폭되면서 외식산업에 대한 발전을 가져오고 있다. 특히, 고객의 입장에서 차려준 음식을 소비하는 형태에서 직접적으로 시식하고 참여하고자 하는 적극적인 형태로 변화되고 있다. 이러한 경향은 외식산업체의 구성요소인 홀과 주방에 대한 관심이 높아지고 있으며, 특히 주방시설이 전체 영업에 아주 큰 비중을 차지하게 되었다. 그러나 아직은 대부분의 주방설계가 조리 작업장의 위생, 안전, 작업조건 등에 관한 일정한 원칙과 기준이 없이 획일적인 형태의 주방이 설계함으로 인해 많은 문제점을 내포하고 있다.

이렇게 한번 설치된 주방은 개조하기가 쉽지 않기 때문에 사전계획에 따라 철저하게 설계되어야 한다.

주방설계 시 다음 사항들을 고려해야 한다.

- 식재료와 물품이 들여오는 입구와 주방과의 관계 : 식재료와 주방관련 물품이 주방의 입고 시 식재료를 검수하고 정리할 수 있는 충분한 공간이 확보되어야 한다. 또한 물품 검수 및 확인 후 저장할 수 있는 공간(냉장/냉동고, 건자재 창고)들은 근거리에 배치해야 한다. 따라서 도면 작업을 할 때는 식재료 반입 지역의 여유 있는 공간과 보관할 수 있는 냉장/냉동고와 건자재 창고를 근접하도록 동선을 설계하도록 하여야 한다.
- 고객 출입구와 홀 그리고 주방과의 관계 : 고객 출입구와 홀은 근거리에 배치하여 고객이 대기할 수 있는 공간을 갖추도록 하며, 이 곳 역시 고객 서비스나 관리를 할 수 있도록 하는 배려가 요구된다. 또한 홀과 주방 공간은 주방의 소음과 화기, 연기 등을 고려하여 거리를 두는 경우가 있으나 오늘날에 와서는 주방 공간이 고객의 중요한 관심사가 되고 있으며 홍보차원에서 오픈하는 경우가 늘어나고 있다.

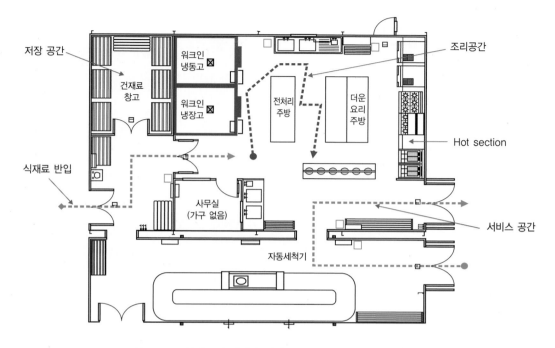

저장 공간

워크인 냉동고 ☒

워크인 냉장고 ☒

건재료 창고

조리공간

전처리 주방

더운 요리 주방

Hot section

식재료 반입

사무실 (가구 없음)

서비스 공간

자동세척기

그림 8-40 **식재료의 반입과 저장, 조리, 서비스 경로를 통한 이동 동선**

- 배식구나 식기를 거두어들이는 입구의 위치 : 배식구와 식기를 거두는 곳은 서비스를 제공하는 웨이팅 스텝들이 고객 테이블에서 회수한 접시를 디쉬 워시에 가져다 두기 쉽고 짧은 동선으로, 다음 코스요리를 받아 갈 수 있도록 근거리에 배치하도록 한다. 또한 주방으로 들어오고 나가는 동안 직원 간 충돌이 없도록 입구와 출구를 구분해 두는 것이 바람직하다. 또한 완성된 음식을 서비스 직원이 비교적 근거리에서 고객에게 전달할 수 있도록 함으로써 고객에게 적정한 온도의 음식을 제공할 수 있도록 한다. 따라서 서비스 직원이 음식을 가져가는 장소와 뜨거운 요리를 조리하는 공간(Hot kitchen)은 근거리에 배치하도록 한다.
- 저장고와 주방과의 상대적인 위치 관계
- 종업원실, 화장실, 주방과의 관계

주방 설계도면은 식품이 반입되면서부터 고객에게 전달되기까지 전 과정을 일목요연하게 정리되어 모든 동선을 체크하고 관리할 할 수 있도록 만들어져야 한다.

(2) 주방설비와 기기의 일람표

주방의 레이아웃이 정해지면 동선의 흐름에 따라 급배기, 급배수, 가스관의 위치가 정해지게 된다. 각 주방기구의 형태와 기능에 따라 관련 설비와의 관계를 고려하여 효율적으로 배치하도록 일람표를 명확하게 작성하도록 한다.

(3) 주방설비와 기기의 시방서

주방의 설비는 주방 업무의 특성상 습도가 높고 불을 사용하기 때문에 녹스는 것을 방지할 수 있는 스테인리스 재질의 철판으로 워킹 테이블과 워밍 테이블, 운반카트 등과 기타 조리시설이 만들어졌다. 또한 각종 가스관과 수도관, 그리고 각종 단열재로 처리되어 있다. 이러한 설비와 기기는 외관상으로 정확한 재질이나 두께 등을 구별하는 것

표 8-7 **기타 레이아웃의 체크포인트**

□ 단체 고객을 대비하여 주방 및 홀 시설이 고려되었는가?
□ 주방의 밝은 조명이나 높은 음성, 조리설이나 기계류의 소음 등이 고객에게 영향을 주지는 않는가?
□ 작업능률이나 위생 면에서 부대설비나 예비실, 탈의실, 세면장 등 종업원의 환경설비는 충분한가?
□ 주방에 대형 창이 있을 경우 외부로부터 들어오는 빛의 양과 각도, 시간 등이 고려되었는가? (석양, 여름철 온도 상승, 눈부심 등)
□ 식재료나 서비스의 동선을 겹치거나 막힘이 없이 부드럽게 흐르도록 설계되었는가?
□ 홀의 경우 어느 장소이든 쾌적성이나 불편함 또는 조명 등이 충분히 고려되도록 배치되었는가?
□ 설비확충, 기계보충 등 미래를 대비하여 여유공간을 고려해서 설계되었는가?
□ 파티, 특별행사, 이벤트 등과 같은 다른 서비스방법에 대응할 수 있도록 설계되었는가?

표 8-8 **설비의 체크포인트**

□ 주방기기의 레이아웃에서 객석수와 회전율이 영업품목에 알맞게 짜였는가?
□ 냉방 · 난방은 밸런스 있게 설비되었는가?
□ 더운 요리, 부처, 찬 요리, 프로덕션 등 각 섹션의 특성에 알맞게 냉 · 난방 설비를 잘 갖추고 있는가?
□ 주방 · 기타 냄새와 연기가 레스토랑에 들어가지 않도록 공기의 흐름을 고려하였는가?
□ 주방이나 고조기 등 소음이 레스토랑에 전해지지 않는가?
□ 주방의 기둥이나 움푹 들어간 공간 등을 고려하여 설비되었는가?
□ 주방의 전기 및 상 · 하수도 시설을 고려하여 설비가 되었는가?
□ 조명계획은 조리업무와 연관되어 잘 배치되었는가?

에 한계가 있다. 따라서 설비와 기기 및 각종 기구에 대한 명세와 A/S, 취급방법 등을 기록하게 되는 시방서를 확인하는 것이 필요하다.

(4) 주방설비와 기기의 설치도

주방설비와 기기는 한번 설치할 경우, 주방설비와 주방기기는 대부분 단독으로 설치

표 8-9 **주방설비의 문제점**

문제점	체크 사항
통풍이 안 되고 너무 덥다.	• 지하에 위치하고 있다. • 창문이 없어 자연적인 환기시설이 미비하다. • 배기가 안 되고 있다. • 환기/배기시설이 노후되지 않았는지 확인한다.
잡음, 냄새, 증기가 심하다.	• 잡음 : 벽면에 방음시설이 안 됨(주방과 홀 사이에 방음처리) • 냄새 : 배수구조 및 청소 용이하지 않음. 그리스 트랩(grease trap)에 대한 관리, 설비 마감처리 미비로 음식물 찌꺼기가 유입되는지 확인, 청소문제 등
조명이 너무 어둡다.	• 조도가 낮다. • 자연채광이 부족한 지하에 위치한다. • 오래된 전구나 전구커버의 청소 미비 등 점검
주방과 홀과의 거리가 멀다(음식이 식고, 운반 중 문제발생)	• 주방의 평균 온도를 체크한다. • 주방과 홀 사이에 장애물 여부를 확인한다. • 업무상 불필요한 요소가 있는가를 확인한다. • 주방의 레이아웃상 구조적인 문제를 확인한다.
주방과 홀 간 의사소통의 어려움과 서빙 중 충돌 등의 사고 발생	• 서비스 동선을 체크한다. • 운반용 엘리베이터 설치를 검토한다. • 주방과 홀 간에 원활한 의사소통에 장애가 되는 요소를 해소하도록 한다.
불필요한 행동이 많고 종사원의 관리가 어렵다.	• 기본적인 주방 레이아웃이 잘못된 경우이다. • 메뉴에 따른 식재료 흐름이나 업무의 동선을 재점검하는 등의 전면적인 수정이 필요하다.
• 주방바닥이 미끄럽고, 항상 젖어 있다. • 주방에서 잦은 안전사고 발생	• 주방 바닥에 불필요한 식재료나 물품이 관리가 안 되고 있는지 확인하거나 수납공간이 부족한지 확인한다. • 바닥 타일의 재질을 미끄럼 방지 소재로 교체한다. • 사전에 안전교육을 실시한다(물기 없도록 바닥 청소). • 배수구에 대한 청소 작업을 수시로 실시한다. • 배수구조가 좁거나 이물질이 잘 낀다거나 배수용량이 부족한가를 체크한다.

(계속)

문제점	체크 사항
수도시설이 부족하다.	• 급수관을 점검하여 필요시설을 확충한다.
작업대의 높이가 높거나 너무 낮다.	• 한국인의 표준 키에 맞도록 높이를 결정한다(조리사의 키가 너무 크거나 작은 경우에는 보조기구로 받침대나 선반을 설치한다).
작업대에서 조리시설까지의 거리를 고려하지 않았다.	• 작업대를 이동하여 조절하도록 한다. • 설계초기에 식재료나 업무동선을 사전에 점검해 본다.
사용되지 않거나 부적절한 주방기기가 배치되어 있다.	• 주방설계 초기에 가상 메뉴 테스트를 실시해 본다. • 신메뉴 개발이나 이벤트성 메뉴에 대한 신중한 적용으로 불필요한 기기나 기구를 구매하지 않도록 한다.
냉장·냉동고의 용량이 부족하거나 너무 크다.	• 식당의 규모와 메뉴의 수나 종류를 사전에 예측하도록 한다. • 식재료에 대한 제고조사를 실시한다. • 용량이 부족할 경우 보조 냉장/냉동고를 설치하도록 한다.
식재료 반입, 검수, 저장을 위한 장소가 부족하다.	• 주방의 설계단계에서 저장을 위한 공간을 마련한다. • 저장 용량, 습도와 통풍, 운반로와 거리 등을 고려한다. • 식재료의 반입, 검수, 저장을 위한 구분된 공간을 둔다.
종업원을 위한 휴식공간과 로커 및 샤워시설이 없다.	• 업무의 효율성과 만족도를 높이기 위해 중요하다는 인식을 가지도록 한다. • 설계초기 종사원의 의견을 충분히 반영하도록 한다.
주방에서 생기는 오물들을 보관·처리하는 시설이 없거나 또는 용량이 너무 작다.	• 주방에 오물을 충분히 처리할 수 있는 충분한 용량의 하수처리시설을 갖추어야한다. • 쓰레기와 음식물 찌꺼기, 재활용품 등을 자주 처리할 수 있도록 교육과 체크시스템을 갖추도록 한다. • 오물처리 장소는 따로 관리하도록 하며 위생적으로 관리하도록 하여야 할 것이다.

되어지지 않고 전기, 가스, 수도 및 배수시설과 유기적인 관계를 고려하여 배치되게 된다. 또한 설비나 기기는 대용량의 경우가 많기 때문에 위치의 변경이 쉽지가 않다. 따라서 주방설계 초기에 설비와 기기의 위치를 작업동선과 업무의 효율성 등을 고려 하여 설계도면에 배치해 보고 몇 가지 메뉴상황을 참고로 하여 시험 운행해 봄으로써 문제점이 발생하지 않도록 철저한 사전 점검이 필요하다.

- 관련 설비와의 관계나 위치
- 설비 및 기기의 용량 및 에너지 소비량

- 수도 및 배관공사
- 흡·배기공사
- 전기 배선공사

이 외에 필요한 사항들에 대한 점검을 하고 필요에 따라서는 각 부분별 상세도, 단면도 등을 준비하도록 한다.

(5) 주방설비와 기기설치 입면도(전개도)

위에서 지적되었듯이 주방의 설비나 기기는 정확한 설치가 매우 중요하다. 그러나 평면적인 도면에서는 체크하기가 어렵거나 쉽게 간과하기 쉬운 부분이 있다.

- 전기 스위치의 위치
- 후드의 높이와 팬랙과의 관계
- 선반의 위치와 높이
- 배식구의 높이와 위치
- 창문과 기기의 높이와 위치

이러한 사항들은 평면도에서 표기는 되나 쉽게 놓칠 수 있는 부분이기 때문에 입면도를 통하여 충분한 검토가 이루어져야 한다.

CHAPTER 9

레스토랑 컨설팅 연습

CHAPTER 9
레스토랑 컨설팅 연습

지금까지 레스토랑 운영과 관련된 주방의 역사와 개념, 식당의 분류, 메뉴와 원가관리, 주방과 홀의 구조 등에 대하여 배웠다. 이 장에서는 그동안 배운 이론을 바탕으로 스스로 레스토랑의 전반적인 부분을 고려하여 창업을 연습해 보고자 한다.

01 레스토랑 콘셉트

외식기업 창업을 위해서는 음식점에 대한 콘셉트(concept)를 설정하는 것이 매우 중요하다. 음식점에 대한 콘셉트는 창업을 위한 계획(plan)-과정(process)-목표(goal)를 설정함에 있어서 근간이 될 것이다. 창업 콘셉트는 중요 목적을 이윤추구에 두고 계획을 수립하여 그에 필요한 절차를 따라서 목적을 이루는 데 매우 중요한 바탕이 된다. 따라서 콘셉트는 전체적인 과정을 한눈에 알아볼 수 있을 만큼 분명하고 확실한 청사진을 제시할 수 있어야 한다.

외식창업을 위한 콘셉트를 개발할 때 고려되어야 할 사항들은 상권에 포함된 주 고객층의 특성, 지역의 특성, 업종과 업태의 형태, 서비스 형태나 방법, 메뉴의 수, 종사원의 고용 형태, 광고 및 홍보 등에 관한 충분한 조사가 따라야 한다.

작성방법 레스토랑 창업을 위한 기본적인 콘셉트를 정하기 위하여 그림 9-1을 채워 본다. 작성방법은 표 9-1에 작성된 내용의 예를 참고로 하며, 가장 핵심적인 내용을 그림 9-1에 작성해 본다.

표 9-1 콘셉트 내용 작성해 보기

콘셉트	내용의 예	작성하기
서비스	셀프/풀서비스	
식재료	국내산/수입산/한식/일식/중식	
위 치	상업지역/주택가/대학가	
메 뉴	한식/양식/일식	
가 격	고가/중가/저가	
분위기	고급/가정집/카페	
경영형태	임대/프렌차이즈/가맹점/창업	
품 질	고품질/평이한	

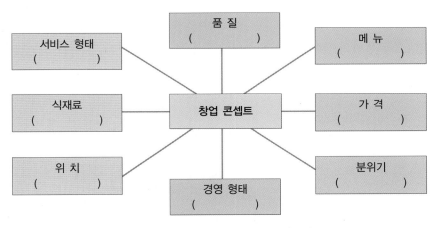

그림 9-1 **콘셉트 결정 시 고려요인**

02 입지선정 및 상권분석

1) 입지선정

창업을 하고자 하는 지역의 소비성향과 지출수준 및 경쟁업체의 수와 점유율을 비교·검토하여 본다.

표 9-2 **알맞은 입지형 선택해 보기**

구 분	내 용	예 시	선택하기	비 고
고객 창출형	광고, 상품의 독자성 평가, 판매촉진 수단에 의해서 독자적인 고객을 흡입하는 형태	백화점, 대형 슈퍼마켓, 커피전문점, 씨푸드 전문점		
고객 의존형	가까운 점포에 의해 흡입된 고객이 주변의 점포로 구매하러 가는 점포	먹자골목, 대학가, 푸드코트 등		
통행량 의존형	쇼핑을 목적으로 하지 않는 통근자나 교통기관 이용자 등이 구매하는 경우	편의점, 패스트푸드점		

- 지리적 위치조사 : 지형, 지세, 코너여부, 시계성, 접근성, 홍보성, 구매동선, 생활동선, 교통시설, 보행도로, 교통도로(인터넷을 접속하여 본인이 생각하는 지역을 다운로드 받아서 지리적 위치를 분석하여 본다).

  예 신촌역과 이대 사거리에 있는 2층 건물

- 기능성 위치조사 : 지역의 주요기능 파악, 부속기능(광역, 협역), 기능별 집적도, 활성도, 야간 인구 유발 가능

그림 9-2 **지리적 위치 조사하기**

작성방법　그림 9-2의 예시처럼 본인이 원하는 지역에 대한 입지적 위치를 웹사이트 '지도찾기'를 이용하여 찾아서 구체적인 지리적인 위치를 출력하여 붙여 준다.

지리적 위치조사

2) 상권조사·분석

- 상권조사 : 인구, 세대수, 주거 형태, 유동상권파악, 주간상권, 야간상권파악, 경합점, 상권수준, 주변환경, 통행량(질의시간대 분석), 상권확대 전망
- 상권분석 : 상권범위 설정, 실질상권/1차/2차, 상권설정, 실질상권규모 측정, 상권 외식지출 측정

3) 외식점포의 상권조사서

① 건물개요

작성방법 외식점포의 위치를 결정했다면 인터넷의 부동산 정보나 상권지역 내의 공인중계소에 전화문의 또는 현지를 직접 방문하여 위의 건물개요 부분에 대하여 상세한 정보를 기록한다.

건물명			점포규모	_____ m² (_____ 평수)		
건물주소						
상권유형	□ APT(주택가) □ 공원 및 문화 중심지	□ 상업중심지 □ 유흥가	□ 역세권 □ 시외지역	□ 오피스지역 □ 기타( )	□ 대학가	
건물형태	□ 기존건물	□ 신축건물	□ 복합건물	□ 단독건물		
임대조건	보증금 _____ 만 원		월세 _____ 만 원		권리금 _____ 만 원	
명도일자	200 년 월 일		실측일자	200 년 월 일		

② 시설이용

작성방법 본인이 개별적으로 조사·계획을 세우거나 유사한 콘셉트를 가진 업체를 조사하여 작성해 본다.

파사드 설치	가능 / 불가능		전면간판 SIZE	약 _____ M		
돌출간판 SIZE	약 _____ M		설외기 위치			
정화조용량			소방허가	□ 유 □ 무		
현사용용량/ 건물허가용량	kw	예정점포계약용량	kw	점포내전기용량	□ 220V kw □ 380V kw	

* 파사드(facade) : 건물의 정면, 외향, 상품광고나 홍보를 위해 LED 미디어 파사드를 설치함

③ 투자금액

작성방법 제4장의 주방실무 및 원가관리를 참고로 하여 작성해 본다.

총 투자금액	만 원	자기자본금	만 원	융자금액	만 원
희망소득	만 원	최소소득	만 원	점포운영형태	

④ 경쟁점 조사하기

작성방법 동일 상권 내에 있는 유사 경쟁업체에 대하여 방문조사를 통하여 작성해 본다.

점포명	①	②	③
주메뉴			
예상매출			
규모			
이격거리			
특징(장/단점)			

⑤ 비교점포매출

유사점포명	일평균매출	점포평수

⑥ 예상매출 산출근거

작성방법 제4장의 주방실무 및 원가관리를 참고로 하여 작성해 본다.

유사 점포명	점포규명	비교지수	예상매출	일일 유동량	평균구매율
	m²(평)	%	만 원	명	%
내점객수	예상객단가	예상매출	세대수	일 이용객수	예상객단가	예상매출
명	원	만 원	가구	명	원	만 원

유사점포 비교 예상매출		일일유동량에 의한		세대수기준 예상매출		예상매출
예상매출	가중치	예상매출	가중치	예상매출	가중치	
만 원	%	만 원	%	만 원	%	만 원

⑦ 유동인구 조사

작성방법 해당지역의 인구통계적 특성, 즉 학교, 주택가, 비즈니스지역, 유흥가, 관광지 등과 같은 특성을 파악하고, 특히 유동인구가 비교적 많이 발생하는 출퇴근, 점심시간을 중점적으로 체크해 본다. 만약 비즈니스 중심지역[회사, 관공서 밀집지역 예 (여의도)]일 경우 주말과 주중의 인구변화를 반드시 체크해 보도록 한다. 또한 학교 (초·중·고·대학)일 경우는 학기 중과 방학을 확인하고 방학 중 영업대책을 마련하도록 한다.

시간(주중)	200 년 월 일			현장스케치	시간(주중)	200 년 월 일			현장스케치
	남	여	계			남	여	계	
08:00~12:00					8:00~12:00				
14:00~20:00					4:00~20:00				
22:00~24:00					2:00~24:00				

⑧ 소비자 인터뷰

작성방법　소비자 인터뷰를 통하여 주요 고객층이나 사업성공 타당성을 확인해 볼 수 있다. 소비자 인터뷰를 메뉴로 제시하거나 주요 콘셉트를 소비자에게 노출함으로써 좀 더 구체적인 내용을 파악할 수 있다.

구 분 ※월 이용횟수 (20~40대 표본조사)	0회	1~2회	3~4회	5~6회	7~8회	9~10회	17~18회	17~18회	17~18회	17~18회	계	평균 구매 횟수
적용세대수												
평균횟수	0	1.5	3.5	5.5	7.5	9.5	11.5	13.5	15.5	17.5		

⑨ 소유권

작성방법　다음 내용은 건물주와의 분쟁이 일어날 가능성과 점포의 안정성을 위해서 사전에 반드시 공인중개사, 관공서를 통하여 정확하게 확인하도록 한다.

대지소유권, 건축물 소유권이 동일한가?	□ 그렇다	□ 그렇지 않다

⑩ 채무관련

건물, 토지에 근저당 설정금액 및 보증금 설정 유무는?	□ 가능	□ 불가능
비　고		

⑪ 계약내용

5년 계약기간 보장 및 임대료 인상기준은?	□ 가능	□ 불가능
관리비 및 추가 비용 정산방법과 임대료 기산일은?	일	
비　고		

⑫ 도시계획

건축물 내 무허가 사용분의 유무는?	□ 없다	□ 있다
건축물의 용도(영업용) 적합성은?	□ 양호	□ 부적합하다
재개발, 재건축의 계획 및 진행사항은?	□ 없다	□ 있다
도시미관(간판, 돌출간판) 등의 문제여부는?	□ 없다	□ 있다
건축물 준공일자는?(기존건물, 신축건물 포함)	년　　월　　일	
도시가스 인입 및 가스 사용 여부는?	□ 사용	□ 미사용

⑬ 세대수조사

작성방법 　 주택가를 중심으로 점포를 입점할 경우 주고객이 주거하는 형태나 총 세대수를 파악하고 상권의 범위를 정하여 파악해 보도록 한다.

주거 형태	총 세대수	반경 300m 이내		반경 500m 이내	
		세대수	비율(%)	세대수	비율(%)

작성방법 　 표 9-3은 앞에서 이미 조사된 내용을 상세하게 세분화하여 서술해 보도록 한다. 이상의 내용 이외에도 참고가 될 만한 내용을 반드시 기록해 두도록 한다.

표 9-3 **입지선정 점검표**

날 짜 : _____　　위 치 : _____

외식서비스 형태 : _____

특 성	설 명
토지(이용)	
1. 토지용도 현황	_____
2. 토지용도 변경	_____
3. 건축물 높이 제한 규정	_____
4. 주차 제한 규정	_____
5. 주변 건축물과의 제한 규정	_____
6. 간판 제한 규정	_____
7. 기타	_____
입지(인접지역과의 거리 및 차량주행거리)	
1. 주거지역	_____
2. 복합사무단지	_____
3. 산업지구	_____
4. 교육시설	_____
5. 대형쇼핑몰	_____
6. 스포츠 및 레크리에이션 실시	_____
7. 역사유적	_____
8. 간선도로	_____
9. 쇼핑센터	_____

(계속)

지 역

  1. 인구유형

  2. 향후 성장 패턴

  3. 사업형태

  4. 주변지변의 발전성

  5. 타깃 인구수

  6. 노동력 전망

  7. 향후 개방 계획

물리적 특성

  1. 토양

  2. 지질토양 구조

  3. 지하수면

  4. 상하수

  5. 경사도

  6. 경관

  7. 고도

  8. 강, 저수지와의 거리

토지 측량

  1. 길이

  2. 넓이

  3. 총면적

  4. 건평

  5. 주차장면적

가시성

  1. 장애물

  2. 여러 방향에서의 가시성

  3. 간판의 가시성

  4. 쇼핑몰이나 고층건물내에서의 위치에 의한 가시성

  5. 가시성 증대를 위한 개선사항

교통이용 및 규제

  1. 거리의 교통량

  2. 인접한 중심가의 교통량

  3. 교통정체 시간대

  4. 교통이용 유형

  5. 고속도로와의 거리

  6. 교통규제(일방통행, 정지선, 유턴금지, 제한 속도)

  7. 주차 규정

  8. 대중 교통

(계속)

공공서비스
  1. 경찰서
  2. 소방서
  3. 쓰레기 처리장
  4. 안전

도 로
  1. 너비나 폭
  2. 포장 상태
  3. 커브
  4. 보도
  5. 조명
  6. 경사도
  7. 위험도
  8. 전반적 도로사항

설 비
  1. 물
  2. 위생적인 배수
  3. 하수구
  4. 전기
  5. 가스
  6. 스팀

경쟁업체
  1. 음식점의 수
  2. 시설의 유형
  3. 메뉴의 유형
  4. 서비스 스타일
  5. 좌석 수
  6. 평균 매출액

4) 사업타당성 분석

■ 투자, 손익분석 : 투자규모(고정투자운영비), 매출액 예측, 비용예측(고정비, 변동비)

■ 매출예측 : 상권흡입률, 일 고객수 추정, 월 지출예측, 유사점포 사례 대입, 매출예측

표 9-4에 지금까지 조사된 내용을 간략하게 요약해 보도록 한다.

표 9-4 **외식상권조사 요약표**

항목		내용	선택정보	비고
점포현황		위 치		
		배후인구		
		임차료		
입지수준		소비수준		
	주변도로상황	차선		
		주차여부		
		경사여부		
	점포형태	전면		
		평수		
		계단여부		
		인도근접성		
매출요인	입지형태	주거지역(세대수, 입구근접, 이용도 등)		
		상업, 유흥지역(매출규모, 요건)		
		오피스지역(매출규모, 요건)		
	교통형태	버스정류장(시간, 거리, 인원, 접근율)		
		지하철역		
		건널목		
	교육기관	각종교육기관(규모, 거리, 인원, 이용도 등)		
	이용가능	시간대별 유동인구 및 이용률		
경쟁요인	동일경쟁	동일 경쟁점 유무		
	유사경쟁	유사 경쟁점 유무		
기타요인				

03 업종 및 업태 선정하기

창업을 하기 위해서는 우선 레스토랑의 업종과 업태에 대한 선택이 중요하다. 표 9-5
에 자신이 창업하기를 원하는 부분에 (○)표를 하시오.

1) 메뉴 콘셉트

구 분	고려사항	콘셉트 내용 작성하기
경영자	경 력	
	자본규모	
	조리기술	
	경영노하우	
	기 타	
고 객	고객층	
	경제수준	
	분위기	
	기 타	
조리사	조리기술능력	
	메뉴개발능력	
	인원수	
	기 타	
점포 콘셉트	위 치	
	규 모	
	층 수	
	기 타	

표 9-5를 보고 자신이 하고자 하는 업종을 선택한 다음 서비스, 메뉴, 객단가, 서빙
시간 및 기타 사항에 대하여 작성하시오. 비록 업태는 구분되어 있으나 다른 업태의
장점을 적용하고자 한다면 선택이 가능하다. 단, 전체적인 콘셉트와 합리적인 운영이
되도록 전반적인 사항들을 점검하여 작성하도록 한다.

표 9-5 **업종 및 업태 선택해 보기**

업태 구분		패스트푸드	패밀리 레스토랑	패밀리 다이닝	디너 하우스
업종	서비스	셀프 및 카운더	테이블	테이블	테이블
	메 뉴	한정적	다양함	폭넓고 다양함	제한된 메뉴
	객단가	3,000원선	4,000~5,000원선	9,000~1만 원선	2만 원 이상
	서빙시간	3분 이내	10분 이내	10~20분 이내	15~30분 이내
한 식	종 류	한분식 (만두, 도시락)	놀부보쌈, 청주해 장국, 추풍령 감 자탕	늘봄공원, 삼원가 든, 감자바위	고급한정식과 호 텔 한식당
양 식		롯데리아, KFC, 맥도날드, 버거킹	스카이락, 빕스, 스파게티아	T.G.I.F, 베니건 스, 시즐러, 토니 로마스	호텔 양식당
선택 하기 (한식) (양식) (일식) (중식) (기타)	서비스				
	메 뉴				
	객단가				
	서빙시간				
	기 타				

경영기법에 대한 부분으로 독립식 경영, 체인식 경영을 선택하여 각각의 장단점을 고려하여 작성하도록 한다(표 9-6).

표 9-6 **경영스타일 선택하기**

종류\업종	구 분	독립경영		체인경영	
	항 목	–	직영체인	자율체인	프렌차이즈
	주 체	개인 및 법인	본사	개인점포	전문업체
	경 영	단독경영	비독립	독립	독립
	자 본	단일자본	단일자본	가명점	가맹점
	계약범위	없음	없음	경영일부	경영전반
	가격통제	자율적	본부	자유	원칙은 본부 추천
	지 도	자유	수퍼바이저	자유	수퍼바이저
	선택 하기				

2) 업종별 주방설계 시 검토사항

작성방법　주방설계 시 메뉴, 고객수를 근거로 하여 계획하여야 한다. 따라서 주 메뉴, 보조 메뉴와 예상 고객수를 파악하고 요구되는 주방시설을 작성해 보도록 한다.

업 종	항목 및 검토사항			
	메뉴선택	고객수	예상단가	시 설
	주 메뉴 :	점 심 :	대표 메뉴 :	주방시설 :
	보조 메뉴 :	저 녁 :	보조 메뉴 :	홀시설 :

3) 경쟁업체 분석하기

작성방법 경쟁업체에 대한 다양한 정보를 상세히 파악하고 관련 사진자료를 첨부하여 분석하도록 한다.

음식점 명 :	
1) 주위 환경 및 접근성	관련 사진
○ 위 치 :	
○ 접근 편의성(자가용 및 대중교통) :	
○ 주변 환경 :	
2) 건물 외관	
○ 건물 및 간판 :	
○ 식당 입구 :	
○ 인테리어(외부 및 내부) :	
○ 특이사항 :	
3) 메뉴평가	
○ 메뉴판의 상태 및 외관, 표기, 설명 :	
○ 메뉴의 구성 :	
○ 메뉴판의 가격구성 :	
○ 특이사항 :	

4) 위생 상태

○ 시설 및 기구의 위생 상태(테이블, 수저, 냉장고, 입구 등) :

○ 개인 위생 상태(위생복, 모자 등) :

○ 식재료관리 및 재료보관 상태 :

○ 화장실 위생 상태(세면대, 변기, 화장지, 비누, 수건, 청소 상태 등) :

○ 특이사항 :

5) 서비스 및 인적 구성

○ 메뉴 소개 및 안내 :

○ 고객 집중도(테이블 관리능력) :

○ 서비스 인원의 적정성 :

○ 인원구성(홀과 주방, 지배인) :

※ 기타 고려사항

○

○

○

○

04 경쟁업체 SWOT 분석해 보기

작성방법　앞에서 작성해 본 경쟁업체 분석하기 내용을 토대로 하여 본 업체의 장점과 단점(내부환경)을 작성하고 경쟁업체나 주변 상황(사회, 경제, 정치 등)을 고려하여 기회/위협 요인을 작성해 본다.

내부환경	
(S) strength	(W) weakness
· · · · · · · · · · ·	· · · · · · · · · · ·
외부환경	
(O) opportunity	(T) threat
· · · · · · · · · ·	· · · · · · · · · ·

05 메뉴 엔지니어링

① 메뉴 엔지니어링의 적용해 보기

a. 메뉴명	b. 판매량 (Menu mix)	c. 매출률 (b÷m×100)	d. 원가	e. 판매가격	f. 개별공헌이익 (e-d)
•					
•					
•					
•					
•					
합계	m. 총판매량		J. 총원가	K. 총판매가	L. 총공헌이익

g. 개별총원가(d×b)	h. 개별총수입(e×b)	I. 개별총공헌이익(h-g)	수익성	선호도	최종분석
n. 총원가액	o. 총판매액	p. 총공헌이익			
q. 총원가율( )$=\frac{n}{o}\times100$		r. 평균공헌마진=( ) $\frac{p}{m}\times100$		선호도분석 $=\frac{100\%}{items}=($)	

* 수익성 분석결과치 : 평균 공헌마진율(10,787원) 이상일 때는 수익성이 높은 것으로 High를 표시하고, 그 보다 낮을 때는 Low를 표시한다.

** 선호도 분석결과치 : 분석자가 정한 일반적인 평균치(70%)를 정하고 (1/아이템수) × ( ) × 총아이템수로 선호도 수준치를 정하도록 한다.

(위의 예를 보면, 1/ (items수) × ( ) × ( ) = ( )를 얻어서 이보다 높으면 High로 낮으면 Low로 표기한다. 또는 1/ (items수) × ( ) = ( )(%)를 기준으로 선호도를 정하도록 한다.)

pp. 79~80 참조

② 메뉴 분석

메 뉴	원 가	가 격	원가율	공헌이익

메 뉴	메뉴믹스	원 가	매출액	공헌이익

* 평균판매량 : 총판매량(_____) ÷ _____ items = _____ 개

** 평균 공헌이익 : 총공헌이익(_____) ÷ 총판매량(MM_____) = _____ 원

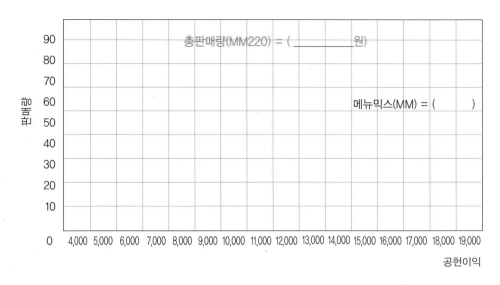

* 선호도(meun mix) : 각 아이템별로 팔린 수량
** 수익성(contribution margin) : 공헌이익 〈판매가격-원가〉

그림 9-3 **메뉴 엔지니어링 분석표**

06 손익분기점(break even point)[1]

① 투자 내역

내 용	투자 금액(만 원)	매월 금리(만 원)	연 금리
임차 보증금			연 _____ %
권리금			연 _____ %
시설 · 인테리어비			연 _____ %
기타 비용			연 _____ %
합 계			

② 고정비 내역

내 용	금액(만 원)
매월 금리	
인건비	
수도 · 전기 · 광열비	
매월 임차료	
감가상각비(2년)	
합 계	

③ 변동비 내역

내 용	변동 비율(%)
상품 원가율(음식)	
소모품 비율(냅킨 등)	
합 계	

---

1) 제4장 주방실무 및 원가관리 참조. p. 119

- 매월 금리 : (_____ × _____ %) / 12개월 = _____ 원
- 감가상각비 : 시설·인테리어비 / 24개월 = (_____)원
- 상품 원가율 : 음식의 마진율이 60%라면 상품 원가율은 40%가 된다.
- 소모품 비율 : 평균 소모품비 / 매출액

손익분기점 매출액을 계산하면, 고정비(F) = 760만 원
- 변동비율(V/S) = _____ (_____ %)
- 손익분기점 = 고정비 / (1−변동비율) = _____ / (1− _____)
  = _____ 원(월)
  매출액 : (_____) /1개월
- 이익(G) = 매출액(S) − [고정비(F) + 변동비(V)]
예 : 월 1,000만 원 순이익을 남기려면
(_____)원 + (1,000만 원 × _____)= (_____)원+(_____)원=(_____)원
(_____)원/ _____ = (_____)원(1일 목표매출)
(_____)원/ (_____)원(객단가)=(_____)명(월 목표방문고객수)
(_____)명/30=155명(1일 목표 방문고객수)

07 메뉴 정하기

1) 메뉴 분석하기

작성방법 메뉴 엔지니어링, 경쟁업체 분석 등을 통하여 주 메뉴와 보조 메뉴를 결정하도록 한다. 경쟁업체와 유사 메뉴가 있을 경우는 상대적인 가격대를 비교하고 분석해 본다. 가격이 저렴하다고 반드시 경쟁력이 높은 것이 아니다. 가격에는 원가, 품질, 식재료 구성 등 다양한 요인이 숨어 있음을 잊지 말아야 한다. 따라서 단순한 가격조사보다는 가격 뒤에 있는 메뉴의 품질, 원가관리, 기타 배경을 해석하도록 한다.

	메뉴명	가격대	경쟁업체 메뉴명	가격대	비교우위
주메뉴					
보조메뉴					

2) 메뉴 선정하기

작성방법 경쟁업체와의 메뉴분석을 통하여 강점과 약점을 파악하여 메뉴를 정하도록 한다.

	메뉴명	내용(강점/약점)	선택하기
주메뉴			
보조메뉴			

08 레시피 정리

작성방법　표준레시피를 정하여 주 메뉴와 보조 메뉴를 작성해 보도록 한다(원가관리, 판매가격에 대한 작성은 제4장의 표준 원가관리 방법 p. 112를 참고한다).

Menu No. _____

Item : _____

Total Weight : (　　　　　　　　)　　　　Total Cost : (　　　　　　　　)

Portion Size : (　　　　　　　　)　　　　Cost per portion : (　　　　　　　　)

Ingredients :	Wt./Quant./Vol.		AP cost	Yield %	New Fab. Cost	Total Cost
	Each	Each				
				%		
				%		
				%		
				%		
				%		
				%		
				%		
				%		
					Total Cost	

Method :

1. _____

2. _____

3. _____

_____

_____

_____

사진

09 조리기구와 소도구

작성방법　각 메뉴별로 필요한 장비나 소도구를 파악해 보도록 한다. 본 작성을 통하여 주방에 필요로 하는 설비, 장비, 소도구를 파악해 볼 수 있다.

메뉴명	조리법	장비	Qt.	소도구	Qt.
Sauted Beef tenderloin with red wine sauce	saute	Stove	1	saute pan	1
		Oven	1	sauce pan	2
				wooden spoon	2

10 레스토랑 도면 그리기

레스토랑 도면을 건축이나 설비, 시설에 대한 전문지식이 없는 상태에서 그려본다는 것은 어려운 일이다. 그러나 레스토랑의 콘셉트는 업주가 가장 잘 이해하고 있다는 점 (주방의 경우는 조리사)을 고려할 때 대략적인 개념을 정리한 뒤 전문업자에게 의뢰하는 것이 레스토랑의 콘셉트와 가장 일치도가 높은 도면을 얻을 수 있으며 레스토랑 오픈 후에도 원활히 운영할 수 있는 길이라고 본다. 따라서 지금부터 앞서서 작성된 레스토랑의 콘셉트, 메뉴, 건물의 특성 등을 고려하여 도면을 그려보도록 한다.

설계도 : 총면적(　　　cm²) = 주방(　　　cm²) × 홀(　　　cm²) × 기타(　　　cm²)

1) 전체 설계도(주방/홀/주차장/기타 공간)

작성방법　입지조사에서 결정된 건물의 대략적인 평면도를 그려본다. 주방과 홀, 주차장을 그려보도록 한다(비록, 전문가적인 설계는 어렵지만 전체적인 레스토랑의 콘셉트나 기본 설계의 개념을 정할 수 있을 것이다).

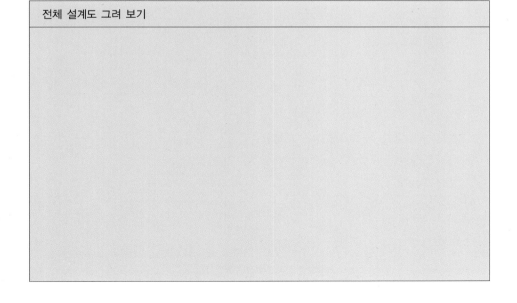

전체 설계도 그려 보기

2) 주방 설계도

작성방법　각 주방의 특성에 따라 구역을 대략적으로 정해보도록 한다. 조닝계획은 각 구역의 특성뿐만 아니라 각 구역별로 흐름이나 연관성을 고려하여야 한다(제8장 p. 199 참조).

설비 및 장비설치 전 구역만 정함

작성방법　조닝계획에 따라 요구되는 장비를 배치해 보도록 한다. 다음 표에 대략적으로 그림을 그려본 뒤에 부록을 활용하여 만들어 본다. 주방설비와 장비는 부록에 나와 있는 주방장비 그림을 참고로 하여 AS모눈종이에 오려서 붙이거나 그려보도록 한다(제8장 p. 199 참조).

조닝계획에 따라 설비와 장비를 배치한 상태

3) 조리설비 및 기물배치

작성방법　주방의 도면을 그리고 p. 301에 있는 조리장비 배치 연습도구를 사용하여 주방도면을 완성해 보자.

- 방을 설치하고자 하는 해당 건물의 평면도를 그린다(A3 정도의 용지를 준비한다).
- 조닝계획에 따라 구역을 정한다.
- 조닝계획에 따라 급수/배수관과 가스관, 전기설비를 그려본다.
- 주방에 필요한 장비를 배치해 보도록 한다.
- 배치된 장비에 따라 가상으로 메뉴를 운영해 보고 수정 · 보완하도록 한다.
- 수정 · 보완하여 완성한 도면을 스캔을 뜨거나 사진을 찍어서 아래 표에 붙이거나 또는 아래표에 품명을 따로 작성해서 적어본다.

작성방법　완성된 모눈종이 주방설계 및 장비 그림을 참고로 하여 필요한 장비명을 작성하도록 한다. 작성된 목록을 관련 주방업체에 견적을 의뢰하도록 한다.

NO	품 명	NO	품 명
1		25	
2		26	
3		27	
4		28	
5		29	
6		30	
7		31	
8		32	
9		33	
10		34	
11		35	
12		36	
13		37	
14		38	
15		39	
16		40	
17		41	
18		42	
19		43	
20		44	
21		45	
22		46	
23		47	
24		48	

표 9-7 **주방설비 연습 도구**

조리기구	그림	조리기구	그림
스토브(낮은 레인지)		스팀 솥(steam pot)	
스토브 (2구)		그릴(grill)	
작업대		선반	
포도주 싱크대		배식작업대	
2조싱크대		평면선반	
작업대		배식작업대	
작업대/하부로라		냉장쇼케이스	
가스자동밥솥		잔반통	
수프레인지		세척전처리작업대	
다용도선반		렉선반	
보조대		식기세정기	
전자레인지		식기건조대	
테이블 냉장고		부스타	
브로일러		음료냉장고	
튀김기		제빙기	
서랍식 테이블 냉장고		1조세정대	
보조대		커피기계	
가스레인지		핫플레이트	
가스레인지		컵워머	
작업대 캐비닛		작업대 캐비닛	
살라만더		롤워머	
운반차		연속토스터	
보온고		서비스작업대	
냉장고		아이스크림냉동고	
밥보온고		식기창고대선반	

11 홍보전략 짜기

1) 경쟁업체 홍보전략 분석하기

작성방법은 다음과 같다.

- 경쟁업체명을 작성한다.
- 현재 경쟁업체에서 사용하고 있는 홍보전략을 작성해 본다.
- 경쟁업체의 홍보전략의 성공여부를 분석한다.
- 경쟁업체의 홍보전략을 활용 가능성이 있는지 확인하도록 한다.

경쟁업체명	홍보전략 분석	활용 가능성

2) 홍보전략 구상하기

작성방법은 다음과 같다.

- 홍보전략제목을 작성한다.
- 구체적인 세부전략 내용을 작성한다.
- 세부전략을 성공시키기 위해 필요한 사항을 작성하도록 한다(예 : 자금투자, 간판설치, 방송홍보 등).

전략명칭	세부내용	필요사항	비 고

참고문헌

강무근 외(2001). **관광원가관리**. 효일.

강무근 외(2002). **주방관리론**. 학문사.

김기영 외(2002). **외식산업관리론**. 현학사.

김기홍 외(2003). **경영학개론**. 한올출판사.

김대관(1997). **수프의 종류와 흐름**. 문지사.

김종수 외(2000). **서비스 마케팅**. 형설출판사.

김종일(2008). 전통과 변화 서울 경기지역 청동기시대 연구의 새로운 전망, 전통과 변화 서울
　　　경기 무문토기 문화의 흐름. 서울 경기고고 추계 학술대회 발표 요지.

김태형(2001). **조리수학과 용어**. 효일.

나정기(1994). 메뉴 계획과 디자인의 평가에 관한 연구.

나정기(1998). **메뉴관리론**. 백산출판사.

동아일보(2009. 11. 6). [동아일보 속의 근대 100景]〈24〉 호텔 개장. http://www.donga.com

박정준 외(2001). **식음료경영실무**. 대왕사.

성기협(2010). **메뉴관리론**. 교문사.

신재영(2003). **최신외식경영위생관리론**. 대왕사.

심상국(2000). **실무식품위생학**. 진로연구사.

오석태 외(2009). **서양조리학개론**. 신광출판사.

이갑조(1993). **건축설계 체크리스트(숙박시설)**. 화영사.

이형원(2010). 청동기시대 취락연구의 쟁점, 한반도 청동기시대의 쟁점 학술심포지엄 자료
　　　집. 인천역사자료관.

임성빈 외(2004). **맛있는 이탈리아 요리**. 효일.

한경수 외(2005). **외식경영학**. 교문사.

한국외식산업연구소(1997). **외식사업경영론**. 백산출판사.

현영희(2003). **식품재료학**. 형설출판사.

Bemard Davids & Sally Stone (1987). *Food & Beverage Management*. Heinermann : London.

Michael E. Porter (1980a). *Competitive Strategy: Techniques for Analyzing Industries and Competitors*, New York, The Free Press.

Michael E. Porter (1980b). Industry Structure and Competitive Strategy: Keys to Profitability, *Financial Analysis Journal*, July-August.

Sarah R. Labensky & Alan M. Hause (2006). *On cooking student access kit: a textbook of culinary fundamentals*. Pearson Prentice Hall.

The Art of Dinning a history of cooking & eating. Sara Daston williams.

http://www.blog.naver.com/pat2

http://www.blog.naver.com/yovery/130055433031

http://www.ko.wikipedia.org

http://www.bigtray.com

http://www.bilkent.edu.tr

http://www.blog.naver.com/powerfilm

http://www.flick.com

http://www.glorydaysgrill.com

http://www.newsis.com

http://www.pbm.com

http://www.shop-las-vegas.com

http://www.trimseal.com

찾아보기

저자소개

김태형
C.I.A(The Culianry Institute of America)
경기대학교 대학원 관광학 박사
신라호텔 조리팀
현재 우송정보대학 외식조리과 교수

2판
주방관리론

2010년 9월 10일 초판 발행 | 2020년 3월 10일 2판 발행

지은이 김태형 | **펴낸이** 류원식 | **펴낸곳** **교문사**

주소 (10881)경기도 파주시 문발로 116 | **전화** 031-955-6111 | **팩스** 031-955-0955
홈페이지 www.gyomoon.com | **E-mail** genie@gyomoon.com
등록 1960. 10. 28. 제406-2006-000035호
ISBN 978-89-363-1924-3(93590)

값 21,000원

캐비닛과 선반

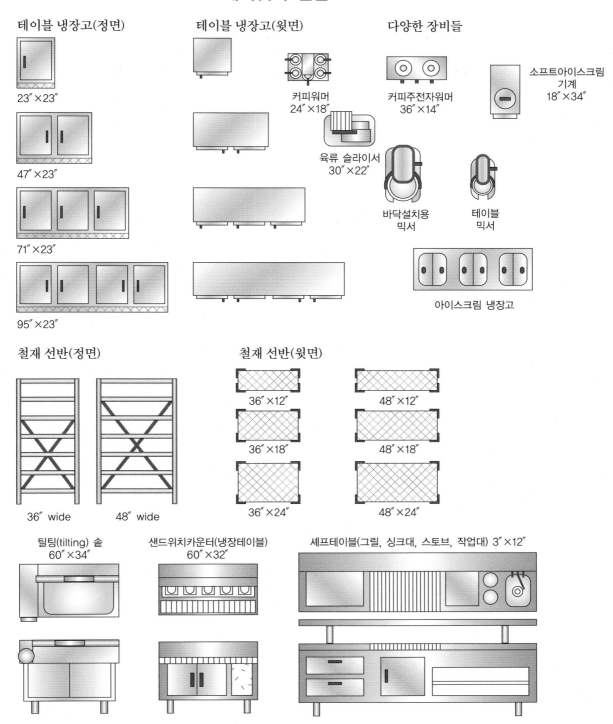

테이블 냉장고(정면)

23″×23″

47″×23″

71″×23″

95″×23″

테이블 냉장고(윗면)

커피워머
24″×18″

육류 슬라이서
30″×22″

다양한 장비들

커피주전자워머
36″×14″

소프트아이스크림
기계
18″×34″

바닥설치용
믹서

테이블
믹서

아이스크림 냉장고

철재 선반(정면)

36″ wide

48″ wide

철재 선반(윗면)

36″×12″

48″×12″

36″×18″

48″×18″

36″×24″

48″×24″

틸팅(tilting) 솥
60″×34″

샌드위치카운터(냉장테이블)
60″×32″

셰프테이블(그릴, 싱크대, 스토브, 작업대) 3″×12″

※ 필요한 만큼 잘라서 사용하세요.

냉장시설

냉장 캐비닛(윗면)

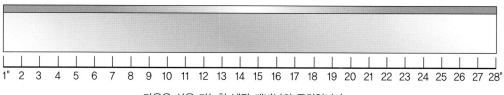

1" 2 3 4 5 6 7 8 9 10 11 12 13 14 15 16 17 18 19 20 21 22 23 24 25 26 27 28"

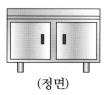

(정면)

다음은 사용 가능한 냉장 캐비닛의 규격입니다.

width	depth		width	depth
24″	×30″		60″	×30″
36″	×30″		66″	×30″
42″	×30″		72″	×30″
48″	×30″		84″	×30″
54″	×30″		96″	×30″

냉장 쇼케이스(윗면)

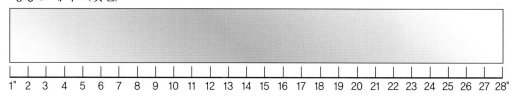

1" 2 3 4 5 6 7 8 9 10 11 12 13 14 15 16 17 18 19 20 21 22 23 24 25 26 27 28"

(정면)

다음은 사용 가능한 냉장 쇼케이스의 규격입니다.

width	depth		width	depth
36″	×36″		60″	×36″
48″	×36″		72″	×36″

육각 모양의 냉장 쇼케이스

리치인 냉장고

문 2도어형
리치인 냉장고

유리문 2도어형
리치인 냉장고

문 1개

문 2개

문 3개

25″×36″

51″×36″

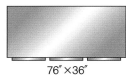

76″×36″

※ 필요한 만큼 잘라서 사용하세요.

다양한 냉장시설

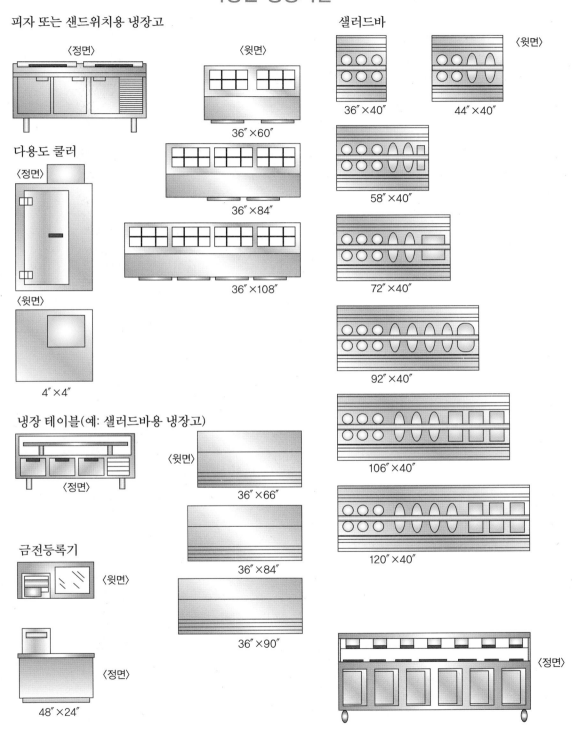

피자 또는 샌드위치용 냉장고

〈정면〉

〈윗면〉

36″×60″

36″×84″

36″×108″

다용도 쿨러

〈정면〉

〈윗면〉

4″×4″

냉장 테이블(예: 샐러드바용 냉장고)

〈정면〉

〈윗면〉

36″×66″

36″×84″

36″×90″

금전등록기

〈윗면〉

〈정면〉

48″×24″

샐러드바

〈윗면〉

36″×40″

44″×40″

58″×40″

72″×40″

92″×40″

106″×40″

120″×40″

〈정면〉

※ 필요한 만큼 잘라서 사용하세요.

싱크대/세척시설 1

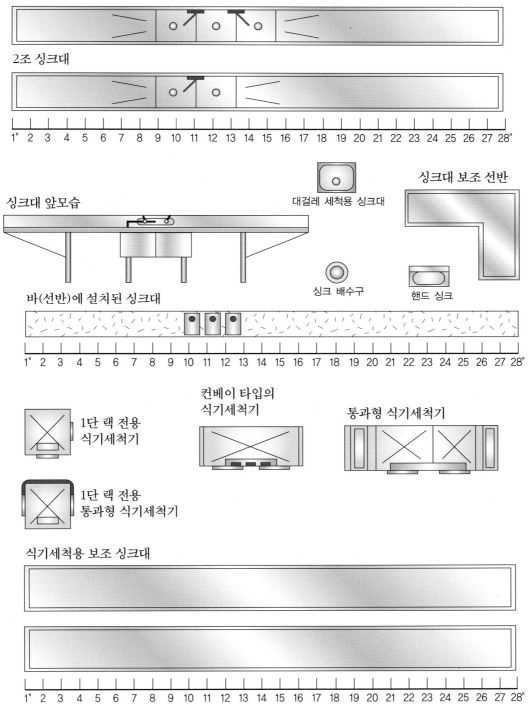

3조 싱크대

2조 싱크대

1" 2 3 4 5 6 7 8 9 10 11 12 13 14 15 16 17 18 19 20 21 22 23 24 25 26 27 28"

싱크대 앞모습

대걸레 세척용 싱크대

싱크대 보조 선반

바(선반)에 설치된 싱크대

싱크 배수구

핸드 싱크

1" 2 3 4 5 6 7 8 9 10 11 12 13 14 15 16 17 18 19 20 21 22 23 24 25 26 27 28"

1단 랙 전용 식기세척기

컨베이 타입의 식기세척기

통과형 식기세척기

1단 랙 전용 통과형 식기세척기

식기세척용 보조 싱크대

1" 2 3 4 5 6 7 8 9 10 11 12 13 14 15 16 17 18 19 20 21 22 23 24 25 26 27 28"

※ 필요한 만큼 잘라서 사용하세요.

싱크대/세척시설 2

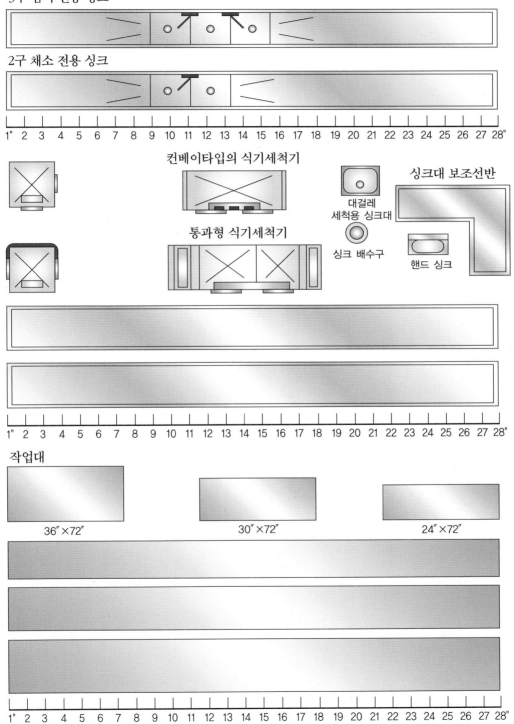

3구 냄비 전용 싱크

2구 채소 전용 싱크

1" 2 3 4 5 6 7 8 9 10 11 12 13 14 15 16 17 18 19 20 21 22 23 24 25 26 27 28"

컨베이타입의 식기세척기

통과형 식기세척기

대걸레
세척용 싱크대

싱크 배수구

싱크대 보조선반

핸드 싱크

1" 2 3 4 5 6 7 8 9 10 11 12 13 14 15 16 17 18 19 20 21 22 23 24 25 26 27 28"

작업대

36″×72″

30″×72″

24″×72″

1" 2 3 4 5 6 7 8 9 10 11 12 13 14 15 16 17 18 19 20 21 22 23 24 25 26 27 28"

※ 필요한 만큼 잘라서 사용하세요.

가스 스토브의 윗부분 그림

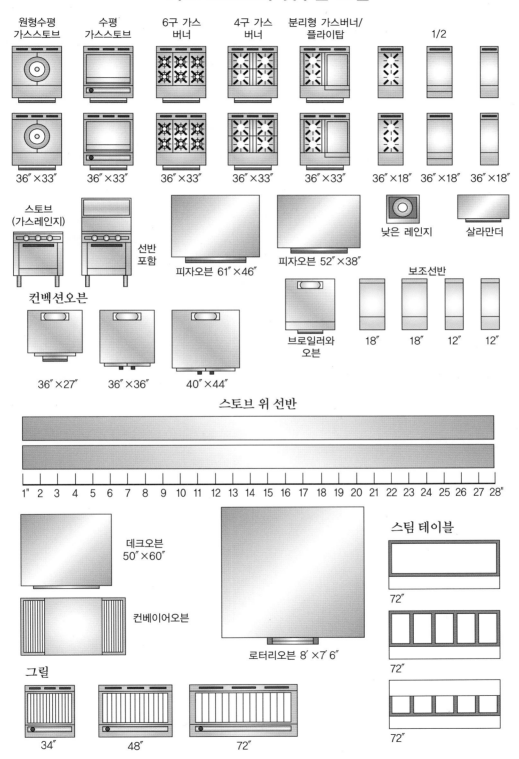

원형수평
가스스토브

수평
가스스토브

6구 가스
버너

4구 가스
버너

분리형 가스버너/
플라이탑

1/2

36″×33″ 36″×33″ 36″×33″ 36″×33″ 36″×33″ 36″×18″ 36″×18″ 36″×18″

스토브
(가스레인지)

선반
포함

피자오븐 61″×46″

피자오븐 52″×38″

낮은 레인지

살라만더

보조선반

브로일러와
오븐

18″ 18″ 12″ 12″

컨벡션오븐

36″×27″ 36″×36″ 40″×44″

스토브 위 선반

1″ 2 3 4 5 6 7 8 9 10 11 12 13 14 15 16 17 18 19 20 21 22 23 24 25 26 27 28″

데크오븐
50″×60″

컨베이어오븐

로터리오븐 8′×7′6″

스팀 테이블

72″

72″

72″

그릴

34″ 48″ 72″

※ 필요한 만큼 잘라서 사용하세요.

워크인 냉장고 사이즈

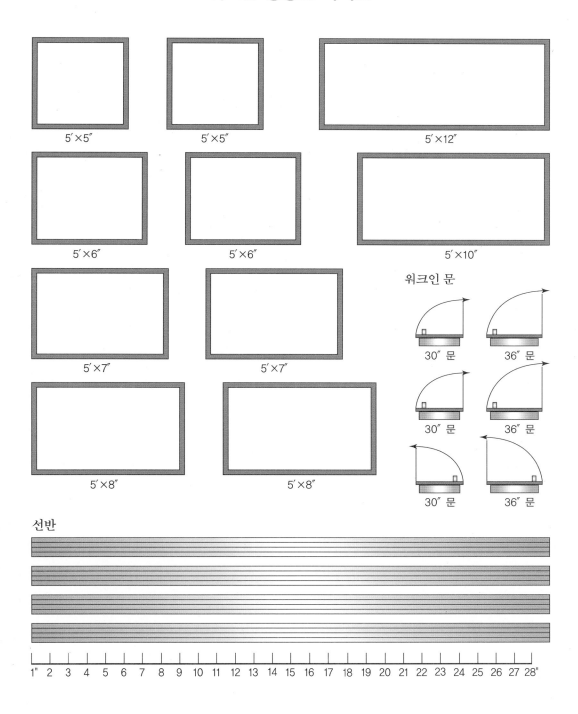

5′×5″ 5′×5″ 5′×12″

5′×6″ 5′×6″ 5′×10″

5′×7″ 5′×7″

5′×8″ 5′×8″

워크인 문

30″ 문 36″ 문

30″ 문 36″ 문

30″ 문 36″ 문

선반

1″ 2 3 4 5 6 7 8 9 10 11 12 13 14 15 16 17 18 19 20 21 22 23 24 25 26 27 28″

※ 필요한 만큼 잘라서 사용하세요.

기타 장비

틸팅(tilting) 솥
60″×34″

71″×23″

47″×23″

육류 슬라이서
30″×22″

커피주전자워머
36″×14″

셰프테이블 3′×12″

샌드위치카운터(냉장테이블)
60″×32″

셰프테이블(그릴, 싱크대, 스토브, 작업대) 3′×12″

커피워머
24″×18″

소프트아이스크림
기계
18″×34″

증기솥

테이블 믹서

바닥설치용
믹서

스팀테이블(BM 사용 가능)

파스타 쿠커

튀김기

증기솥이 부착된 테이블

24″×36″

18″×36″

14″×36″

18″×36″

24″×36″

36″×36″

| 1″ | 2 | 3 | 4 | 5 | 6 | 7 | 8 | 9 | 10 | 11 | 12 | 13 | 14 | 15 | 16 | 17 | 18 | 19 | 20 | 21 | 22 | 23 | 24 | 25 | 26 | 27 | 28″ |

| 1″ | 2 | 3 | 4 | 5 | 6 | 7 | 8 | 9 | 10 | 11 | 12 | 13 | 14 | 15 | 16 | 17 | 18 | 19 | 20 | 21 | 22 | 23 | 24 | 25 | 26 | 27 | 28″ |

※ 필요한 만큼 잘라서 사용하세요.

레스토랑 테이블과 의자

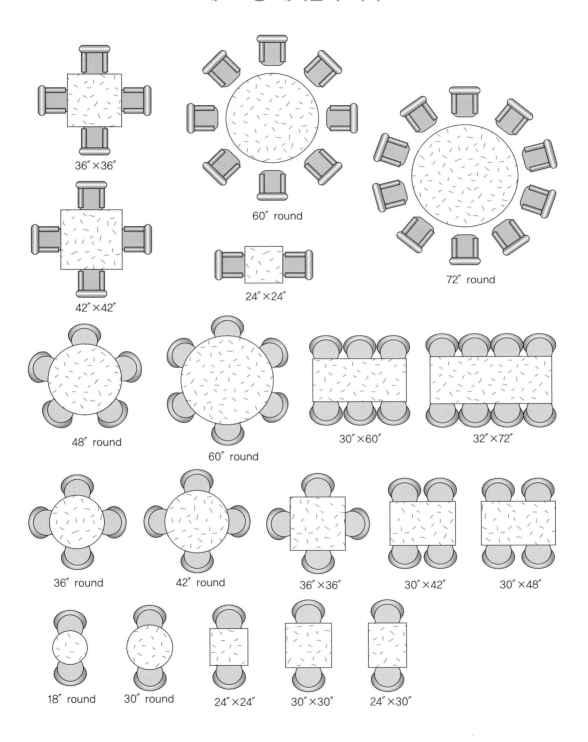

36″×36″

60″ round

72″ round

42″×42″

24″×24″

48″ round

60″ round

30″×60″

32″×72″

36″ round

42″ round

36″×36″

30″×42″

30″×48″

18″ round

30″ round

24″×24″

30″×30″

24″×30″

왼쪽 또는 오른쪽 팔걸이 형태 소파

소파와 러브 시트

원형

커브 형태

각진 형태

부스

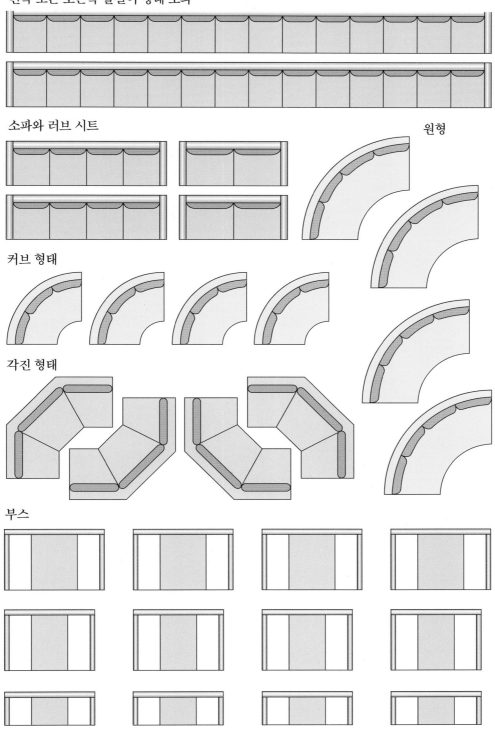

※ 필요한 만큼 잘라서 사용하세요.

기타 장비

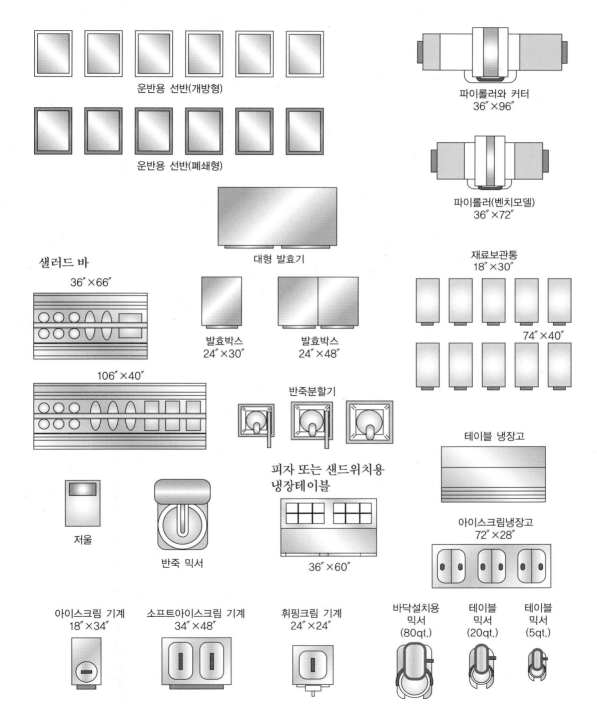

운반용 선반(개방형)

운반용 선반(폐쇄형)

파이롤러와 커터
36″×96″

파이롤러(벤치모델)
36″×72″

대형 발효기

샐러드 바
36″×66″

106″×40″

발효박스
24″×30″

발효박스
24″×48″

재료보관통
18″×30″

74″×40″

반죽분할기

피자 또는 샌드위치용
냉장테이블

36″×60″

저울

반죽 믹서

테이블 냉장고

아이스크림냉장고
72″×28″

아이스크림 기계
18″×34″

소프트아이스크림 기계
34″×48″

휘핑크림 기계
24″×24″

바닥설치용
믹서
(80qt.)

테이블
믹서
(20qt.)

테이블
믹서
(5qt.)

※ 필요한 만큼 잘라서 사용하세요.

작업대

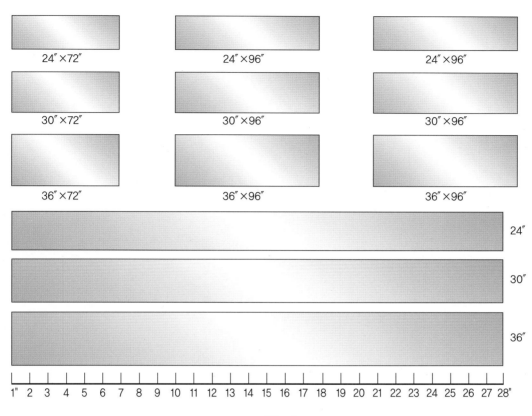

24″×72″ 24″×96″ 24″×96″

30″×72″ 30″×96″ 30″×96″

36″×72″ 36″×96″ 36″×96″

24″

30″

36″

1″ 2 3 4 5 6 7 8 9 10 11 12 13 14 15 16 17 18 19 20 21 22 23 24 25 26 27 28″

찜 솥

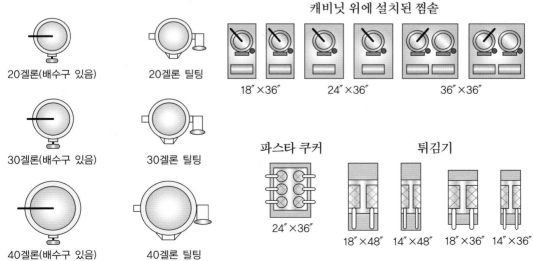

20겔론(배수구 있음)

20겔론 틸팅

캐비닛 위에 설치된 찜솥

18″×36″ 24″×36″ 36″×36″

30겔론(배수구 있음)

30겔론 틸팅

40겔론(배수구 있음)

40겔론 틸팅

파스타 쿠커

24″×36″

튀김기

18″×48″ 14″×48″ 18″×36″ 14″×36″

※ 필요한 만큼 잘라서 사용하세요.

연회용 테이블

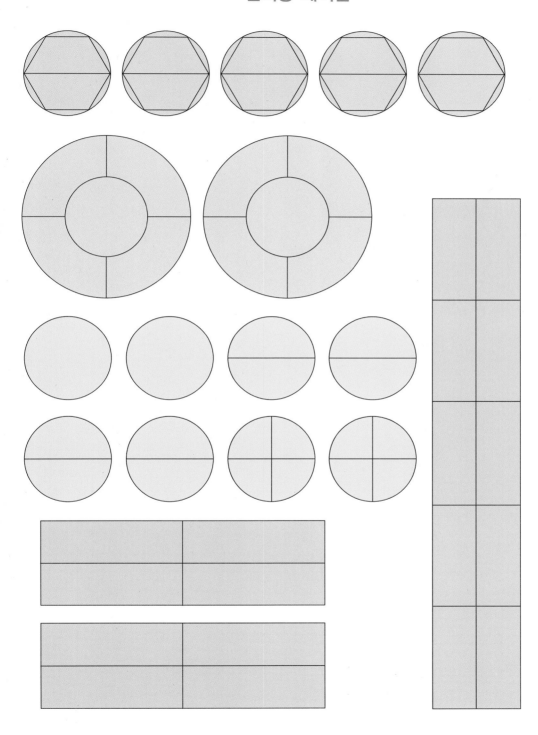

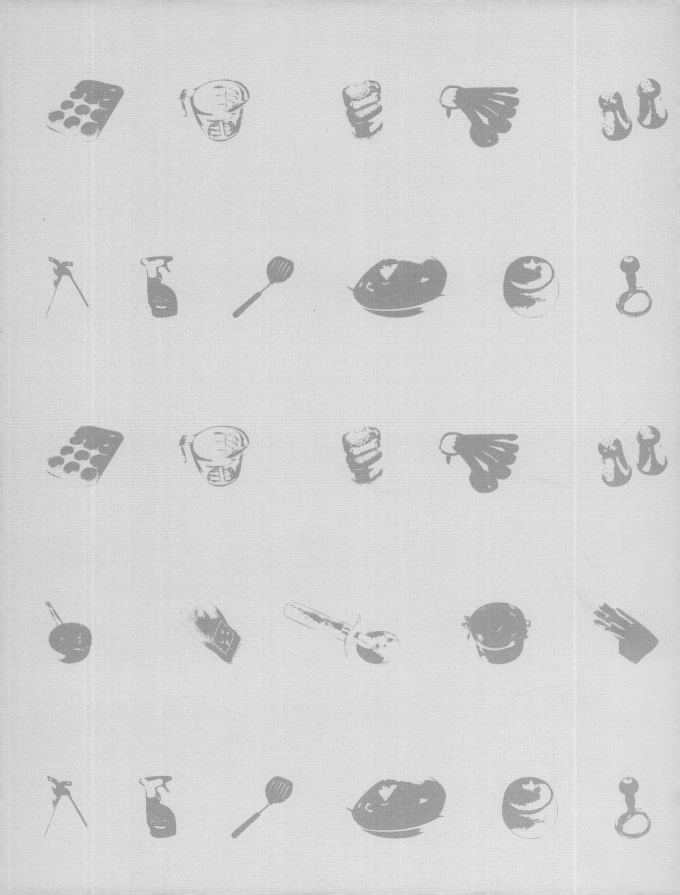